Thomas Löther

Untersuchungen zur Temperierung historischer Gebäude

disserta
Verlag

Löther, Thomas: Untersuchungen zur Temperierung historischer Gebäude, Hamburg, disserta Verlag, 2014

Buch-ISBN: 978-3-95425-484-2
PDF-eBook-ISBN: 978-3-95425-485-9
Druck/Herstellung: disserta Verlag, Hamburg, 2014

Bibliografische Information der Deutschen Nationalbibliothek:
Die Deutsche Nationalbibliothek verzeichnet diese Publikation in der Deutschen Nationalbibliografie; detaillierte bibliografische Daten sind im Internet über http://dnb.d-nb.de abrufbar.

Inhaltsverzeichnis

1   Einführung

Die Temperierung – ein Verfahren, das durch Erwärmung der Gebäudehülle die bauphysikalischen, raumklimatischen sowie die physiologischen Bedingungen in einem Gebäude optimieren soll, wird schon seit 25 Jahren bei der Sanierung historischer Gebäude angewandt. Das Bayerische Landesamt für Denkmalpflege[1] (BLfD), als Entwickler der Temperierung sowie Befürworter dieser Methode versprechen einen umfassenden Gebäudeschutz, der mit einer Energieeinsparung verbunden ist. In der Literatur finden sich allerdings auch gegensätzliche Meinungen[2], die die Temperierung allein zur Behebung lokaler Schadstellen und als Raumheizung nur in Verbindung mit einem erhöhten Energieaufwand sehen. Offenkundig ist die Debatte zwischen Vertretern und Kritikern der Temperierung kontrovers, die Begriffsklärung im Einzelnen schwierig und interessenabhängig. Die Diskussion zum Thema Temperierung zeigt, dass trotz zahlreich realisierter Projekte in historischen Gebäuden Unklarheiten zu den Einsatzgrenzen der Temperierung nach wie vor bestehen. Selbst bei 25-jähriger Praxiserfahrung ist es bis heute nicht gelungen, eine Vereinheitlichung sowohl für den Begriff als auch für den Gegenstand Temperierung zu erarbeiten. Daher will die vorliegende Arbeit versuchen, zur Klärung offener Fragen in diesem Zusammenhang beizutragen, indem sie eine Ebene schafft, die es ermöglicht, die Begrifflichkeiten zum Thema Temperierung und deren Einsatzmöglichkeiten diskutieren zu können. Dazu ist es notwendig, zunächst den aktuellen wissenschaftlich-technischen Forschungsstand sowie realisierte Objekte darzustellen und auf ihre Aussagekraft bezüglich fundierter Informationen zur Wirkung der Temperierung hin zu untersuchen. Ferner sollen bestehende Planungsgrundlagen systematisch aufgearbeitet und mit kritischen Veröffentlichungen verglichen werden, auch um Schlussfolgerungen hinsichtlich der Möglichkeiten und Grenzen von Temperierung ziehen zu können.

Im Mittelpunkt der Arbeit steht die Analyse diverser Publikationen und subjektiver Erfahrungsberichte zur Temperierung historischer Gebäude. Da das Bayerische Landesamt für Denkmalpflege (BLfD) die Termini des Sachgebietes „Temperierung" maßgebend geprägt sowie die meisten Veröffentlichungen auf diesem Sachgebiet herausgegeben hat

---

[1] Von 1978 bis 1990 dem Bayerischen Nationalmuseum und anschließend dem Bayerischen Landesamt für Denkmalschutz unterstellt.
[2] Diese Meinung vertreten u.a.: Seele, Eicke – Hennig, Arendt, Freytag, Gronau.

und als großer Befürworter von Temperieranlagen gilt, wird sich das erste Kapitel deshalb mit der Darstellung des wissenschaftlich – technischen Entwicklungsstandes der Temperierung nach Vorgaben des BLfD sowie mit der Wirkungsweise als auch mit ihrer gegenwärtigen Bewertung in der Fachwelt befassen. Anhand dieses Kapitels wird das Thema in einen theoretischen Bezug gestellt (Kapitel 2).

In einem zweiten Kapitel werden einerseits Studien zu installierten Temperieranlagen miteinander verglichen sowie andererseits ausgewählte wissenschaftliche Publikationen hinsichtlich ihrer Aussagefähigkeit zur Temperierung ausgewertet. Dies geschieht vor allem auch im Hinblick darauf, das folgende eigene empirische Vorgehen in einen aktuellen Forschungsrahmen einbinden zu können (Kapitel 3). Im dritten Teil werden die Ergebnisse der Kapitel 2 und 3 zusammengefasst, um Möglichkeiten und Grenzen von Temperieranlagen darlegen zu können. (Kapitel 4). Die genannten Kapitel bilden den theoretischen Rahmen dieses Untersuchungsgegenstandes. Eine die vorliegende Arbeit begleitende empirische Untersuchung zu einem Gebäude mit installierter Temperieranlage erfolgt im letzten Kapitel. (Kapitel 5)

Die Darstellung theoretischer Grundlagen der Temperierung nach Vorgaben des BLfD ist zum einen in den Aufbau (2.3), die Dimensionierung (2.4) und in die wichtigsten Effekte einer Temperierung (2.5) sowie zum anderen in die kritische Bewertung seitens der Fachwelt (2.6) gegliedert.

Die eigenen empirischen Untersuchungen unterteilen sich im Kapitel 3 wie folgt: zuerst erfolgt eine Analyse von Publikationen installierter Temperieranlagen und wissenschaftliche Untersuchungen auf ihre Aussagekraft bezüglich des Einsatzes einer Temperierung (3.2). Daran schließt sich die Darlegung der Ergebnisse durchgeführter Interviews (3.3) und die Vorstellung eigens besuchter Temperieranlagen an (3.4).

Das vierte Kapitel, das auf den Schlussfolgerungen der Kapitel 2 und 3 basiert, indem es eine Begriffsklärung des Terminus *Temperierung* (4.1) aufgreift, beschäftigt sich mit den Einsatzmöglichkeiten und –grenzen der Temperierung (4.2 und 4.3). Abschließend werden in einem Forschungsausblick Aspekte aufgezeigt, die weiteren Forschungen Zielstellungen bieten könnten (4.5).

Zum Ende der Arbeit bietet es sich an, aktuelle Forschungen sowie eigene Untersuchungsergebnisse zu installierten Temperieranlagen im Rittergut Trebsen vorzustellen (5.1).

2 Wissenschaftlich – technischer Entwicklungsstand: Temperierung nach dem Verfahren des Bayerischen Landesamtes für Denkmalpflege (BLfD)

2.1 Begriffsbestimmung

Da der Forschungsgegenstand dieser Arbeit u.a. auch auf physikalischen Grundlagen beruht, sollen im Folgenden einige dieser Begriffe definiert werden.

Zu den wichtigsten Vorteilen der Temperierung nach Vorgaben des BLfD gehört die Beseitigung von Feuchte im Wandinneren und an der Wandoberfläche. Die Feuchtebelastung einer Wand kann durch verschiedene Faktoren entstehen [Bild 1]:

- Belastung durch Schlagregen
- aufsteigende Feuchte
- hygroskopische Feuchte
- Kondensation.

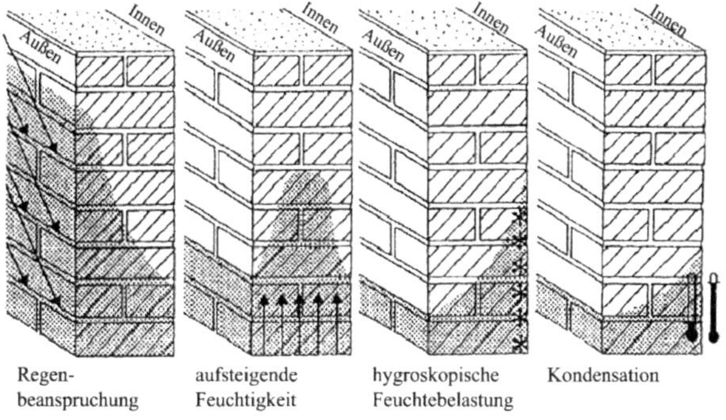

Bild 1: Unterschiedliche Feuchtebelastungen einer Außenwand (Quelle: Rahn, 2001)

Aufsteigende Feuchte dringt durch anstehendes Wasser in bodenberührte Bauteile ein und steigt durch das kapillare Verhalten des Baustoffes in ihm auf. [Vgl. Arendt, 2003, S. 136] Mit *hygroskopischer Feuchte* wird die Eigenschaft einiger Salze bezeichnet, dampfförmiges Wasser aus der umgebenden Luft aufzunehmen, im Baustoff zu speichern und in Abhängigkeit mit der *relativen Raumluftfeuchte* wieder abzugeben. Die eintretende Materialfeuchte wird auch Gleichgewichtsfeuchte genannt. Aufsteigende Feuchte kann durch hygroskopische Feuchte unterstützt werden und am Bauwerk Höhen erreichen, die durch reine Kapillarkräfte nie erzielt werden könnten. [Vgl. Arendt, 2003, S. 136]

Bei *Belastung durch Schlagregen* werden auch höher gelegene Wandbereiche mit Feuchtigkeit belastet, trocknen aber gewöhnlich schnell wieder aus. Eine wirkliche Schädigung der Bausubstanz tritt nur ein, wenn ein zu großes Saugverhalten der Wandoberfläche oder eine Behinderung der Feuchteabgabe vorliegt. Ein weiteres Schadensbild zeigt sich bei sauren Regen vor allem an Natursteinfassaden. [Vgl. Arendt, 2003, S. 136]

Bei *Kondensation* fällt bei Unterschreitung der *Taupunkttemperatur* Feuchte auf einer Bauteiloberfläche aus. Hierbei ist zwischen *Winterkondensation* und *Sommerkondensation* zu unterscheiden. Winterkondensation tritt dort auf, wo dünne oder stark wärmeleitende Außenwandkonstruktionen eine niedrige Temperatur der Außenmauerinnenseite bewirken. Sommerkondensation entsteht an Stellen, wo große Baumassen (Kirchen, Burgen) tiefe Temperaturen weit in wärmere Witterungsperioden hinein speichern. [Vgl. Arendt, 2003, S. 136]

Unter *absoluter Luftfeuchte*[3] c [(g/m³)] versteht man die auf das Luftvolumen V bezogene Wasserdampfmenge m, das heißt, die tatsächliche Wasserdampfkonzentration in der Luft. Die *relative Luftfeuchtigkeit* φ [(%)] ist das Verhältnis von tatsächlich herrschendem Wasserdampfpartialdruck p_D (Partialdruck des Wassers) zu dem bei der Lufttemperatur maximal möglichen Sättigungsdampfdruck p_S. [Hohmann/Setzer, 1997, S. F115]

Bild 2 verdeutlicht, dass bei gleicher relativer Luftfeuchte kühlere Luft stets trockener ist als wärmere Luft. Dadurch steigt die relative Luftfeuchte beim Abkühlen stetig an. Erreicht die relative Luftfeuchte einen Wert von $\varphi = 100\%$, nennt man die dazugehörige Temperatur *Taupunkttemperatur*. Unterschreitet die Innenoberflächentemperatur eines Bauteils die Taupunkttemperatur der Raumluft, so fällt an dieser kühleren Oberfläche Tauwasser aus. Um Tauwasserausfall zu vermeiden, ist es notwendig, dass die raumseitige Bauteiloberfläche eine höhere Temperatur aufweist als die Taupunkttemperatur der Raumluft. [Vgl. Rahn, 2002, S. 75 ff]

---

[3] Die absolute Luftfeuchte wird auch als Wasserdampfkonzentration oder Wasserdampfdichte bezeichnet. [Vgl. Hohmann, Setzer, 1997, S. F1215]

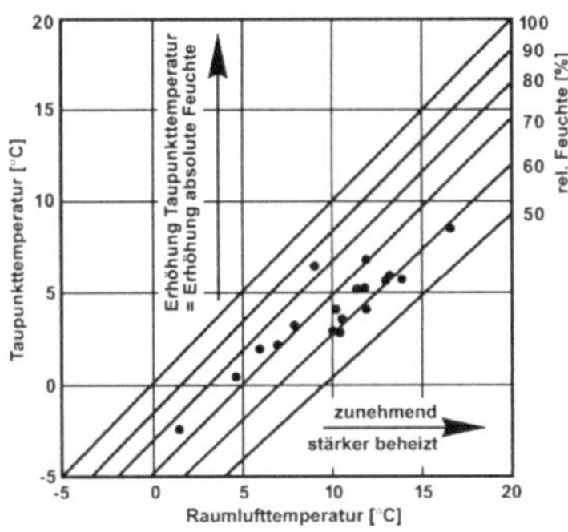

Bild 2: Zusammenhang zwischen Taupunkttemperatur und der
Raulufttemperatur in unterschiedlich beheizten Kirchen
(Quelle: Künzel, 2005)

Neben der Wechselwirkung von Feuchte und Temperatur spielen auch baustoffliche
Eigenschaften eine wesentliche Rolle, Feuchtigkeit aufzunehmen und abzugeben. In
oberflächennahen Bereichen eines Baustoffes kann es in Abhängigkeit von der relativen
Luftfeuchte zu einer Anlagerung von Wassermolekülen (*Adsorption*) kommen. Im Inneren
eines Baustoffes nennt man dies *Kapillarkondensation*. Adsorption und Kapillarkondensation werden unter dem Begriff der *Sorption* zusammengefasst. Das Sorptionsverhalten eines Baustoffes ist von großer Bedeutung und gibt Auskunft darüber, in welcher
Abhängigkeit von der relativen Luftfeuchte ein Baustoff Feuchte aufnehmen (*Absorption*)
und wieder abgeben (*Desorption*) kann. [Vgl. Rahn, 2002, S. 75 ff] In Bild 3 ist das
Sorptionsverhalten verschiedener Wandoberflächen zu erkennen. Deutlich wird, dass der
Desorptionvorgang länger dauert als die Absorption. [Vgl. Künzel, 2005(a)]

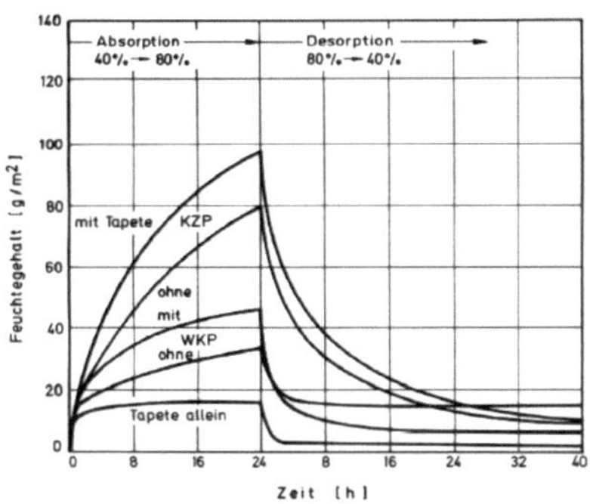

Bild 3: Sorptionsverhalten verschiedener Wandoberflächen
in Abhängigkeit zur Zeit (Quelle: Künzel, 2005)

Einen weiteren wichtigen Aspekt beim Thema Raumklima stellt die *Behaglichkeit* dar. Darunter versteht man das Wohlbefinden eines Menschen – bedingt durch äußere Einflüsse in seiner Umgebung. Sie stellt sich bei einem thermischen Gleichgewicht von Körperwärme und Umgebung ein. So wird bei durchschnittlicher Bekleidung, geringer Luftbewegung und bei mäßig körperlicher Arbeit eine gleichmäßige Temperatur von Raumluft und raumumschließenden Wänden von +20°C bis ca. +25°C als behaglich empfunden. Dieses Verhältnis von Raumluft und raumumschließenden Wänden wird in Bild 4 dargestellt. [Vgl. Kochkine, 2004, S. 3]

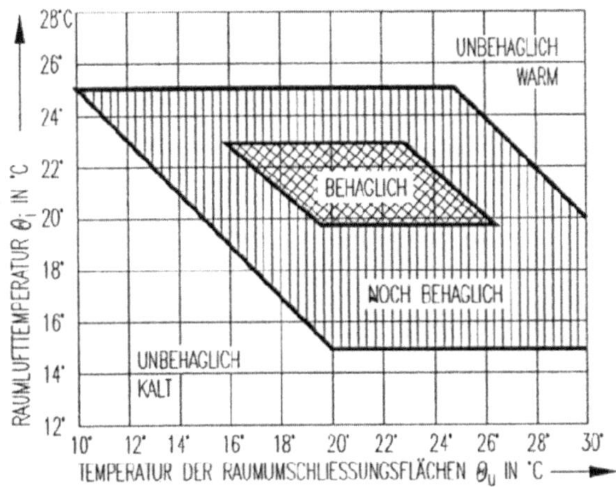

Bild 4: Verhältnis von Raumluft und raumumschließenden Wänden
für die Behaglichkeit (Quelle: Kochkine, 2004)

Der Wert „Behaglichkeit" schwankt hinsichtlich seiner Ausprägung, da er je nach Gebäudeart eine unterschiedliche Gewichtung erfährt. So ist in einen Wohnraum die thermische Behaglichkeit von höherem Stellenwert als in zeitlich begrenzt benutzten Gebäuden (u.a. Kirchen, Museen).

In der Fachliteratur versteht man unter *Temperierung* ein alternatives Wandheizsystem, bei dem der Wärmebedarf der einzelnen Wärmeverlustflächen (Außenbauteile und erdeberührende Bauteile eines Gebäudes) ständig und direkt an ihnen selbst gedeckt wird. Diese, auf das ganze Gebäude zielende Heizmethode, bietet den Vorteil, die bauphysikalischen, raumklimatischen sowie physiologischen Bedingungen in einem Gebäude zu optimieren.

Bei der *Bauteiltemperierung* wird im Gegensatz zur Temperierung nicht das gesamte Gebäude in die Betrachtung einbezogen, sondern nur einzelne Schadstellen. Somit wird sie vorrangig zur Verhinderung lokaler Bauschäden durch Tauwasser oder Sommerkondensat eingesetzt.

In der vorliegenden Arbeit versteht man unter *Temperieranlage/Temperiersystem* die Installation eines Wärmeträgers (warmwasserführendes Rohr, Heizkabel), der sich an der raumseitigen Oberfläche von Außen- bzw. Innenwänden befindet. Dieser Wärmeträger kann unter oder auf Putz verlegt werden.

2.2   Entwicklungsgeschichte der Temperierung

Das BLfD versteht unter Temperierung eine universelle Form der Wandheizung [Vgl. Großeschmidt, 2004, S. 342], daher bietet es sich an, die Entwicklungsgeschichte der Wandheizung im Folgenden kurz darzulegen.

Die Geschichte der Strahlungsheizung und im Speziellen der Wandflächenheizung ist von Strähle [Vgl. Strähle, 1987] ausführlich dargelegt worden. Als historische Beispiele führt er die römische Hypokaustenheizung, die chinesische Tong – Kang – Heizung sowie die mittelalterliche Steinofenheizung an. Des Weiteren zeigt Strähle auf, dass die Idee, in Außenwänden Warmwasser – Heizungsrohre zu integrieren, bereits um 1909 in Großbritannien [Bild 5] und um 1928 in Deutschland aufkam und durch Patente gesichert wurde.

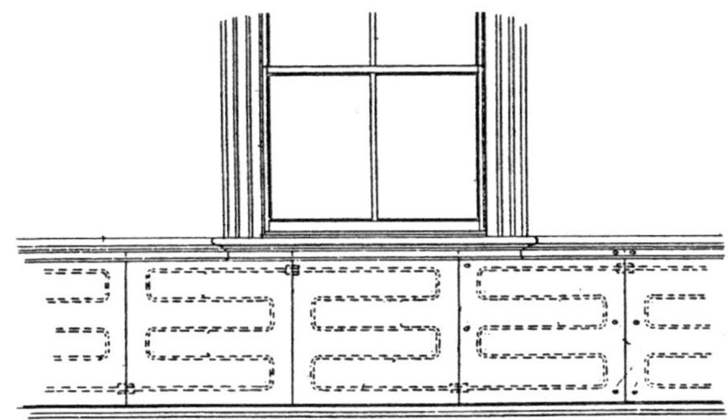

Bild 5: Brüstungsheizfläche nach einem britischen Patent von 1909 ((Quelle : Strähle , 1987))

Zwischen 1930 und 1942 sind in Deutschland weitere Verbesserungen von Strahlungs-heizsystemen patentiert worden. Nach dem Zweiten Weltkrieg versuchte man beim Wiederaufbau, aufgrund gesteigerter Nachfrage die Strahlungsheizung im industriellen Bauen (hier vor allem für großformatige Bauteile des Wohnungs- und Bürobaus) einzusetzen.

Die Wandheizungssysteme der heutigen Zeit entstanden aus technischen Komponenten der Fußbodenheizung und basieren auf deren Vorgaben und Normen. In den letzten Jahrzehnten bildeten sich unterschiedliche technische Varianten von Wandheizungs-systemen heraus. Dazu zählen u.a. Kapillarrohrmatten, Wandheizregister, Systeme mit Vorsatzschalen sowie Randleistenheizungen.

Ebenfalls zu Systemen, die die Wandfläche zur Erwärmung von Räumen benutzen, gehört das Temperiersystem, welches in den 1980er Jahren vom BLfD und freiberuflichen Fachkräften entwickelt worden ist. Im Gegensatz zu Wandheizsystemen, die nur einzelne Wandflächen einbeziehen, betrachtet die Temperierung das Gesamtgebäude. Vorrangiges Ziel der Temperierung ist es, auftretende klimatische Probleme in Museumsbauten und Magazinen zu entschärfen oder ganz zu beseitigen. Probleme stellen u.a. die starke Staubumwälzung durch Luftheizungen und die dadurch erfolgte Verschmutzung der Exponate und Hüllflächen dar. Außerdem zählen andererseits dazu die großen Temperaturunterschiede des Heizmediums Luft und der kalten Wand sowie die daraus resultierenden Probleme eines großen Befeuchtungsbedarfs, einer Kurzzeitschwankung des Raumklimas und Kondensats. [Vgl. Großeschmidt, 1996(a), S. 103]

Die Entwicklung der Temperierung nach Vorgaben des BLfD lässt sich anhand von zwei Schritten darstellen. Das erste Temperiersystem bestand entweder aus einer Wandschale oder einer Wand – Boden – Schale. Diese sind zum Beispiel 1982 im Stadtmuseum Starnberg [Vgl. Großeschmidt, 1992(b), S. 12] und 1987 im Heimatmuseum Schwandorf [Vgl. Micus, 1992] eingebaut worden. Wie im Bild 6 zu erkennen ist, sind diese Schalen Vorsatzwände, die im Kern eine luftdurchströmende Schicht aus Wellplatten aufweisen. In jenen Schalen befinden sich im Sockelbereich Heizrohre, die die Luft zwischen den Wellplatten erwärmen. Anschließend steigt die warme Luft in der Schale nach oben und gibt durch Strahlung die Wärme in den Raum ab.

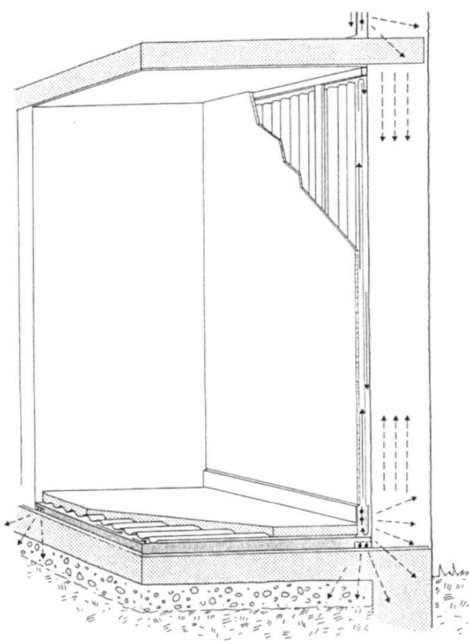

Bild 6: Wand-Boden-Temperierung durch Schalensystem (Quelle: Großeschmidt, 1992(b))

Über die technischen Parameter existieren wenig genaue Angaben, da diese Form der Temperierung schon seit Anfang der 1990er Jahre von dem BLfD nicht mehr empfohlen wird. In einer Veröffentlichung zur Wandtemperierung im Heimatmuseum Schwandorf wurden denkmalpflegerische Probleme dieser Schalensysteme deutlich [Vgl. Micus, 1992, S. 166]. Am beschriebenen Objekt hat man an die Innenseiten der historischen Außenwände eine Wandschale von 10 cm Stärke gesetzt, was zu einer Stufenbildung unterhalb der Stuckdecke führte. Hier werden die Mängel dieses Systems offensichtlich: In historischen Gebäuden stellen sie einen erheblichen Eingriff in das überlieferte Erscheinungsbild dar und ziehen bauliche Maßnahmen nach sich. Dadurch beschränkt sich der Einsatz der Wandschalentemperierung auf den Neubau oder historische Gebäude ohne restauratorische Befunde.

Durch den Wegfall allen „unnützen Ballastes" [Großeschmidt, 1996(b), S. 9] und die Weiterentwicklung der Temperieranlagen mittels empirischer Vorgehensweise [Vgl. Großeschmidt, 2004, S. 328], kam es zum zweiten Entwicklungsschritt beim BLfD, der „Minimalanlage". Dieser Erkenntnisgewinn entstand auf der Basis, dass man nunmehr sowohl positive Erkenntnisse als auch aufgetretene Fehler oder Mängel an betriebenen

Temperieranlagen in die Entwicklung einbezog. Allerdings fehlt eine detaillierte Beschreibung der empirischen Vorgehensweise, da technische und konstruktive Schwächen installierter Temperieranlagen keine Erwähnung finden. Vielmehr werden in allen Veröffentlichungen des BLfD und anderen Befürwortern der Temperierung allein die positiven Effekte bei mehreren hundert Temperieranlagen, darunter in Deutschland, Österreich, Schweiz, Slowenien, Schweden und Italien, hervorgehoben [Vgl. Großeschmidt, 2004, S. 334].

Bei dieser entwickelten Minimalanlage werden die Heizrohre unter Putz oder direkt auf der Wand verlegt. Von Befürwortern wird dies als Vorteil angeführt so dass der Einsatz der Temperieranlagen in allen Arten von Bauwerken, insbesondere in historischen, ermöglicht wurde. Aber es zeigen sich auch Grenzen im Einsatz, wie beispielsweise bei Bauwerken mit hohem Substanzschutz an den Wänden, z.B. Fresken und Bemalungen.

Je nach Raumgröße, Raumart, Fensterflächen oder Anforderungen an die Strahlungswärme ist es möglich, mehrere Temperierschleifen im Mauerwerk zu verlegen. In die Fensterleibungen können Rohrschleifen eingebaut werden, um Kältebrücken zu entschärfen. Die möglichen Ausführungsformen einer Minimalanlage werden im Kapitel 2.4 näher vorgestellt. Zu den ersten dieser Anlagen gehören die Fundamentbeheizung des Rathauses in Tittmoning (1992) [siehe Anlage 3] sowie die Temperieranlage in der Kirche St. Georg in Obertraublingen (1993). [Vgl. Großeschmidt, 1996(a), S. 104] Seitdem ist die Temperierung in vielen Alt- und Neubauten, Baudenkmälern, Kirchen, Exponatgebäuden in Freilichtmuseen, Bergkellern und behausten archäologischen Ausgrabungen eingebaut worden.

2.3   Aufbau von Temperieranlagen

Da man mit unterschiedlichen Ausführungsformen der Temperieranlage unterschiedliche Wirkungen erzielen kann, die von einer Trockenlegung des Mauerwerkes, über eine Grundtemperierung einzelner Räume bis hin zu einer Raumtemperatur für Wohnzwecke reicht, muss man dies auch beim Einbau beachten. Des Weiteren ist auf den baulichen Unterschied zwischen einer Temperierung der Gesamtgebäudehülle und einer Bauteiltemperierung für einzelne Bauteilbereiche zu achten. In diesem Abschnitt soll der Aufbau sowie der bauliche Unterschied der beiden Systeme knapp dargelegt werden. Sehr ausführliche Angaben zur Rohrmontage eine Temperieranlage finden sich in der aktuellen Veröffentlichung des BLfD. [Vgl. Großeschmidt, 2004, S. 358 ff]

Bei der *Temperierung* nach Vorgaben des BLfD wird das gesamte Gebäude in die Betrachtungen einbezogen. Ziel ist es, mittels Temperierung die Temperatur der Wandoberflächen zu erhöhen, nicht die der Raumluft. Nach diesen Vorgaben müssen alle Bauteile mit einem Wärmebedarf von Rohren im Sockelbereich umfahren werden. Diese Bauteile werden zusätzlich unterschieden zwischen Bauteilen mit einem ganzjährigen Wärmebedarf, wie sie Fundamente, erdberührende Außenwände, Innenwände über nicht beheizten Kellerräumen darstellen und Bauteilen mit einem Wärmebedarf während der Heizperiode. Dies sind Außenwände und Fensterleibungen mit Außenluftberührung. Bei einem höheren Wärmebedarf, wie ihn der Wohnfall darstellt, können auch alle Innenwände mit einer Rohrführung versehen und in Brüstungshöhe eine weitere Rohrschleife verlegt werden. Einige Varianten für die Möglichkeiten der Rohverlegung sind im Bild 7 dargestellt. Die Rohre kann man entweder unter oder direkt auf dem Putz befestigen. Bei der Unterputzmontage sollten sie maximal 1,50 cm ± 0,5 cm tief eingeputzt werden, da die Wärmestrahlung zu tief eingeputzter Rohre sehr stark gemindert wird. [Vgl. Großeschmidt, 2004, S. 357]

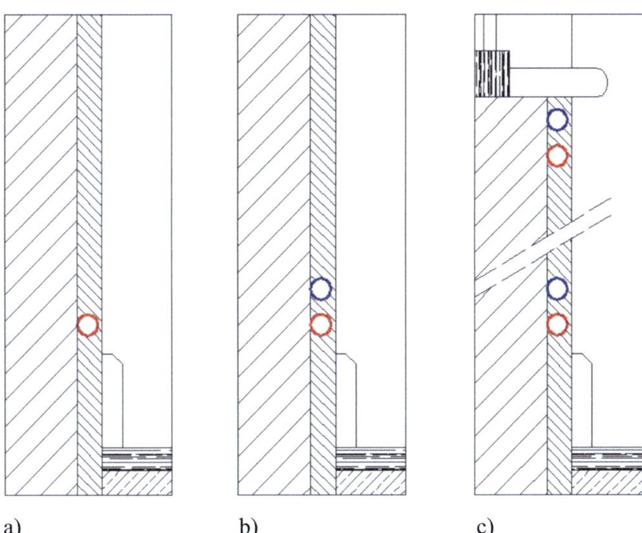

Bild 7: Verlegemöglichkeiten der Temperierleitungen der Minimalvariante:
a) ein Heizkreis mit nur Vorlaufrohrleitung am Wandsockel,
b) ein Heizkreis mit Vor- und Rücklaufrohrleitung am Wandsockel,
c) zwei Heizkreise mit Vor- und Rücklaufrohrleitung am Wandsockel und in Brüstungsebene (Quelle: nach EURA – Ingenieure, 2005)

Bei der Aufputzmontage muss man die Rohre direkt auf dem Putz befestigen, da sonst ein großer Teil der Heizleistung an die Raumluft abgeführt wird. Des Weiteren sollten Rohre bei der Aufputzmontage für eine bessere Wärmeabstrahlung angestrichen werden. [Vgl. Großeschmidt, 2004, S. 357] Für die Rohre haben sich blanke Kupferrohre, schutzummantelte Kupferrohre, aber auch Kunststoffrohre als Material bewährt. Ebenso nutzt man Heizkabel für die Wärmeabgabe. Die Innenseiten des Außenmauerwerks müssen eine homogene Oberfläche besitzen um keinen Abriss der aufwärts gerichteten Warmluftströmung herbeizuführen. Dies bedeutet, dass die Wandoberfläche keine größeren Poren oder sichtbare Fugen aufweisen darf. [Vgl. Großeschmidt, 2004, S. 328] Da in der Regel die Verlegung der Rohre unter Putz erfolgt und dadurch Schlitze durch Fräsen geschaffen werden müssen, sind statisch – konstruktive Aspekte zu beachten. Die erlaubte Schlitztiefe ist nach DIN 1053 zu ermitteln und einzuhalten.

Bei der *Bauteiltemperierung* wird im Gegensatz zur Temperierung nicht das ganze Gebäude betrachtet, sondern nur einzelne Schadstellen, wie z.B. Tauwasserschäden am Wandsockel und Wärmebrücken. Hier reicht oft schon ein Heizkabel von wenigen Metern Länge, um diese Feuchteschäden zu beseitigen und dauerhaft zu verhindern. Auf die Bauteiltemperierung wird hier nicht weiter eingegangen, da das BLfD diesen Begriff nicht verwendet und Auswirkungen einer Temperierung auf einzelne Bauteile nicht benennt.

2.4   Wärmetechnische Dimensionierung einer Temperieranlage

Für die wärmetechnische Dimensionierung einer Temperieranlage geben die Veröffentlichungen des BLfD nur wenige konkrete Hinweise. Die wichtigste Vorgabe ist die richtige Anordnung der Rohre an den Wänden in den entsprechenden Räumen. Dazu stellt das BLfD Zeichnungen mit Beispielen für die Rohranordnung zur Verfügung. [Vgl. Großeschmidt, 2004, S. 331] Diese sind in Bild 8 zu erkennen. Deutlich wird, je höher die Anforderung an eine Raumtemperatur ist, um so mehr Rohre muss man in die Wände integrieren.

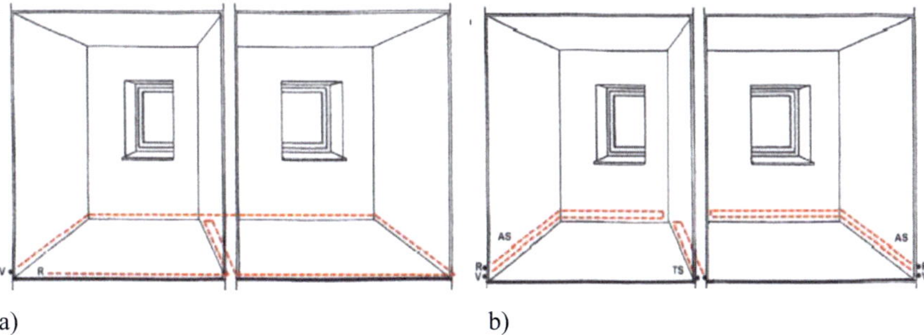

a)

b)

a) Konservierung von Bausubstanz und Raumausstattung (Baudenkmäler, Exponatgebäude in Freilichtmuseen; Vorlauftemperatur ca. 30°C/ Feuchtesanierung und Beheizung von Kellern; Vorlauftemperatur 30 – 40°C
b) Museum, Kirche; Vorlauftemperatur 30 – 60°C/ Wohngebäude (Wandstärke ab 60 cm, Vorlauftemperatur 30 – 65°C)

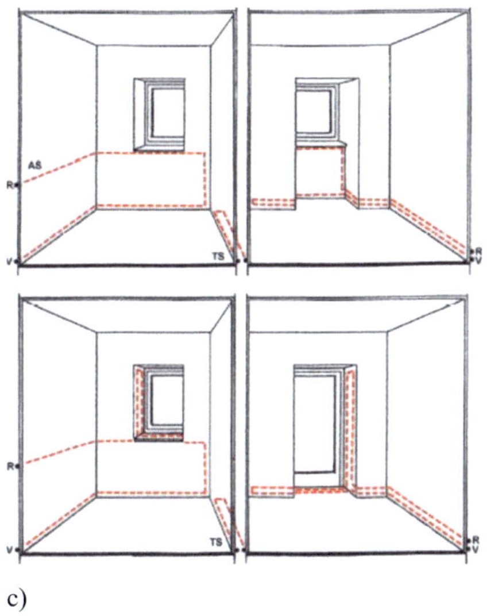

c)

d)

c) Museen mit höherem Temperaturanspruch (Vorlauftemperatur 30 – 55°C/ Wohngebäude (Wandstärken zwischen 30 – 60 cm; Vorlauftemperatur 30 – 65°C)
d) Gebäude aller Art bei Nutzung von Solarkollektoren, Wärmepumpen etc./ Wohngebäude (Leichtbau: poröse Wandbaustoffe, Fachwerk, Glasfassaden; Vorlauftemperatur 30 – 65°C)

Bild 8: Beispiele für die Rohranordnung nach Angaben des BLfD: (Quelle: Großeschmidt, 2004)

Eine zweite Vorgabe findet sich in Form einer Faustformel zur Berechnung des Transmissionswärmebedarfs. Diese lautet:

$$Q_T = \frac{\lambda_{tr}}{d} \cdot \Delta T \cdot h$$

Hierin bedeuten:
- Q_T Transmissionswärmebedarf [W/m]
- λ_{tr} Wärmeleitfähigkeit (trockener Wandbaustoff) [W/(m·K)]
- d Wandstärke [m]
- ΔT max. Temperaturdifferenz zwischen Innen und Außen [K]
- h Raumhöhe [m]

Als Ergebnis erhält man den Wärmebedarf für einen Meter Wand. [Vgl. Großeschmidt, 2004, S. 369]

Das BLfD verwendet zur weiteren Berechnung ein Diagramm [Bild 9] von Engelbrecht[4], mit dessen Hilfe man die Wärmeleistung von einem Meter Heizrohr (verlegt unter Putz) ermitteln kann. Vorab wird eine mittlere Wassertemperatur sowie ein Rohrmaterial ausgewählt. Durch Ablesen erhält man die benötigte Wärmeleistung für einen Meter Wand.

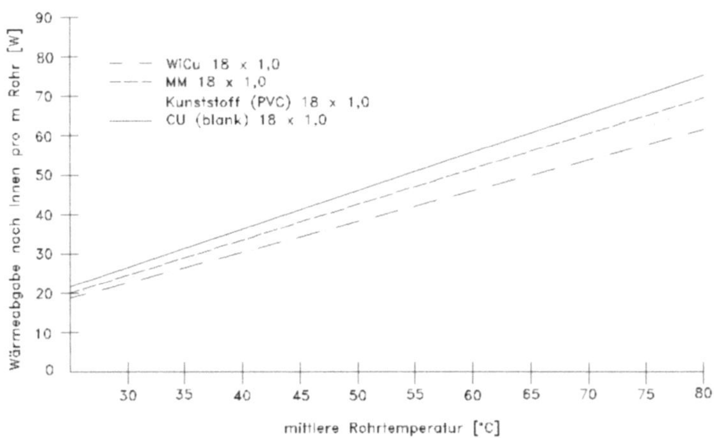

Bild 9: Diagramm zur Wärmeabgabe verschiedener Rohrmaterialien (Quelle: Großeschmidt, 2004)

---

[4] Diplomarbeit von Engelbrecht mit dem Titel: „Die Temperierung – ein alternatives Heizsystem". Fachhochschule München. 1995.

Hier bietet es sich an, einige dieser Aussagen kritisch zu bewerten. So ist der Wert λ_{tr} in der Faustformel zu hinterfragen. Das BLfD stellt in einer Beispielrechnung nur eine Angabe für den Baustoff Ziegel[5] mit einem λ_{tr} von 0,4 W/m·K zur Verfügung. Für weitere Baustoffe, zum Beispiel Naturstein oder Holz, sind keine Aussagen zu finden. Ebenso ist der Wert λ_{tr} an sich zu kritisieren, da mit einer Temperierung zuerst eine Trocknung der Wände erfolgen soll. Für die Auslegung einer Temperierung sollte zunächst der schlechteste Zustand einer Außenwand (feucht und kalt) berücksichtigt werden, um einen erfolgreichen Einsatz zu garantieren. Des Weiteren wird sich der Wert λ_{tr} nur im unteren Bereich einer Wand und nur im Nahbereich des Heizrohres einstellen, wie Untersuchungen von Seele beweisen. [Vgl. Seele, S. 18] In einer Veröffentlichung von 2004 gibt das BLfD selbst den thermisch aktiven Bereich mit 7 bis 9 cm an. [Vgl. Großeschmidt, 2004, S. 356] Auch auf Thermografieaufnahmen kann man einen erwärmten Bereich nur am Wandsockel von ca. 10 cm Breite erkennen. [Vgl. Großeschmidt, 2004, S. 357] Somit muss man zur Auslegung eine Temperierung zuerst von einer normalfeuchten kalten Wand ausgehen, und erst für eine nachträgliche Bewertung kann die Wand in einen getrockneten unteren Teil (ca. 50 bis 100 cm Höhe) mit ca. 1/3 der Wandstärke und in einen normalfeuchten oberen Teil zerlegt werden.

Im Diagramm von Engelbrecht handelt es sich um Angaben zur Wärmeabgabe verschiedener Rohre[6] an den Raum, die in einer Ziegelwand (λ = 0,81 W/(m·K), ρ = 1800 kg/m³, Wandstärke von 36,5cm), unter Putz verlegt sind. Die Innentemperatur betrug bei der Ermittlung des Diagramms +20°C, die Außentemperatur -16°C. Das Rohrmaterial besaß einen Durchmesser von 18 mm. Dieses Diagramm kann somit nur sehr schwer für andere Berechnungen herangezogen werden, bei denen ein anderer Rohrdurchmesser, eine andere Wandstärke oder anderes Baumaterial vorhanden sind. Für durchfeuchtete Wände und Fachwerkkonstruktionen ist diese Form der Auslegung einer Temperierung somit ungeeignet, da verlässliche Grundlagendaten zur Berechnung fehlen.

Zum Lüftungswärmebedarf gibt das BLfD folgenden Hinweis: Da durch die Temperierung die Raumluft kaum aufgeheizt wird und es damit nicht zu inneren (Kamineffekt des Treppenhauses) und äußeren (Warmluftaustritt aus Fugen und Öffnungen) Wärmeverlusten kommen kann, reicht es völlig, die Reserve aus der Berechnung und dem Diagramm für den nötigen Lüftungswärmebedarf heranzuziehen. [Vgl. Großeschmidt, 2004, S. 369]

---

[5] Vgl. Recknagel/Sprenger/Schramek, 2005/06, S. 142.
[6] Das Rohrmaterial war: WICU, MM, Kunststoff (PVC), CU (blank).

Weitere Aussagen über die Auslegung einer Temperierung sind in Veröffentlichungen des BLfD nicht zu finden.

Diese insgesamt wenigen Angaben vermitteln den Eindruck, dass die Temperierung im Vergleich zu konventionellen Heizsystemen[7] einfacher zu planen und auszuführen ist. In Veröffentlichungen des BLfD wird dies durch Kommentare, wie: „Ohne Einschaltung von Spezialfirmen kann sie (die Temperierung) heute von jedermann angewendet werden" [Großeschmidt, 1996(b), S. 9], untermauert. In den Veröffentlichungen fehlt jeglicher Hinweis darauf, welche Daten zur Ermittlung einer erforderlichen Heizlast für ein Gebäude notwendig sind. Dies bildet jedoch die Grundlage für eine Bemessung sowohl der Heizfläche in den einzelnen Räumen als auch für die Auslegung der gesamten Heizungs- bzw. Temperieranlage. Die Größe der Heizlast ist abhängig von der Lage des Gebäudes, der Bauweise der wärmeübertragenden Gebäudeumfassungsflächen und dem Be- stimmungszweck der einzelnen Räume. [Vgl. Wormuth/Schneider, 2000, S. 119] Nach DIN 4701 sind dies aber wichtige Angaben, die man benötigt, um den erforderlichen Heizenergiebedarf Q und den Heizwärmebedarf Q_h zu berechnen. Somit ist es zwingend notwendig, dass ein Fachmann der Heizungstechnik die Planung einer Temperieranlage übernimmt, der sowohl das Gebäude in den richtigen Zusammenhang stellt als auch fachübergreifende Lösungsansätze einbezieht. Bei unzureichender Planung oder fehlendem Fachwissen kann es so zu Situationen kommen, in denen Räume im Winter nicht die erhofften Temperaturen erreichen. Hierfür wird ein Beispiel im Kapitel 3.4.2 vorgestellt.

2.5 Wirkungsweise der Temperierung nach dem BLfD

Das folgende Kapitel beinhaltet die Vorstellung der wichtigsten Sekundäreffekte der Temperierung sowie deren Funktionsweise nach den Angaben des BLfD. Dazu wurde Literatur des BLfD ausgewertet und zusammengefasst. Physiologische und restaura- torische Gesichtspunkte der Temperierung können an dieser Stelle nur knapp beschrieben werden, sie sind nicht Hauptbestandteil der vorliegenden Arbeit sind. Da die Temperierung vom BLfD zuerst in Museumsbauten und Depoträumen eingebaut wurde, kommt dies auch

---

[7] Unter konventionellen bzw. herkömmlichen Heizsystemen wird in dieser Arbeit eine Wärmeübertragung durch Platten- bzw. Rippenheizkörper oder Warmluftheizungen verstanden.

in den angeführten Effekten zum Tragen. Viele dieser dort beobachteten Auswirkungen sind danach auf alle anderen Gebäudearten übertragen worden.

Wenn die Montage der Temperierleitung nach den Vorgaben des BLfD erfolgt ist, sollen folgende Sekundäreffekte eintreten:

- optimale Raumbeheizung in Gebäuden aller Nutzung, Konstruktionsarten und Raumhöhen
- Unterbrechung des Feuchtetransportes
- Inaktivierung der Schadsalze
- Energieeinsparung bei der Beheizung von Neu- und Altbauten durch Materialtrocknung und „U-Wert-Verbesserung"
- Schutz der Hüllflächen und der Ausstattung des Raumes vor Kondensat und Staubablagerungen, Senkung von zu hoher relativer Luftfeuchte
- Angleichung der Oberflächentemperatur ungedämmter erdberührter Bodenflächen an die Raumtemperatur. [Vgl. Großeschmidt, 2004, S. 326]

Im Folgenden beschränkt sich die Arbeit aus Kapazitätsgründen nur auf einzelne Effekte, so u.a. auf die Unterbrechung des Feuchtetransportes, die Energieeinsparung, die Inaktivierung von Schadsalzen und die thermische Behaglichkeit.
Nach Aussage des BLfD soll die Temperierung als Gesamtheit verstanden werden. Es ist nicht möglich, einzelne Faktoren herauszunehmen, da sonst der Erfolg der Temperierung nicht eintreten kann. Dennoch werden hier die wichtigsten Effekte von Temperieranlagen detailliert betrachtet, um die Wirkungsweise aufzeigen zu können. Dadurch kann es bei den folgenden Punkten zu Wiederholungen kommen.

2.5.1 Verhinderung von Feuchteschäden

Die Unterbrechung des Feuchtetransportes ist der wichtigste Punkt, den die Befürworter der Temperierung immer wieder anführen, da es erst durch die Beseitigung der Feuchte in den Außenwänden zu den angeführten Sekundäreffekten kommen kann. Durch eine kontinuierliche Beheizung von Kellerwänden, erdberührenden Außenwänden, Fundamenten und nicht unterkellerten Erdgeschosswänden soll es zu einer „thermischen Horizontalsperrung" [Großeschmidt, 2004, S. 336] und damit zur Trockenlegung der

Wandsockel kommen, unabhängig von der Art der Feuchtebelastung. Selbst Belastungen durch aufsteigende Feuchtigkeit [Vgl. Großeschmidt, 1992(a), S. 19] sowie durch drückendes Wasser [Vgl. Großeschmidt, 1996(b), S. 22] können beseitigt und zukünftig verhindert werden.

Nach Darlegung des BLfD bildet sich in der unmittelbaren Rohrumgebung ein faustgroßer Wärmestau. Von diesem gehen gleichzeitig und radial nach allen Seiten geringe Wärmemengen in die umgebende Sockelzone und bilden zylindrische Isothermen, wie auf dem Bild 10 zu erkennen ist. [Vgl. Großeschmidt, 2004, S. 336]

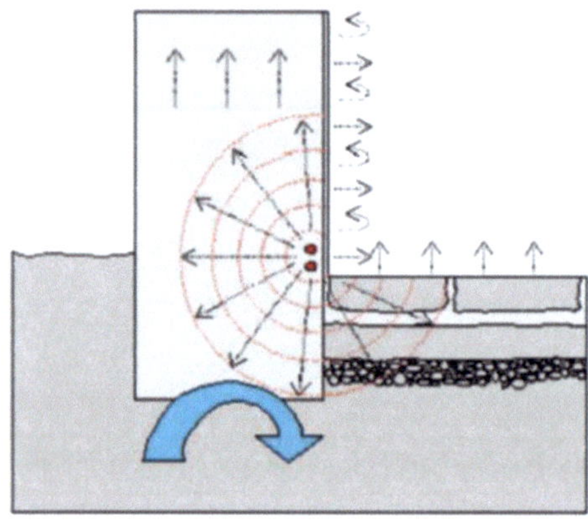

Bild 10: Schematische Darstellung der Wirkungsweise
der Temperierung (Quelle: Großeschmidt, 2004)

Bei persönlichen Gesprächen[8] sowie in seiner aktuellen Veröffentlichung spricht Großeschmidt[9] von einem thermischen Gefälle oder einem geringen kontinuierlichen Wärmegefälle nach außen in die Wand. Dieses zieht eine allmähliche Verdrängung von Porenwasser in den Wandkern nach sich. Nicht der gesamte Wandquerschnitt wird erwärmt, sondern es bildet sich ein warmer und damit trockener Bereich um das Heizrohr. Die von diesem erwärmten, ca. 10 cm hohen Putzstreifen, aufsteigende Wärme sorgt so für die Trocknung der Wandoberfläche. [Vgl. Großeschmidt, 2004, S. 338, 350] Der Effekt, dass ein strömendes Medium an einer Begrenzungsfläche haften bleibt und durch eine

---

[8] Persönliche Gespräche mit Großeschmidt am 30.05.2005, 25.07.2005 (Telefon) und am 08.07.2005 in Holzkirchen.
[9] Henning Großeschmidt, Leitender Restaurator beim Bayerischen Landesamtes für Denkmalpflege, Landesstelle für nichtstaatliche Museen.

aufwärtsgerichtete Strömung nach oben steigt, wird auch als Coanda – Effekt bezeichnet. [Vgl. Arendt, 1996, S. 44]

Präzise Angaben über die Reichweite in eine Wand hinein und die Dauer der Austrocknung liefern die Veröffentlichungen des BLfD nicht[10]. Statt dessen vermittelt die Grafik im Bild 10 den Eindruck, als könne die „thermische Horizontalsperrung" den gesamten Querschnitt einer Wand trocknen, unabhängig von Wandstärke, Baumaterial und Menge der vorhandenen Feuchtigkeit in der Wand.

Das BLfD erklärt die Wirkungsweise der Temperierung mit der Wasserstoffbrückenbildung bei feuchten Baustoffen. Und mit einer Stoffeigenschaft – der Wärme-, die ein Maß für den Bewegungszustand der Moleküle darstellt. [Vgl. Großeschmidt, 1998, S.4] Laut Aussage des BLfD spielt diese Wasserstoffbrückenbildung im Mauerwerk eine entscheidende Rolle für Tauwasserschäden und aufsteigende Feuchtigkeit an untemperierten Wänden. Sie ist praktisch der „Motor für aufsteigende Bodenfeuchte". [Großeschmidt, 2004, S. 352] Nur wenn die Wandtemperatur mindestens gleich der Lufttemperatur ist, dann ist die Wärmeschwingung der Materialmoleküle an der Oberfläche ausreichend stark, um eine Bildung von Wasserstoffbrücken zu verhindern. Dies wird bei Massivhäusern bereits im Sommer durch Speicherung der Sonneneinstrahlung auf die Außenbauteile erreicht. Diese Einstrahlung bewirkt auch nachts eine ausreichend hohe Wärmeschwingung der Moleküle. Das Heizsystem im Gebäude braucht nun nur noch diesen Zustand der Materialschwingung aufrecht erhalten. Wandheizsysteme, die an der gesamten Raumseite der Außenwände eine Materialschwingung erreichen, leisten durch ihr physikalisches Prinzip zugleich Feuchte- und Wärmeschutz. [Vgl. Großeschmidt, 2004, S. 352]

Über die Darstellung im Bild 8 hinausgehend kann in erdberührten Räumen mit mineralischen Bodenbelägen, die für eine Nutzung vorgesehen sind, anstelle einer Fußbodenheizung mit Wärmedämmung, durch den Einbau von ein bis zwei Umwegschleifen der Innenwandleitungen eine Fußbodentemperierung erzielt werden. Der Rohrabstand soll dann im Dickbett oder im Ausgleichsestrich 50 bis 100 cm betragen. Im Dauerbetrieb muss die Vorlauftemperatur bei ca. 30°C liegen. Um eine rasche Anhebung der Raumtemperatur zu erreichen, kann man die Vorlauftemperatur zeitweise anheben. Bei Räumen mit

---

[10] 1996 bezeichnete Großeschmidt eine Dauer von wenigen Wochen als ausreichend, um einen Keller trocken und warm zu bekommen. [Vgl. Großeschmidt, 1996, S. 22]

Holzböden reicht nach Aussage des BLfD die Rohrführung nur an den Wandsockeln aus. [Vgl. Großeschmidt, 2004, S. 330]

Zu den nötigen Vorlauftemperaturen der Sockeltemperierung bei Dauerbetrieb gibt das BLfD folgende Angaben: Es rät während der ersten Betriebsphase zu einer maximalen Leistung der Heizung, die dann im weiteren Dauerbetrieb auf 65°C Vorlauftemperatur eingestellt werden kann. Je nach Feuchtegrad des Baukörpers stellt sich innerhalb einiger Wochen bis hin zu zwei Monaten unter fortschreitender Trocknung der Bausubstanz die gewünschte Raumtemperatur ein. Nach dieser ersten Heizperiode, in der die Trocknung der Gebäudehülle angestrebt wurde, beginnt der Wärmebedarf zu sinken und die Vorlauftemperatur kann weiter reduziert werden. [Vgl. Großeschmidt, 2004, S. 326] In einem Zeitraum von einem bis zu wenigen Jahren verringert sich der Jahresheizenergie-bedarf trotz Sommertemperierung gegenüber herkömmlicher Beheizung nur in der Heizperiode. [Vgl. Großeschmidt, 2004, S. 336] Da das anschließende Vorgehen von den Anforderungen des jeweiligen Nutzers und des speziellen Objektes abhängt, können in den Veröffentlichungen des BLfD keine Angaben über die weiteren einzuhaltenden Vorlauftemperaturen gefunden werden.

Für die universelle Nutzung sowie zum Feuchteschutz von Räumen mit erdberührenden Bauteilen in Alt- wie Neubauten ohne solare Zustrahlung ist im Sommer ein minimaler Heizbetrieb erforderlich. Hier gibt das BLfD Leistungen von 5 bis 15 W/m Wandsockel, in Kellern 30 W/m, an. [Vgl. Großeschmidt, 2004, S. 335]

Seit 1996 erklärt das BLfD in Veröffentlichungen die Wirkung der Temperierung in einem Keller mit dem Schwingungsverhalten der Mauerwerksmoleküle. Dabei benutzt es als fraglichen Vergleich für die Temperaturangaben die Kelvin – Skala. Als Beispiel führt das BLfD einen Keller an, der durch Akkumulation der Erdkernabwärme ganzjährig bereits ca. 283 K (+10°C) warm ist. Aufgrund von Zuführen geringer Energiemengen durch Sockelheizrohre, gelingt es nach wenigen Wochen den Keller zu trocknen und zu erwärmen. Durch die zugeführte zusätzliche Wärmeenergie wird das Schwingungs-verhalten der Oberflächenmoleküle um 8 bis 10 K erhöht und dauerhaft aufrecht gehalten. So ist es möglich, in diesem Keller eine Raumtemperatur von +18°C bis +20°C zu erreichen. Um zu beweisen, wie gering die benötigte Energiemenge bei der Verwendung mit Kelvinangaben ist, fügt das BLfD ein Diagramm ein, in dem Grad Celsius mit der Kelvinangabe verglichen werden [Bild 11]. [Vgl. Großeschmidt, 1996(b), S. 23; 2004, S. 329]

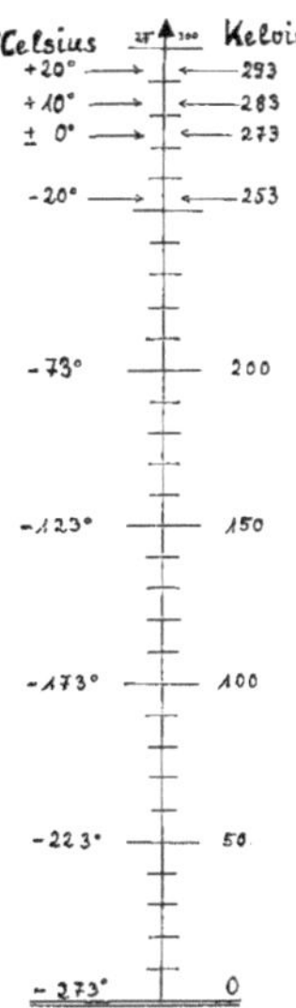

Bild11: Vergleich der Temperaturskalen von Celsius und Kelvin
(Quelle: Großeschmidt: 1996(b))

Bei Berücksichtigung aller Angaben von Großeschmidt, kann man bei Temperierung erdberührter Bauteile auf die konventionellen Sanierungsmaßnahmen, wie Schadsalzbehandlung, Außenisolierung, Wärmedämmung, Horizontalsperren, Tränkungen und Sanierputzen, verzichten. [Vgl. Großeschmidt, 2004, S. 328]

2.5.2 Energieeinsparung durch Temperierung

Ein weiterer wichtiger Sekundäreffekt der Temperierung laut BLfD stellt die Energieeinsparung durch Heizkostensenkung dar. So soll sich der Wärmebedarf in der Heizperiode verringern, da durch eine Temperierung auch in den Sommermonaten eine nachhaltige „U - Wertverbesserung" erreicht wird, so dass der Gesamtverbrauch in der Regel unter dem von konventionellen und nur in der Heizperiode beheizten Massivbauten liegt. [Vgl. Großeschmidt, 2004, S. 328] Als Beweis für die U – Wertverbesserung gibt er folgende Werte für eine temperierte Wand an: So soll eine 1% geringere Materialfeuchte die Wärmeleitfähigkeit um ca. 10% verringern. [Vgl. Großeschmidt, 1992(a), S. 11] Als Beleg für die positive Auswirkung der Temperierung auf den U – Wert einer Außenwand verweist das BLfD auf Thermografieaufnahmen. Als Beispiel nennt es ein Wohnhaus mit

26 cm starken Außenwänden aus Beton. Diese werden durch zwei Heizrohrschleifen mit +60°C Vorlauftemperatur temperiert. Auf Thermografieaufnahmen [Bild 12], die im März 2002 angefertigt wurden, konnte man auf der Außenseite „zwar eine starke Abstrahlung, nicht aber die heißen Rohrtrassen auf der Innenseite nachweisen". [Großeschmidt, 2004, S. 366] Dem BLfD zufolge treten Farbunterschiede, wie in Bild 12, bei Thermografieaufnahmen temperierter Gebäuden oft auf. Dies begründet es damit, dass die Porenfeuchte bei Bauteilen durch die Temperierung unter ihrem praktischen Feuchtegehalt gehalten wird. Getrocknete Bauteile mit hohem Rohgewicht können erheblich mehr Energie aus der Sonneneinstrahlung aufnehmen, speichern und wesentlich langsamer wieder abgeben als leichtere und normalfeuchte Baustoffe. [Vgl. Großeschmidt, 2004, S. 366]

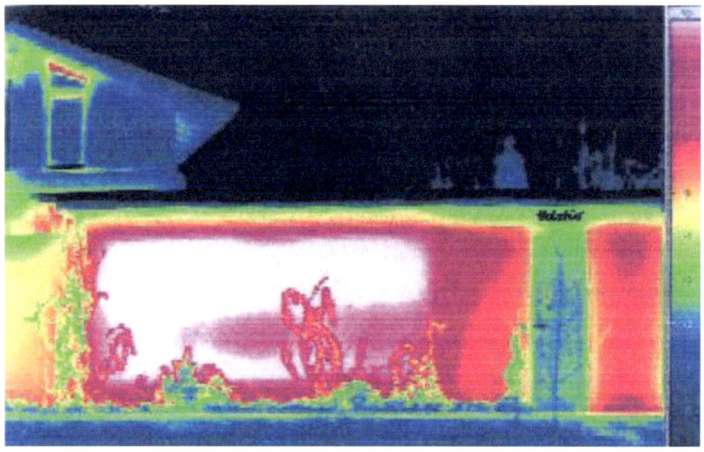

Bild 12: Auf dem Bild sieht man die Abstrahlung einer 26 cm starken Betonwand, die mit zwei Rohrschleifen versehen ist. Die Rohre der Wand wurden seit 18 Uhr des Vortages mit einer Vorlauftemperatur von 60°C betrieben (Quelle: Großeschmidt, 2004)

Dazu trägt u.a die Sommertemperierung bei, als leichte Erwärmung erdberührter Räume auch außerhalb der Heizperiode. Je nach Lage und Art der Räume müssen 5 bis 30 Watt pro Meter Wandsockel bereitgestellt werden. Allein durch die Temperierung der Gebäudehülle und Abdichtung der Alt – Doppelfenster kommt es zu einer Verringerung des Jahresheizwärmebedarfes von Wohnbauten in Massivbauweise. [Vgl. Großeschmidt, 2004, S. 328] Um diesen Effekt zu erzielen, sollte in der ersten Heizperiode der Energieaufwand der Temperierung gesteigert werden, um die Trocknung der gesamten Gebäudehülle zu erreichen. Großeschmidt gibt hier Vorlauftemperaturen von 60°C bis 65°C an, die so lange wie nötig bereitgestellt werden müssen. Je nach Masse und Feuchtegrad der Bausubstanz dauert diese erste Heizphase ein oder wenige Jahre. Danach wird trotz Sommertemperierung der Heizenergiebedarf geringer gegenüber herkömmlicher Beheizung während der Heizperiode. [Vgl. Großeschmidt, 2004, S. 326, 336] Den niedrigen Wärmebedarf nach Trocknung des Mauerwerks und die damit verbundene Optimierung des Speichervermögens der Außenwände begründet das BLfD ebenso mit der geringen Raumlufttemperatur. Diese entspricht im Gegensatz zur konventionellen Heizung der Temperatur der Wandoberfläche. Dadurch kann es bei diesen geringen Raumlufttemperaturen kaum zum Entweichen von warmer Luft durch die Zimmerdecke oder in das Treppenhaus kommen. Die durch Undichtigkeiten in der Gebäudehülle entweichenden warmen Luftmengen sind klein und ein „Durchzug" beim Lüften bleibt aus. [Vgl. Großeschmidt, 2004, S. 336]

2.5.3   Inaktivierung von Schadsalzen

Da die Inaktivierung von Schadsalzen „nur ein Nebeneffekt" der Trockenlegung von Bauteilen ist, geht das BLfD auf diesen Prozess nicht detailliert ein. Wie auch bei der Unterbrechung des Feuchtetransportes führt es die Wärmeschwingung der Wandmoleküle zur Verhinderung von Salzausblühungen an. Der „kleinste gemeinsame Nenner der Einzelphänomene"[Großeschmidt, 2004, S. 350] ist die Herstellung einer saisonal sinnvollen Oberflächentemperatur der Raumhüllflächen.

Eine temperierte Wand erlaubt keine Kapillarkondensation mehr. Somit können weder an den Porenwänden noch an den Salzionen Wassermoleküle neue Wasserstoffbrücken bilden. Von der gesamten temperierten Wandinnenseite geht ein geringes kontinuierliches Wärmegefälle nach außen aus. Dadurch kommt es zu einer allmählichen Verdrängung des Porenwassers in den Wandkern. Beim Zurückweichen des Porenwassers entstehen fadenförmige Salzmoleküle, die sich im Porenraum bilden. Nach dem BLfD ist eine Belastung der Oberflächen durch Salze nicht mehr möglich. Eine physiologisch günstige Temperatur sowie eine mittlere relative Luftfeuchte kann selbst in einem Raum mit Wandmalereien auf salzbelastetem Untergrund durch eine Temperierung erreicht werden. Nutzbar wird ein solcher Raum bei Anwesenheit von Personen durch das Betreiben einer Minimallüftung. [Vgl. Großeschmidt, 2004, S. 350] Durch die ganzjährige Temperierung können Putzschäden durch Kristallisation nicht mehr auftreten. Die Tatsache, dass es in höheren Wandbereichen und Gewölben bei starker Salzbelastung noch zu Ausblühungen kommen kann, darf nicht außer Acht gelassen werden. Bei einem zu schnell erfolgten Anstrich kann es dadurch zu Farbablösungen kommen. [Vgl. Großeschmidt, 2005] Warum und wie lange es zu solchen Ausblühungen kommen kann, beschreiben die Veröffentlichungen des BLfD nicht.

2.5.4 Thermische Behaglichkeit

Die Temperierung steht für eine optimale Raumheizung in Gebäuden aller Nutzungsarten, Konstruktionsarten und Raumhöhen. Sie zeichnet sich besonders dadurch aus, dass es zu keiner heizbedingten Luftbewegung und Staubverteilung in Räumen und Gebäuden kommen kann. Die Luftgeschwindigkeit des Auftriebes, die durch Temperierung an der Wandoberfläche entsteht, ist zu gering, um Staub zu transportieren. [Vgl. Großeschmidt, 2004, S. 326] Die Wandoberfläche nimmt die von der Temperierung aufsteigende Wärme auf und speichert sie. Von der Wandoberfläche wird sie dann als Strahlungswärme in den Raum abgegeben. Die nicht temperierten Wände und das Inventar nehmen diese Strahlung nun selber auf und speichern sie ebenfalls. Eine homogene Raumtemperatur entsteht so durch eine unendliche Reflexion von Strahlungswärme zwischen der Raumhüllfläche und dem Inventar. Durch diesen Strahlungsaustausch können in der kalten Jahreszeit weder die Wände noch die Räume abkühlen. [Vgl. Großeschmidt, 2004, S. 339]

Für eine Raumtemperierung ist die aufsteigende Warmluft über dem temperierten Sockel wichtiger als die von dem Wandsockel ausgehende Strahlung. [Vgl. Großeschmidt, 2004, S. 340] Dieser thermisch aktive Streifen am Wandsockel ist nach Aussage des BLfD nicht breiter als 7 cm – 9 cm. [Vgl. Großeschmidt, 2004, S. 356] Die Hauptfläche der Außenwand muss von der aufsteigenden Warmluft erwärmt werden. Dies ist aber nur möglich, wenn es zu keinem Abriss dieser Aufwärtsströmung kommt. Aus diesem Grund sollten Möbel mindestens 2 cm Abstand zur Wand haben [Vgl. Großeschmidt, 2004, S. 340] und die Wandoberfläche muss eine homogene Oberfläche besitzen. [Vgl. Großeschmidt, 2004, S. 328]

Als Vorlauftemperatur für eine Raumtemperatur von über +18°C empfiehlt das BLfD bei stärkerem Frost und einer Mauerstärke von 30 cm ca. 60°C. Bei zwei Rohrschleifen (Sockel und Brüstung) werden maximal 55°C empfohlen. [Vgl. Großeschmidt, 2005] Angaben zur Abhängigkeit von Raumgröße, Lage der Räume oder Baumaterial zur Vorlauftemperatur werden nicht erörtert.

1996 erfolgte seitens des BLfD eine Stellungnahme, die besagte, dass man durch den Einsatz einer Temperierung Heizkörper einsparen kann. [Vgl. Großeschmidt, 1996(b), S. 22] Im Gegensatz dazu empfiehlt die aktuelle Veröffentlichung des BLfD, an

Sockelheizschleifen Heizkörper anzuschließen, um eine rasche Temperaturerhöhung zu erzielen. Als Heizkörper kommen Strahlplatten in Frage (einlagige Plattenheizkörper ohne Konvektorbleche). Diese „Minimalheizung" trägt nun dazu bei sowohl Büros als auch Wohnbereiche schnell genug und mit ausreichend Wärme zu versorgen. [Vgl. Großeschmidt, 2004, S. 363]

Zur Trägheit der Temperierung findet man in der Veröffentlichung des BLfD folgenden Hinweis: Die Temperierung kann nicht träge sein, da sie nicht eine ausgekühlte Wand aufheizen, sondern nur die Wärmeverluste ausgleichen muss. Ein schnelles Aufheizen der Raumluft bei Bedarf, wie bei herkömmlichen Heizverfahren, ist somit nicht nötig. [Vgl. Großeschmidt, 2004, S. 364]

2.5.5 Raumklimatische Nebeneffekte

Raumklimatische Nebeneffekte lassen sich in zwei Gruppen unterteilen, zum einen in *konservatorische*, zum anderen in *physiologische* Effekte.

Laut Aussage des BLfD bildet sich in Räumen mit Temperierung ein *konservatorisch* günstiges, weil schwankungsarmes und thermostabiles Raumklima, wodurch es nicht zu unkontrollierbarem Lüftungsverhalten durch Besucher bzw. Personal kommen kann. Dieses Rauklima stellt sich durch die Abgabe der in Bauteilen gespeicherten Wärme ein. [Vgl. Großeschmidt, 2004, S. 343]

Die vom warmen Sockelbereich aufsteigende Wärme ist von geringer Geschwindigkeit des Auftriebs gekennzeichnet. Dadurch ist es nicht möglich, Staub in die Raumluft zu transportieren. Dieser Umstand zieht nach sich, dass die Temperierung u.a. in Museen und Ausstellungsräumen Anwendung findet, da Staubablagerungen nicht entstehen können. Des Weiteren kann es durch die erwärmten Wände und deren thermischer Trägheit nicht zu einer plötzlichen Erhöhung/Absenkung der Raumlufttemperatur kommen. [Vgl. Großeschmidt, 2004, S. 340]

In Museen mit Temperieranlagen hängen Gemälde nicht an einer „kalten Wand", wie es in Räumen mit konventionellen Heizungen passieren kann. In solchen Räumen ist ein Bild einem großen Temperaturunterschied zwischen heißer Raumluft (Heizmedium) und kalter Wand ausgesetzt. So kommt es zu großen Spannungen innerhalb der Farbfassungen und späteren Farbablösungen vom Trägermaterial. In Gebäuden mit Temperierung besitzt die Wand die gleiche Temperatur wie die Raumluft. Die Temperierung übt in dieser Hinsicht einen positiven Effekt auf die Ausstellungsgegenstände aus. [Vgl. Großeschmidt, 2004, S.

337] Aufgrund geringer Schwankungen der Raumklimawerte ist es möglich, eine unbegrenzte Materialkombination[11] sowohl bei Schausammlungen als auch im Depot zu ermöglichen. [Vgl. Großeschmidt, 2004, S. 343]

Den Terminus „relative Luftfeuchtigkeit" umschreibt das BLfD wie folgt: Bei Heizsystemen, die Luft erwärmen (konventionelle Heizung), besteht ein Befeuchtungsbedarf, da die relative Luftfeuchte durch die Anhebung der Raumlufttemperatur stark reduziert wird. Im Gegensatz dazu entsteht bei einer Temperierung geringere und gleich bleibende Raumlufttemperatur und somit auch gleich bleibende Werte der relativen Luftfeuchte. [Vgl. Großeschmidt, 2004, S. 348]

Aufgrund der zuletzt genannten positiven Auswirkungen für das Raumklima, die die Temperierung für Museen und Ausstellungsräume mit sich bringt, ist es möglich, eine minimale Klimatechnik einzusetzen. [Vgl. Großeschmidt, 2004, S. 355] Ferner kann auf thermoelektrische Regler mit Raumtemperaturbezug und elektronische Regelung, die auf Basis der Material- oder Raumluftfeuchte arbeiten, verzichtet werden. [Vgl. Großeschmidt, 2005]

Nach Aussage des BLfD bringt Temperierung den Vorteil mit, sich sehr gut in bestehende Bausubstanz integrieren zu lassen. Hierfür spricht eine kleinteilige Anlagentechnik, eine substanzschonende Feuchtesanierung sowie Klimastabilisierung ohne weitere Zusatzmaßnahmen. [Vgl. Großeschmidt, 1992(b), S. 14]

Einen positiven *physiologischen* Aspekt der Temperierung stellt die geringe Raumlufttemperatur dar (circa +20°C), denn im Gegensatz zu konventionellen Heizsystemen wird die Raumluft nicht als Heizmedium genutzt. Des Weiteren ist von Vorteil, dass es nicht zu einer „Umwälzung" der Raumluft kommt und Staub somit nicht in die Atemluft gelangt. [Vgl. Großeschmidt, 2004, S. 342] Beides sind Effekte, die vom Menschen als durchaus angenehm empfunden werden.

---

[11] Materialkombination meint in diesem Fall die Tatsache, dass Kunstgegenstände oft aus unterschiedlichen Materialien bestehen. In vielen Sammlungen werden differente Kunstobjekte meist in einem Raum ausgestellt bzw. gelagert.

2.6 Wertung der Temperierung in der Fachwelt

Nachdem im Kapitel 2.5 die Wirkung der Temperierung allein nach Angaben des BLfD dargestellt worden ist, folgt in diesem Abschnitt die kritische Auseinandersetzung mit den bereits vorgestellten Effekten der Temperierung. Um eine kritische Diskussion zu ermöglichen, wurden zusätzlich Veröffentlichungen anderer Autoren ausgewählt und einbezogen.

Zu den wichtigsten propagierten Sekundäreffekten der Temperierung nach Angaben des BLfD zählen optimale Raumheizung, Schutz der Hüllflächen und der Ausstattung vor Kondensat, Unterbrechung des Feuchtetransportes in der Wand („thermische Horizontalsperre"), Inaktivierung von vorhandenen Schadsalzen und Energieeinsparung. [Vgl. Großeschmidt, 2004, S. 326] Kritiker dieses universellen Heizsystems argumentieren mit einer verstärkten Salzausblühung [Vgl. Arendt/Seele, 2000, S. 67, Gossens, 1998, S. 38] sowie einem erhöhten Energieaufwand durch Transmissionswärmeverluste massiver ungedämmter Außenwände. [Vgl. Künzel, 1998; Gossens, 1998, S. 34]

2.6.1 Verhinderung von Feuchteschäden

Bei der Beurteilung über die Wirksamkeit einer Temperierung zur Verhinderung von Feuchteschäden gelangen diverse Autoren zu anderen Ergebnissen als sie vom BLfD propagiert werden. Die Analyse zur Art der Feuchtebelastung eines Gebäudes bleibt bei den Veröffentlichungen des BLfD unberücksichtigt. Um den Einsatz einer Temperieranlage zu ermöglichen, muss eine solche Analyse angefertigt werden. So sollte vor jeder Sanierung geklärt werden, ob es sich um aufsteigende Feuchtigkeit, eindringendes Sickerwasser oder Tauwasserausfall handelt. [Vgl. Künzel, 2005, S. 28 ff] Die Aussagen des BLfD, jegliche Art von Feuchtebelastung bekämpfen und langfristig verhindern [Vgl. Großeschmidt, 1992(a), S. 19 und 1996(b), S. 22] zu können, sind zu allgemein und berücksichtigen nicht den aktuellen Forschungsstand.

Widersprüchlich bleiben Äußerungen des BLfD bezüglich flankierender Maßnahmen im Bereich erdberührender Flächen. 1992 wird noch in einer Veröffentlichung die optimale Wirkung der Temperierung durch flankierende Maßnahmen, wie die Ergänzung einer Wärmedämmung im Bodenbereich, erklärt. [Vgl. Großeschmidt, 1992(b), S. 8] Allerdings wird in einer weiteren Veröffentlichung von 1996 die Beseitigung dieser Maßnahme gefordert, um so die Baukosten zu senken. [Vgl. Großeschmidt, 1996, S. 22] Unbegründet bleibt, warum nun auf diese Dämmmaßnahme verzichtet werden soll.

Gronau nennt drei Voraussetzungen um eine Trocknung mittels Wärme bei einer Wand zu erreichen:

- „Konstruktive Maßnahmen sind nicht möglich oder der Aufwand ist unverhältnismäßig hoch,
- das Feuchteangebot aus der Umgebung ist nicht hoch,
- die Wärme, die ganzjährig erforderlich ist, kann auch im Sommer genutzt werden!". [Gronau, 1996, S. 68]

Diese drei Bedingungen treten v.a. in Kellerbereichen auf, wobei zu hinterfragen ist, inwieweit eine Trocknung von Außenwänden in Kellern erforderlich ist. Hierzu bedarf es vor Planung einer Temperieranlage eines Nutzungskonzepts, wozu das Gebäude im Anschluss dienen soll.

Bei der Erwärmung einer Kellerwand wird laut Gronau zum einen der untere Wandteil zusätzlich erwärmt und zum anderen auch die Raumlufttemperatur erhöht. Durch eine höhere Temperatur am Wandsockel steigt die Verdunstungsgeschwindigkeit an der Wandoberfläche. Ist nun die verdunstete Wassermenge größer als die Menge, die durch das Kapillarsystem der Wand nachtransportiert wird, wandert die Verdunstungsebene in das Bauteil hinein. Zu der Frage des Endzustandes hat Gronau [Vgl. Gronau, 1996, S. 66 ff] eine Beispielrechnung beigefügt, aus der ersichtlich wird, dass bei einer 0,6 m starken Natursteinwand die Austrocknung im Bereich der Temperierung ca. 0,39 m beträgt. Das hintere Drittel der Wand bleibt von der Temperierung völlig unbeeinflusst. Messungen im Schloss Oranienbaum [Vgl. Kalisch, 2004] sowie der Kirche in Schönhausen [Vgl. Ganß, 2000] belegen diese Berechnungen, da auch dort im Wandkern keine Beeinflussung durch die Temperierung feststellbar war (Kapitel 3.4.2). Dies bestätigt auch Gossens mit seinen Messungen, die zeigen, dass bei einer 0,6 m dicken Ziegelwand ein Austrocknungseffekt nach 0,35 m nicht mehr nachweisbar ist. [Vgl. Gossens, 1998, S. 29] Ähnliche Untersuchungen führte Eicke – Hennig mit dem Ergebnis durch, dass an der Oberfläche geringere Feuchtewerte messbar sind, da diese Feuchte in den Bauteilkern verdrängt wurde und somit aber die Gesamtfeuchte gleich hoch geblieben ist [Vgl. Eicke-Hennig, 1996, S. 95]. Über Mauerwerkstrocknung lässt sich abschließend konstatieren, dass es sich bei massiven Bauteilen nur um eine Oberflächentrocknung handelt. Behauptungen, ganze Bauteile austrocknen zu können und somit eine Maßnahme gegen kapillar aufsteigende

Feuchtigkeit darzustellen, entsprechen nicht der Realität [Vgl. Gronau, 1996, S. 68] und sind laut Rahn als „äußerst bedenklich" einzustufen. [Rahn, 2001]

Seele kam bei Untersuchungen an zwei Wohnhäusern und drei Kirchen zu dem Ergebnis, dass der Feuchtegehalt in unmittelbarer Nähe einer Temperierleitung durch die Erwärmung einen deutlich geringeren Wert annahm. In einiger Entfernung von der Wärmequelle ist der Feuchtegehalt wieder deutlich höher und nimmt nahezu den Ausgangswert an. [Vgl. Seele, S. 26] Falls man die Durchfeuchtung einer Außenwand nicht tolerieren oder durch flankierende Baumaßnahmen (z.B. Abdichtung) verhindern kann, dann stellt die Temperierung in Einzelfällen eine Alternative dar, jedoch Verbunden mit einem hohen Energieaufwand. [Vgl. Gronau, 1996, S. 65]

Die größte Feuchtigkeitsbelastung an Außenwänden entsteht durch Tauwasserausfall, bei historischen Gebäuden v.a. durch Sommerkondensat. [Vgl. Künzel. 2005(a), S. 1 ff] Der Einsatz der Temperierung als Bauteiltemperierung zur Verhinderung lokaler Tauwasserbildung wird von Fachleuten nicht bestritten. Ein positives Beispiel liefert Künzel mit der Wandtemperierung der Kirche Moosberg, wo man durch Heizelemente im Sockelbereich der Nordseite [Bild 13] einen erneuten Tauwasserausfall erfolgreich verhinderte. [Vgl. Künzel, 1998] Als schwierig gestaltet sich der Umstand, dass diesem Versuch ein technisch komplizierter Aufbau zu Grunde liegt und dieser somit auf andere Objekte nur bedingt übertragbar ist.

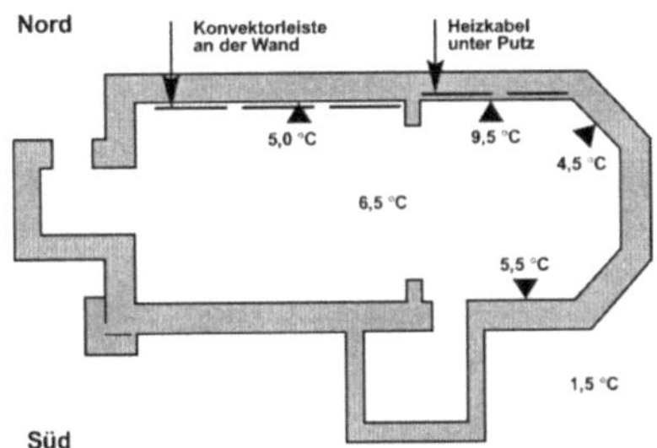

Bild 13: Schematische Darstellung der Heizungsinstallation an der Nordseite (Quelle: Künzel, 1998)

Ein weiteres positives Beispiel für den Einsatz der Bauteiltemperierung findet sich im Magdeburger Dom, wo ein Altar von großer kulturhistorischer Bedeutung durch den Einbau von Heizkabeln vor Tauwasserausfall dauerhaft geschützt wird. [Vgl. Kalisch, 2004, S. 3]

Neben der Sanierung kondensatgefährdeter Bereiche (z.B. Fensterleibungen und Wandsockel) stellt die Bauteiltemperierung ebenso eine akzeptable Lösung bei der Verhinderung von Wärmebrücken im Winter dar. Hierzu hat Rahn umfangreiche Untersuchungen an Wandecken durchgeführt, die im Bild 14 als Beispiel demonstriert werden. [Vgl. Rahn, 2002, S. 75 ff]

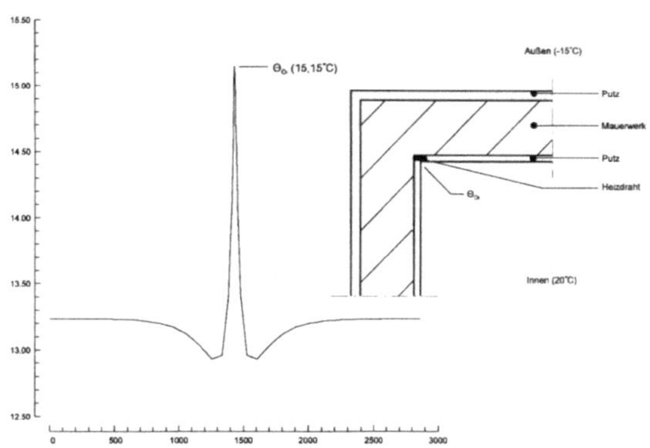

Bild 14: Oberflächentemperaturverlauf einer Wärmebrücke bei einer
Bauteiltemperierung mit Hilfe eines Heizdrahtes (Quelle: Rahn, 2002)

Seele konstatiert bei seinen Untersuchungen zum Energieverbrauch, dass eine Temperierung einen technisch wie heizkostenmäßig unvertretbar hohen Aufwand verursacht. [Vgl. Seele, S. 30]
Weiterhin gilt es zu bedenken, dass die verdunstende Feuchtigkeit von der Wandoberfläche durch die aufsteigende Warmluft der Temperierung in den Raum abgegeben wird und dort den Feuchtegehalt anhebt.

2.6.2   Energieeinsparung durch Temperierung

Im Folgenden werden Untersuchungen vorgestellt, die die behaupteten, teilweise widersprüchlichen Aussagen zur Energieeinsparung vom BLfD hinterfragen und zu anderen Ergebnissen gelangen.
Kalmer hat [Vgl. Kalmer, 1994] theoretische und praktische Vergleiche zwischen Temperieranlagen und konventionellen Heizanlagen gezogen. Bei den theoretischen Untersuchungen stellte Kalmer fest, dass eine Temperierung in der Regel keine wirtschaftlichen Vorteile bringt, sondern je nach Ausführungsart unterschiedlich hohe

Mehrkosten verursacht. Eine Ausnahme sieht er aber bei historischen Gebäuden, die mit einem einfachen Temperiersystem ausgestattet wurden. Bei Gebäuden mit einem hohen Wärmespeicherungsvermögen des Mauerwerks stellte sich bei entsprechender Mauerstärke ein niedriger Wärmedurchgangswert ein und damit verbunden ein niedriger Wärmeverlust. Dies bestätigen Versuche in einem Tiefkeller im Schloss Trebsen. [Vgl. Freytag, 2005]

Bei seiner Untersuchung verglich Kalmer 10 Temperieranlagen mit 12 konventionellen Wärmeerzeugern, indem er Fragebögen an die Nutzer der Temperieranlagen verschickte und auf die Datenbank der Energieverbrauchskontrolle des Landesbauamtes München zurückgriff. Kalmer stellte fest, dass die Temperieranlage bezüglich der Investitionskosten mit den konventionellen Heizsystemen mithalten konnte, ohne jedoch einen entscheidenden Kostenvorteil zu erzielen. Die Betriebskosten der Temperierung sind in der Regel höher als bei konventionellen Systemen. Abschließend führt Kalmer an, dass bei der Temperierung – von Ausnahmen abgesehen – höhere Kosten entstehen. [Vgl. Kalmer, 1994, S. 30] Interessant wird dieses Ergebnis im Zusammenhang mit einer Aussage des BLfD von 1992, in der es eine Energieeinsparung in Museen von bis zu 60% bezogen auf die Gesamtenergieleistung anführt. [Vgl. Großeschmidt, 1992(a), S. 25] Dieses Einsparpotenzial konnte Kalmer, trotz Berücksichtigung vieler Faktoren, in seiner Arbeit nicht bestätigen. [Vgl. Kalmer, 1994, S. 30] Der Umstand, dass die Arbeit von Kalmer nur Museen und historische Bauwerke, aber keine Wohngebäude berücksichtigt, sollte beachtet werden.

Über Wohnhäuser können im Allgemeinen kaum Aussagen getroffen werden, da es wenige Veröffentlichungen über eingebaute Temperieranlagen in Wohngebäuden gibt, wie auch die Tabellen in Anlage 1 beweisen. In einer Veröffentlichung von 1996 [Vgl. Großeschmidt, 1996(b), S. 20] vergleicht das BLfD den ihrer Meinung nach eintretenden Jahresheizwärmebedarf im Wohnfall mit Werten der damals gültigen Wärmeschutzverordnung. Man gelangte zu der Feststellung, dass die Temperierung Werte von 40 – 80 kWh/m²a erreicht[12], im Gegensatz zu den Angaben der damals gültigen Wärmeschutzverordnung, die Werte von 54 – 100 kWh/m² im Wohnfall angibt. Angaben zu der Art des Gebäudes, ob es sich um freistehende Häuser oder Reihenhäuser handelt, fehlen in ihrer Darlegung. Ebenso unklar bleibt, wie das BLfD zu seinen Aussagen gelangt ist und ob es

---

[12] Trotz ganzjähriger Teilbeheizung und Beheizung des Gesamtvolumens im Winter.

sich um Messwerte an einem bestimmten Gebäude handelt oder um theoretische Rechenwerte.

Im Rahmen dieser Arbeit wurden zwei Wohngebäude besucht und mit den Bewohnern Gespräche geführt. In Kapitel 3.3 und 3.4 werden diese Temperieranlagen und die Interviews mit den Nutzern näher vorgestellt.

Laut BLfD soll die Temperierung einen positiven Einfluss auf den U – Wert einer Wandkonstruktion und damit auf deren Wärmedämmeigenschaft und Transmissionswärmeverlust haben. [Vgl. Großeschmidt, 2004, S. 328] Der durch die so genannte „U – Wertverbesserung" erreichten Energieeinsparung widersprechen einige Autoren. So beweist Seele, dass diese Verbesserung nur im Nahbereich des Heizrohres berücksichtigt werden kann. Dort hat sich der U – Wert bei einem von ihm durchgeführten Versuch von 1,06 W/m²K auf 0,80 W/m²K verringert. Das entspricht einer Verbesserung von 25%. Aber diese Verbesserung hat nur auf 1/3 der Wanddicke Einfluss. Zwei Drittel der Wandstärke muss man mit dem Ausgangswert ansetzen. Dadurch ergibt sich für die Außenwand nur noch eine Verbesserung von 10%. [Vgl. Seele, S. 18]

Die von vielen Kritikern angeführten Transmissionswärmeverluste durch Heizrohre in der Wand kann man nicht auf die gesamte Wandfläche übertragen. Sie ist nur in dem von dem Rohr erwärmten Bereich messbar, bei einer Messung von Seele etwa bis 1 m Wandhöhe. Somit muss man zur Berechnung der Transmissionswärmeverluste einer Temperieranlage nur diesen ca. einen Meter breiten Wandstreifen heranziehen. [Vgl. Seele, S. 19]

Eicke – Henning äußert sich kritisch zur Aussage des BLfD, dass bei einer Verringerung der Wandfeuchte um 1% eine Reduktion der Wärmeleistung um 10% [Vgl. Großeschmidt, 1992(a), S. 11] erreicht werden kann. Er führt an, dass solche grundsätzlichen Aussagen nur stoffspezifisch getroffen werden und somit die vorgegebenen 10% nicht für alle Baustoffe übernommen werden können. [Vgl. Eicke-Hennig, 1996, S. 96]

Als Beweis für die Annahmen der „U-Wertverbesserungen" führt das BLfD Thermografieaufnahmen an. [Großeschmidt, 2004, S. 366] Bei der dargestellten Aufnahme [Bild 12] ist zu hinterfragen, ob es nicht sinnvoller gewesen wäre, sie im Stundentakt zeitversetzt abzulichten und danach auszuwerten. So wäre es möglich zu klären, ob die Verfärbung der Wandoberfläche durch Transmissionswärme oder noch gespeicherte Sonnenenergie entsteht. Bei Letzterer müssten sich auf zwei Aufnahmen, die zeitversetzt aufgenommen wurden, deutliche Abkühlungserscheinungen zeigen. Ebenso ist zu berücksichtigen, dass Thermografieaufnahmen von Außenfassaden[13], die größere Putzschäden aufweisen, nicht aussagefähig sind.

Einige der Veröffentlichungen zur Energieeinsparung durch eine Temperierung beschäftigen sich mit konkreten Gebäuden, so wird u.a. ein Versuch in der Kartause Mauerbach beschrieben, bei dem sechs unterschiedliche Heizsysteme miteinander verglichen worden [siehe Anlage 3]. Dazu baute man diese Systeme in sechs baugleiche Mönchszellen ein und führte anschließend Messungen über einen Zeitraum von drei Jahren durch. Erst durch den Einbau eines zusätzlichen Heizkabels[14] am Sockel konnte im Raum mit der Temperierung die geforderte Raumtemperatur erreicht und gehalten werden. Die von der BLfD propagierten 20% Energieeinsparung der Temperieranlage gegenüber anderen Heizsystemen konnte in diesem Versuch ebenfalls nicht bewiesen werden. Das im Bild 15 dargestellte Diagramm verdeutlicht die Messergebnisse des Energieverbrauchs aller verwendeten Heizanlagen. [Vgl. Käferhaus, 2004, S. 269 ff]

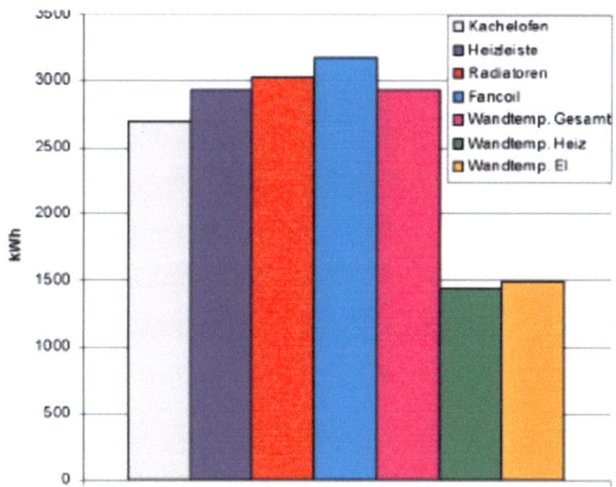

Bild 15: Energieverbrauch von unterschiedlichen Heizsystemen
(Die beiden rechten Säulen bilden als Summe die dritte Säule von rechts.)
(Quelle: Käferhaus, 2004)

Auch im Gymnasium Hattingen verglich man eine Temperierung sowie eine herkömmliche Konvektorheizung miteinander. In diesem Fall kam es zu einer Einsparung

---

[13] Solche Versuche entstanden bei der Untersuchung der Kartause Mauerbach, die von J. Käferhaus durchgeführt worden sind. [Vgl. Käferhaus, 2004, S. 293 ff und Anlage 3]
[14] Die vorhandene Sockeltemperierung war nach Angaben von Käferhaus zu hoch an der Wand verlegt, so dass die Wirkung nicht eintreten konnte. [Vgl. Käferhaus, 2004]

der Temperierung von 20% gegenüber der Konvektorheizung. [Vgl. Leipoldt, 2004, S. 209 ff] Seitdem gilt jenes Projekt als Paradebeispiel. Zu beachten bleibt jedoch, dass hier weit mehr Heizrohre in die Wand verlegt worden, als vom BLfD als Minimalvariante vorgeschlagen. Die Ausführung im Gymnasium Hattingen nähert sich sehr stark einer herkömmlichen Wandheizung an. Pauschale Übertragungen dieser Ergebnisse auf andere Gebäude sollten kritisch bewertet werden, da jedes Bauwerk einzeln betrachtet werden muss [siehe Anlage 3].

Im „Regensburger Salzstadel" untersuchte Eicke – Hennig die Angaben des BLfD bezüglich der Energieausgaben. Er gelangte zu anderen Resultaten, da er das Gesamtenergieangebot des Stadels nach mehrjähriger Laufzeit prüfte. Zu den Wärmequellen gehören neben den Temperierleisten (ca. 500 – 600 m) noch die sich im Gebäude befindenden zwei Großküchen, die Heizbeträge der Lüftungsanlage und ca. 400 Halogenstrahler. Auch dieses oft als positive Beispiel genannte Objekt zeigt bei genauer Betrachtung viele Schwächen in der Planung und Auslegung des Gesamtkonzeptes der Haustechnik [siehe Anlage 3]. [Eicke- Hennig, 1996, S. 89]

2.6.3 Inaktivierung von Schadsalzen

In Bezug auf die Reduktion von Schadsalzen ist auffällig, dass kaum wissenschaftliche Arbeiten vorliegen. Bei vielen kritischen Kommentaren zur Temperierung wird eine Zunahme des Salztransportes an die Oberfläche erwartet, kann aber mit konkreten Beispielen [Vgl. Gossens, 1998, S. 37] nicht bewiesen werden. Bei einem Versuch von Arendt entstanden an einer Probenwand nach ca. 3 Wochen erste Salzausblühungen [Vgl. Arendt, 1994, S. 9]. Von Großeschmidt wird dieser Versuchsaufbau jedoch kritisiert, da die Heizkabel in einer Tiefe von 6 cm in die Versuchswand eingebaut worden sind. Ihm zufolge dürfte die Einbautiefe maximal 2 cm betragen. [Vgl. Großeschmidt, 1995, S. 6] Auch bei eigenen Versuchen des Autors kam es nach ca. einem halben Jahr zu Salzausblühungen im Sockelbereich einer Bauteiltemperierung im Inspektorenhaus des Rittergutes Trebsen. [Vgl. Freytag, 2005] Dieser Versuch wird im Kapitel 5 und der Anlage 2 genauer vorgestellt. Zu diesem Versuch liegt dem Verfasser eine Stellungnahme des BLfD vor, die ebenfalls in der Anlage 2 zu finden ist. Ebenso entstand eine

Salzausblühung beim Wohngebäude Bruns[15], woraufhin man einen Teil des neuen Lehmputzes sanieren musste [siehe Kapitel 3.4.2].

2.6.4 Thermische Behaglichkeit

Ob die Temperierung in Form der Minimalanlage nur durch aufsteigende Warmluft eine ausreichend hohe Wandoberflächentemperatur erreichen kann, um eine gewünschte Behaglichkeit zu erreichen, bleibt fraglich. Eine oft angewandte Möglichkeit, eine ausreichend hohe Raumtemperatur zu erreichen, wird im Bild 16 dargestellt. Man verteilt mehr Rohre auf der Wand und somit werden Teile der Wand in eine strahlende Heizfläche umgewandelt. Dies entspricht allerdings in keiner Weise der Minimalanlage des BLfD (Bild 8 in Kapitel 2.4), vielmehr könnte man diese Temperierung zu den Wandheizungen zählen. Da sich bei vielen Objekten ein schleichender Übergang zur Wandheizung abzeichnet, weil technische Abgrenzungen bisher nicht erfolgt sind, ist es an dieser Stelle schwierig, Temperierung von einer Wandheizung abzugrenzen.

Bild 16: Anordnung der Temperierleitungen in einem Fachwerkhaus
(Quelle: EURA – Ingenieure, 2005)

---

[15] Persönliches Gespräch mit Bruns am 04.07.2005 in der Stadtmühle in Allstedt.

Über die Reichweite der aufsteigenden Warmluft aus dem Sockelbereich liefern Arendt und das BLfD, trotz eines fast identischen Versuchsaufbaus, unterschiedliche Angaben. So sind in Bild 17a Messergebnisse von Oberflächentemperaturen einer Außenwand, gemessen von Arendt [Vgl. Arendt, 2003, S. 322/Gossens, 1998, S. 22] zu erkennen und in Bild 17b die Ergebnisse des BLfD [Vgl. Großeschmidt, 1996(b), S. 239]. Woher diese Unterschiede kommen, war nicht feststellbar.

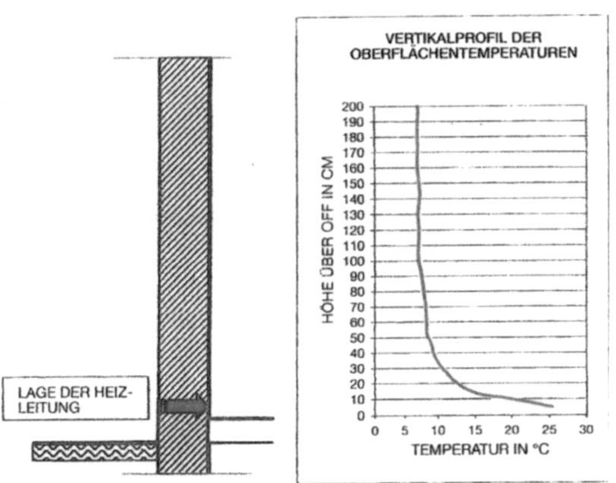

Bild 17a: Messergebnisse der Reichweite einer Temperierung an einer Wandoberfläche (Quelle: Arendt, 2003) Parameter: Außentemperatur 8°C, Innentemperatur 14,7°C, Wandstärke 51 cm (Ziegel), Heizmitteltemperatur 50°C

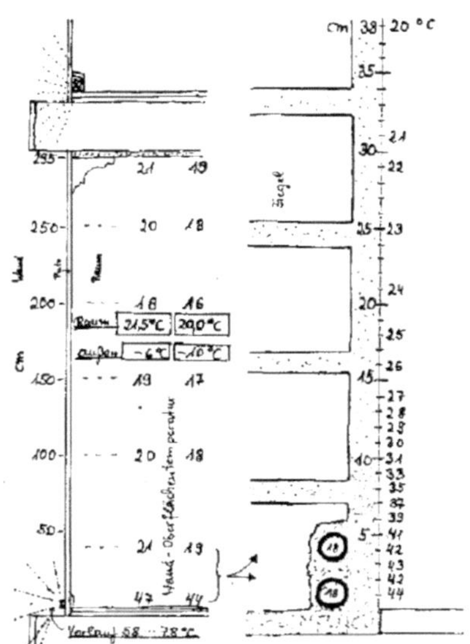

Bild 17b: Messergebnisse der Reichweite einer Temperierung an einer Wandoberfläche (Quelle: Großeschmidt, 1996(b)) Parameter: Außentemperatur -6 und -10 °C, Innentemperatur 21,5 bis 20,0 °C, Wandstärke 50 cm (Ziegel), Vorlauftemperatur 58 bis 78°C

Aufgrund seiner Messergebnisse und Berechnungen, die in Tabelle 1 zu sehen sind, kommt Arendt zum Ergebnis, dass eine Temperierung nach der Minimalvariante nur in kleinen Wohnräumen angewandt werden kann. [Vgl. Arendt, 2003, S. 322]

Tabelle 1: Vergleich von Wärmebedarf und Wärmebereitstellung bei Räumen unterschiedlicher Kubatur (Quelle: Arendt, 2003)

Kurz Bez.	Gebäude	Grundfläche/ Kubatur	Temp. I / A	Wärmebedarf[16]	Bereitstellung[17]
A	Kleiner Wohnraum	4 x 4,5m 45 m³	-10°C/ +20°C	0,62 kW	1,28kW
B	Kleiner Versammlungsraum	8 x 5m 120 m³	-10°C/ +20°C	2,13 kW	2,00kW
C	Großer Versammlungsraum	13,5 x 10m 405 m³	-10°C/ +20°C	6,00 kW	3,60kW
D	Kleine Kirche	12,5 x 20m 1.500 m³	-10°C/ +10°C	30,33 kW	4,96kW
			0°C/ +10°C	16,04kW	
E	Mittelgroße Kirche	14 x25m 3.000 m³	-10°C/ +10°C	48,50kW	6,08kW
			0°C/ +10°C	25,48kW	
F	Große Kirche	40 x 20m 10.000 m³	-10°C/ +10°C	119,70kW	8,40kW
			0°C/ +10°C	62,65kW	

Diese Nährungsberechnungen der Tabelle 1 vernachlässigen allerdings eine Reihe von Einflussgrößen, jedoch ist zumindest ein richtungsweisender Hinweis auf die Entwicklung der Größen von Wärmebedarf und Wärmebereitstellung zu erkennen. Seele zufolge lässt sich durch die Anordnung weiterer Heizkreise an den Wänden die Wärmeleistung verbessern. Hierzu ist festzuhalten, dass eine Temperierung bei einer entsprechenden Raumkubatur eine bauliche Lösung in Bezug auf Raumheizung sicherstellen kann. Wenn die Anforderungen entsprechend steigen, wie zum Beispiel bei zunehmender Raumgröße oder erhöhten Raumlufttemperaturen, werden die Leistungsgrenzen der Temperieranlage, speziell die der Minimalvariante des BLfD überschritten. [Vgl. Seele, S. 5]

Gossens kommt in seinen Untersuchungen zur Raumbeheizung durch Temperierung zu dem Schluss, dass sich bei einer eingemörtelten Rohrführung nur eine sehr geringfügige Konvektion in unmittelbarer Nähe des Rohres messen lässt, die aber schon nach ca. 50 cm

---

[16] Nach DIN 4701.
[17] Mit 80 W/lfd.m.

Wandhöhe endet, da abfließende kältere Luft an den Wänden einen weiteren Auftrieb verhindert. [Vgl. Gossens, 1998, S. 22]

Einer unveröffentlichten Dokumentation von 1998 zufolge nennt Großeschmidt als positives Beispiel für eine Temperieranlage die Kirche St. Emmeram in München – Engelschalking. Dort wurde über mehrere Tage hinweg eine Temperaturdifferenz von 28 Kelvin gehalten (bei innen +8°C und außen -20°C). Jenes Beispiel führt er nach wie vor an, so auch bei einem Workshop in Holzkirchen im Juli 2005[18]. Diese Angaben sind insoweit zu hinterfragen als das Untersuchungen belegen, das Gebäude massiver Bauart durch ihre hohe Wärmespeicherfähigkeit im Winter selten Minusgrade aufweisen (Bild 18). [Vgl. Freytag, 2005, S. 17] Stattdessen halten solche Gebäude auch im Hochwinter laut Messungen von Seele oft eine Raumlufttemperatur von +6°C bis +8°C. [Vgl. Seele, 2004, S. 65 ff]

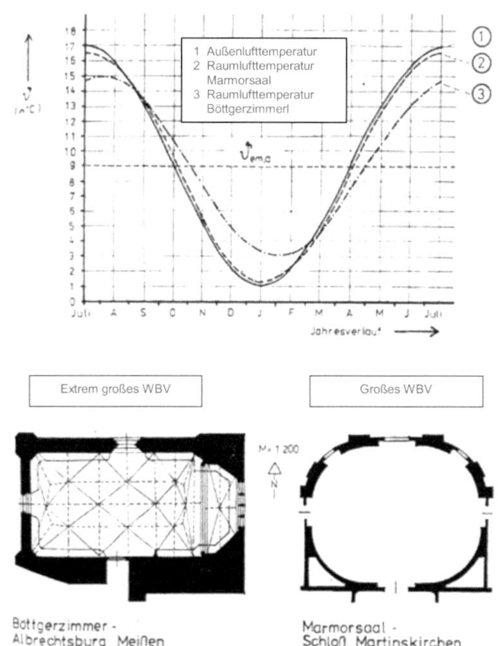

Bild 18: Jahresgang der Raumlufttemperatur zweier historischer Räume der Gotik und des Klassizismus (Quelle: Pischke, 1988) rot: Ergänzungen (WBV - Wärmebeharrungsvermögen)

---

[18] Der Workshop zum Thema Bauteiltemperierung fand am 08.07.2005 beim Fraunhofer Institut Bauphysik in Holzkirchen statt

Um die Trägheit einer Temperierung zu ermitteln, führte Seele einen Aufheizversuch in einer Kirche durch. Dort kam es durch die Strahlungswärmeabgabe der Wand in einem Messzeitraum von 4 Stunden und einer Vorlauftemperatur von 50°C zu einer Erhöhung der Raumlufttemperatur von 0,6 bis 1,1 K. Die Ausgangstemperaturen lagen zwischen +11,3°C und +12,5°C in dieser Kirche. Bei einer Erhöhung der Vorlauftemperatur, so Seele, kann diese Zunahme jedoch größer ausfallen. [Vgl. Seele, S. 12]

Das BLfD gelangt in seiner neuesten Veröffentlichung zu dem Schluss, dass in bestimmten Räumen mit einem erhöhten Wärmebedarf und der Anforderung nach schnellem Aufheizen[19], der Einbau von Zusatzheizkörpern nötig ist. In diesem Fall sollen Strahlplattenheizkörper[20] zur Anwendung kommen. [Vgl. Großeschmidt, 2004, S. 363]

Die gewünschte Raumtemperatur konnte z.B. im Schloss Freudenberg (bei Wiesbaden) nur erzielt werden, indem die Heizung mit maximaler Leistung gefahren wird, da im ersten Winter nur Temperaturen von +17°C bis +19°C erreicht wurden. [Vgl. Arendt/Seele(a), 2000, S. 166]

In einem italienischen Palast erlangte man nach Installation einer Minimalvariante, bei Außentemperaturen unter 0°C, nicht die geforderte Raumlufttemperatur von +20°C. [Vgl. Becker, 2004, S. 159] Im gleichen Bericht wird noch auf mehrere nachträgliche Verbesserungen bei Temperieranlagen verwiesen. [Vgl. Becker, 2004, S. 156]

In einigen Veröffentlichungen werden positive Beispiele angeführt, bei denen es möglich war, die gewünschte Raumtemperatur auch bei längeren Kälteperioden aufrecht zu erhalten. Solche Darstellungen finden sich u.a. im Bericht von Malovrh, wo die Kirche St. Martin im Winter bei -13°C eine Raumlufttemperatur von +10°C halten konnte. [Vgl. Malovrh, 2004, S. 128] Die Anzahl der verlegten Rohre lag aber über einer Minimalvariante nach Vorgaben des BLfD. [siehe Anlage 3]

Die Ausstellungsräume und der Ausstellungskeller im Schloss Trebsen können nach der Installation einer Minimalvariante im Winter eine Temperatur von ca. 20°C einhalten. Hier spielt, wie bereits dargelegt, aber vor allem die massive Bauweise und die dadurch sehr große Wärmespeicherfähigkeit der Räume eine entscheidende Rolle.

---

[19] Dies sind vor allem temporär genutzte Räume, wie z.B. Büros.
[20] Strahlplatten sind einlagige Plattenheizkörper ohne Konvektorbleche.

2.6.5 Raumklimatische Nebeneffekte

Der Behauptung des BLfD, dass durch Temperierung ein Rauklima entsteht, bei der die Raumlufttemperatur und somit auch die relative Luftfeuchte ganzjährig gleitend stabil bleiben sowie der Einsatz von Klimatechnik zur Luftbe- oder entfeuchtung stark reduziert werden kann, [Großeschmidt, 2004, S. 348] widersprechen diverse Autoren in ihren Publikationen. So untersuchte Freytag einen Tiefkeller im Schloss Trebsen, in dem die Temperierung in der Wand – Boden – Ecke ganzjährig eine Raumtemperatur von +20°C sicherstellen kann. Jedoch musste in diesen Raum ein Entfeuchter in der Sommerperiode eingesetzt werden, um die relative Luftfeuchte von max. 60% nicht zu überschreiten. [Vgl. Freytag, 2005] Kilian berichtet in seiner Untersuchung der Renatuskapelle in Lustheim von extremen winterlichen Bedingungen, bei der die relative Luftfeuchte so stark abgesunken war, dass Gefahr für die vorhandenen Kunstwerke bestand. [Vgl. Kilian, 2004, S. 15] Zu ähnlichen Ergebnissen gelangt Kalisch bei den Untersuchungen im Ledertapetensaal des Schlosses Oranienbaum. [Vgl. Kalisch, 2004] Seele hat bei Messungen in der Kirche Oberau eine deutliche Veränderung des Raumklimas während Gottesdiensten trotz installierter Temperierung gemessen. [Vgl. Seele, S. 9] Freytag stellt daher fest, dass ein stabiles Raumklima auch in Räumen mit Temperierung vor allem auf einem geringen Luftwechsel und einer hohen thermischen Trägheit des Gebäudes beruht. [Vgl. Freytag, 2005, S. 51]

Die Aussage des BLfD bezüglich warmer Wandoberflächen selbst in hohen Wandbereichen konnte Seele bei seinen Untersuchungen nicht bestätigen. Nach circa 50cm Abstand von der Leitungsachse konnten die gleichen Werte ermittelt werden, die sich auch ohne Temperierung einstellen würden. [Vgl. Seele, S. 13] Bestätigt wird dies anhand von Thermografieaufnahmen der Schlösser Trebsen und Oranienbaum [Bild 19a] sowie des Wohnhauses Bruns [Bild 19b].

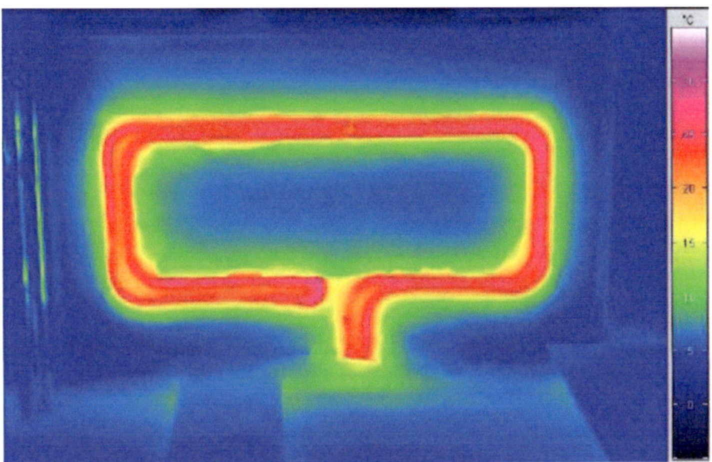

Bild 19a: IR-Aufnahme, Ledertapetensaal, Südseite unter dem ersten Fenster von Westen aus mit eingebauter Heizschleife unter dem Fenster (Quelle: Kalisch, 2004)

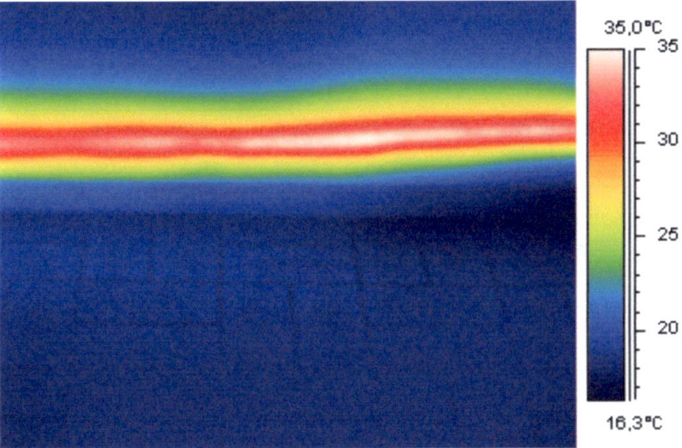

Bild 19b: IR-Aufnahme, Temperierleitung im Sockelbereich des Wohnhauses Bruns, (Quelle: Eckermann/Freytag, 2004)

Kilian erörtert in der Untersuchung der Renatuskapelle, dass die Temperierung eine negative Auswirkung auf Ausstattungsgegenstände besitzt, da im Bereich des Vorlaufes höhere Temperaturen und sich eine erhöhte Feuchte an den Wänden einstellt. Dadurch herrschen andere klimatische Bedingungen auf der Rückseite der Gegenstände, als im umgebenden Raum. [Vgl. Kilian, 2004, S. 61]

Zur Verhinderung von Sommerkondensat und Tauwasserbildung im Winter kann eine Temperierung unter der Voraussetzung der richtigen Anordnung der Temperierleitungen herangezogen werden. Im Beispiel „Kirche Moosberg" konnte Künzel dies belegen. [Vgl. Künzel, 1998]

Das Argument, die Temperierung lässt sich in historisch wertvolle Gebäude leicht integrieren, missachtet einige Aspekte. So kommt es durch das Einstemmen der Rohrtrassen zu einem Substanzverlust des Mauerwerks. Diese Form der Leitungsführung stellt einen irreversiblen Eingriff in die Bausubstanz dar, wie im Bild 20 deutlich wird.

Bild 20: Schlitz für Temperierleitung in der Schwarzküche Trebsen
(Quelle: Löther, 2005)

Fraglich bleibt, ob nur die sichtbaren Bauteile, wie sie Putzflächen darstellen, einem Bestandsschutz unterliegen. Seele rät daher zu prüfen, ob bei Neuverputzungen die Temperierleitungen durch stärkere Putzschichten aufgenommen werden können. [Vgl. Seele, S. 20] Die Aufputzmontage ist bei Gebäuden mit historischer Bausubstanz zu überprüfen, weil hier Energie durch Strahlung in den Raum verloren geht und somit nicht zur Trocknung des Sockelbereichs und der Wandoberfläche beiträgt.

2.7   Zusammenfassung

Beim Vergleich der Veröffentlichungen des BLfD mit denen anderer Autoren wird auffällig, dass zu fast allen angeführten Effekten, die durch den Betrieb einer Temperierung auftreten, kritische Äußerungen existieren. Fasst man die Ergebnisse des zweiten Kapitels zusammen, so ist folgendes noch einmal zu nennen:

Wärmetechnische Auslegung einer Temperierung

Von Seiten des BLfD versucht man von einem Einzelfall, für den es Berechnungen gibt, auf alle weiteren Gebäudekonstruktionen und –arten schließen zu können. So fehlen jedoch grundsätzliche Unterscheidungshinweise für die Auslegung zwischen Kellern, Wohnräumen, museal genutzten Gebäuden sowie Kirchen, Fachwerkhäusern und massiven Gebäudekonstruktionen. Des Weiteren sind keine Angaben zur Grundlage der Wärmebedarfsberechnung von Gebäuden, wie z.B.: Art, Nutzung und Lage der Gebäude, zu finden. Durch die sehr kurze Darstellung wird der Eindruck vermittelt, dass die Auslegung einer Temperierung einfach sei. Sie ist trotzdem an die Grundlagen einer Wärmebedarfsberechnung gebunden und sollte auch so durchgeführt werden.

Verhinderung von Feuchteschäden

Der Einsatz zur Verhinderung von aufsteigender Feuchte wird außer vom BLfD von keinem weiteren Autor unterstützt. Vielmehr befürwortet man den Einsatz einer Temperierung zur Verhinderung von Sommerkondensat und Tauwasserausfall an Wärmebrücken. Voraussetzung hierfür ist jedoch eine Untersuchung über die Art der Feuchtebelastung. Der Begriff „thermische Horizontalsperre" sowie die dazugehörigen Grafiken des BLfD vermitteln einen irreführenden Eindruck, da diese Art der Bauwerkstrockenlegung mittels Wärme nur durch einen sehr hohen Energie-/ Kostenaufwand erreicht werden kann. Allerdings gilt zu bedenken, dass nach kompletter Abschaltung der Temperierung sich das ursprüngliche Schadbild wieder einstellen wird. Somit stellt die Temperierung keine langfristig sicher wirkende Sanierungsvariante dar und sollte nur im Zusammenhang mit anderen flankierenden Sanierungsmaßnahmen (z.B. Vertikalabdichtung) verwendet werden.

Aufgrund der Beseitigung von Feuchteschäden an der Wandoberfläche mittels einer Temperierung, vermindert sich gleichzeitig die Gefahr von Schimmelbildung an den Wandbereichen oder sie kann ganz beseitigt werden.

Energieeinsparung durch Temperierung

Den Angaben des BLfD, dass durch eine Temperierung eine Energieeinsparung von 20% bis 60% eintreten, widerspricht eine große Mehrheit von Autoren. Vielmehr konnte nachgewiesen werden, dass der Energieverbrauch sich dem einer konventionellen Heizung annähert. Jedoch zeigt sich deutlich, dass langfristig angelegte Untersuchungen zum Energieverbrauch fehlen. Vor allem mangelt es an Daten, die einen Vergleich zwischen neu eingebauter Temperierung mit der davor installierten Heizungsanlage ermöglichen. Das BLfD versucht außerdem die wenigen Ergebnisse eigener veröffentlichter Untersuchungen auf beliebige Gebäudekonstruktionen zu übertragen.

Inaktivierung von Schadsalzen

Im Gegensatz zu Angaben des BLfD sind jedoch bei zwei wissenschaftlichen Untersuchungen und in einem Wohnhaus Salzausblühungen entstanden. Bei beiden ist allerdings die Temperierleitung laut Stellungnahme des BLfD zu tief in die Wand eingebaut worden und erst dadurch kam es zu den Ausblühungen. In Publikationen des BLfD kann man keinen Hinweis darauf finden, was zu tief eingebaute Temperierleitungen zur Folge haben können. Ungeklärt bleibt, warum im Wohnhaus Bruns bei einer ordnungsgemäß installierten Temperierung dennoch Salzausblühungen in großen Umfang nachgewiesen werden konnten.

Thermische Behaglichkeit

An dieser Stelle zeigt sich ein großer Mangel an Veröffentlichungen seitens des BLfD, da keine Abstufungen bei Gebäudegrößen und Anforderungen an die Temperierung vorgenommen werden. So scheint, gemäß diverser Autoren, ein stabiles Raumklima mit einer installierten Minimalanlage in folgenden Einsatzgebieten kaum möglich:

- leichte Bauart der Gebäude (z.B.: Fachwerk),
- große Fensterflächen,
- großer Luftaustausch.

Vielmehr zeichnet sich die Verwendung einer Minimalanlage in folgenden Räumen ab:

- Tiefkeller,
- Kellerräume ohne große Feuchtebelastung,
- massive Gebäudekonstruktionen,

da alle drei Verwendungsgebiete eine hohe thermische Speicherfähigkeit gemein haben.

Raumklimatische Nebeneffekte

Der Schutz der Hüllflächen vor Sommerkondensat, Tauwasserausfall sowie Staubablagerung kann durch den Einsatz einer Temperierung stark vermindert werden. Um stabile Verhältnisse bezüglich relativer Luftfeuchte zu erreichen, ist es jedoch wichtig,

Gebäudekonstruktionen zu schaffen, die nicht oder nur sehr träge auf Schwankungen des Außenklimas reagieren. Somit sollte z.B. eine Abdichtung der Gebäudefugen oder die Verschattung von großen Fensterflächen erfolgen.

Auf viele dieser genannten Punkte liefert das BLfD in seinen Publikationen nur unzureichende Informationen. Des Weiteren werden theoretische Äußerungen kaum anhand konkreter Beispiele untermauert. So können die Veröffentlichungen des BLfD nur einen theoretischen Ansatz bieten und nicht als konkrete Planungsgrundlage verwendet werden. Eine Ausnahme bilden jedoch die sehr detaillierten Einbauhinweise, die einen fehlerhaften Einbau bei Befolgen fast ausschließen.

Angaben über eine Temperierung für Wohngebäude sind weder beim BLfD noch bei anderen Autoren zu finden. Allerdings beschäftigt sich das BLfD als Behörde vorrangig mit Museen und historischen Gebäuden und nicht mit Wohngebäuden.

3 Auswertung von Erfahrungsberichten

3.1 Zielstellung und empirische Vorgehensweise

Seit Anfang der 1990er Jahre versucht man, Auswirkungen der Temperieranlagen in historischen Gebäuden mittels Versuchen, begleitender Messungen und Erfahrungsberichten zu bestätigen oder zu widerlegen. Auffällig ist in der wissenschaftlichen Diskussion, dass aussagekräftige (mit Vor- und Nachuntersuchungen untermauerte) Publikationen, die über den Erfolg oder Nichterfolg einer Temperieranlage berichten und dies mit begleitenden Messungen belegen, kaum existieren. Es ist daher von besonderem Interesse, bereits bestehende Anlagen im Nachhinein zu bewerten.

Um diesem Ziel näher zu kommen, wurden drei unterschiedliche Vorgehensweisen gewählt. Erstens wird die Aussagekraft gesammelter Veröffentlichungen beurteilt. Zweitens sollen sowohl Nutzer als auch Planer von Temperieranlagen befragt werden. Der dritte methodische Ansatz schließt das Besuchen von Objekten mit eingebauten Temperieranlagen ein.

Die drei unterschiedlichen Methoden, die im Folgenden veranschaulicht werden, sind maßgeblich von der Prüfung unterschiedlicher Faktoren initiiert und wurden bereits vor der empirischen Erforschung festgelegt. Zu den Faktoren, die an die Forschungsfrage angelehnt sind, zählen Energieeinsparung, Trockenlegung von Mauerwerk, ideale Raumheizung, Inaktivierung von Schadsalzen, Investitionskosten, Erfolg aus Sicht der Nutzer sowie denkmalpflegerische Aspekte. Im Hinblick darauf wurden sowohl Veröffentlichungen ausgewertet als auch Gespräche mit Planern und Betreibern geführt sowie Objekte (mit installierten Temperieranlagen) unter diesen Gesichtspunkten besucht und kritisch betrachtet.

Dass man sich nicht auf einen, sondern vielmehr auf drei Ansätze bezog, entstand auf der Basis, möglichst einer Vielzahl von Publikationen, Meinungen und Objekten Raum zu geben, um diese anschließend zu diskutieren. Im Folgenden werden die einzelnen Arbeitsweisen skizziert. Die Aussagen aller Befragten sowie die schriftlichen Angaben der Veröffentlichungen werden ohne Kommentar wiedergegeben.

3.2 Darstellung von Publikationen installierter Temperieranlagen

In älteren und aktuellen Publikationen sowie im Internet werden eine Vielzahl von Temperier- und Bauteiltemperieranlagen vorgestellt. Der überwiegende Teil dieser

Veröffentlichungen gibt an, dass die Temperierung bei jedem Objekt und in jedem Einsatzgebiet uneingeschränkt funktioniert. Studiert man diese Quellen, um Hintergrundinformationen zu den bereits genannten Faktoren zu erhalten, fällt auf, dass diese wichtigen Informationen oft fehlen.

Ziel dieser Publikationsrecherche soll sein, die große Anzahl der Veröffentlichungen auf ihre Aussagekraft hin zu bewerten. Ein Vergleich der einzelnen Temperieranlagen stand nicht im Vordergrund. Des Weiteren musste eine Beschränkung auf 88 Anlagen allein schon aus Kapazitätsgründen erfolgen. Um festzustellen, inwieweit die Fülle der Publikationen aussagekräftig ist und einer sachlichen Bewertung standhält, wurden Temperieranlagen recherchiert, die angegebenen Informationen in Tabellen dokumentiert und anschließend ausgewertet.

3.2.1 Methodik

Als Vorlage für die Recherche dienten zugängliche Informationen aus dem Internet, aus Veröffentlichungen, von Gesprächen mit Nutzern sowie von eigenen Objektbegehungen. Daher können auch unbeabsichtigt falsche Angaben übernommen worden sein. Außer bei den Anlagen, die persönlich besucht wurden, sind bei allen anderen keine weiteren Daten hinzugefügt worden. Wenn möglich, wurde auf die Übernahme von Referenzlisten der Planungsbüros verzichtet, da der Informationswert sehr gering ist. Die Darstellung der angeführten Temperieranlagen erhebt weder den Anspruch auf Vollständigkeit noch auf Repräsentativität, da nicht von allen Objekten Daten vorliegen, die einer wissenschaftlichen Bearbeitung zugrunde gelegt werden können.

Zuerst wurden die Objekte bei der Erstellung der Tabellen einer von fünf Gebäudegruppen zugeordnet. Zu diesen Gruppen zählen Kirchen, Schlösser und Burgen, Museen, öffentliche Gebäude sowie Wohnhäuser. Jede Veröffentlichung einer Temperieranlage wurde nach fünf Kriterien untersucht. Diese enthalten Aussagen über das Objekt, die Temperieranlage, Ergebnisse der Temperierung, weitere Objektangaben und über die Art der Veröffentlichung. Zu jedem Kriterium gehören weitere Unterpunkte, die alle aus den jeweiligen Veröffentlichungen entnommen wurden. Die Tabellen mit den Angaben der Temperieranlagen sind in Anlage 1 aufgeführt

3.2.2 Darstellung installierter Temperieranlagen

Um die Tabellen auszuwerten, wählte man aus den 27 erstellten Kriterien 15 aus, die nötig erscheinen, um die Wirkung einer Temperieranlage bewerten zu können. Mit diesen 15 Kriterien wurde eine Summentabelle gebildet, das heißt, alle Angaben zu den einzelnen Gebäudegruppen wurden addiert. Diese Summenbildung ist in Tabelle 2 abgebildet. Anhand dieser Tabelle konnten nun Aussagen über den Informationsgehalt der Publikationen vorgenommen werden.

Tabelle 2: Angaben von veröffentlichten Temperieranlagen (Quelle: Löther, 2005)

	Art der Gebäude[21]	Kirchen	Museen	Burgen/ Schlösser	öffentliche Gebäude	Wohnhäuser	Summe
	Anzahl der Gebäude	28	33	19	3	5	88
Angaben zur Temperieranlage	Bauart der Temperierung	22	26	17	3	4	72
	Zielstellung der Temperierung	22	15	16	3	4	60
	Normwärmebedarf	1	/	/	/	/	1
	Nennleistung des Wärmeerzeugers	14	12	5	1	2	36
	Vor- und Rücklauftemperatur	7	1	4	/	2	14
	Regelungstechnik	5	6	8	1	2	22
	Investitionskosten	4	8	5	/	1	18
Angaben über Ergebnisse der Temperierung	rel. Luftfeuchtigkeit	7	9	2	/	/	18
	erzielbare Raumtemperatur	13	14	11	1	2	41
	Salzschäden	3	/	5	/	2	10
	Verbrauchswerte	9	9	9	1	3	31
	Messwerte vor Einbau Temperierung	7	/	9	1	2	19
	Messwerte nach Einbau Temperierung	7	1	10	1	2	21
Weitere Angaben	zusätzliche Heizung	6	4	5	1	4	20
	Erfolg aus Sicht der Nutzer	12	6	9	/	3	30

Besonders auffällig ist, dass es wenig Publikationen über öffentliche Gebäude und Wohnhäuser gibt. Dieser Umstand zeigt sich auch in der Tabelle, in der beide

---

[21] Einteilung der Gebäude nach Angaben der Veröffentlichung.

Gebäudegruppen zusammen nur 8 Objekte bilden, hingegen der überwiegend größte Teil (80 Objekte) der Tabellen Kirchen, Schlösser, Burgen und Museen beinhaltet. Unter Einbeziehung der Tatsache, dass die Temperierung vom BLfD zunächst nur für Museen und Depots entwickelt worden ist und danach in historischen Ausstellungsgebäuden (Burgen und Schlösser) zur Anwendung kam, erscheint diese Verteilung nachvollziehbar.

Durch fehlende Normen, Planungsunsicherheiten und heftige Kritik u.a. in Bauzeitschriften[22] konnte sich die Temperierung nur schwer im privaten Bausektor durchsetzten. Derzeit gibt es keine aktuellen Angaben darüber, in wieviele private Wohngebäude eine Temperierung eingebaut worden ist. Dies mag auch dem Umstand geschuldet sein, dass viele Planungsbüros eher mit bekannten historischen Gebäuden anstelle mit gewöhnlichen Wohngebäuden werben. Somit fehlen positive oder negative Aussagen über die Temperierung in Wohnhäusern.

Bei Auswertung der Summenspalte wird deutlich: Je detaillierter die Angaben zur Temperierung sein sollten, desto weniger Informationen stellen die Autoren zur Verfügung. Zum Beispiel konnten von 88 Anlagen nur 22 Daten über die Regelungstechnik, nur 30 über den Erfolg aus Sicht der Nutzer, nur 1 Information über den erforderlichen Normwärmebedarf des Gebäudes liefern und nur 14 Veröffentlichungen Angaben über die benötigte Vor- oder Rücklauftemperatur der Temperierung machen. Der Informationsgehalt der Messwerte bestätigt die Vermutung, dass bei den wenigsten Temperieranlagen eine Vor- oder Nachuntersuchung stattgefunden hat. Dies ist bedauerlich, weil viele dieser Objekte als Vorzeigebeispiele[23] für eine funktionierende Temperierung herangezogen werden.

Der größte Teil der Veröffentlichungen sind oft vor, während oder kurz nach Fertigstellung der Sanierung verfasst worden, so dass eine Aussage über den Erfolg nur bedingt möglich war. Erkenntnisse, ob positiven oder negativen Charakters, können in einer so frühen Phase nicht publiziert werden. Ebenso mangelt es vor allem den Internetpublikationen an fundierten und ständigen Aktualisierungen. [z.B. Minden, Fort C]

Informative Angaben liegen über die Bauart der Temperierung (72), über deren Zielstellung (60) sowie über die erzielbaren Raumtemperaturen (41) vor. Dies zeigt, dass man mit diesen Daten vor allem veranschaulichen will, wo die Temperierung schon überall eingebaut worden ist und mit welcher Zielstellung sie geplant war. Informationen über den

---

[22] Zum Beispiel in der Bausubstanz 2/93 und Bausubstanz 3/98.
[23] So gibt es z.B. keine veröffentlichte Untersuchung zur Mauerwerksfeuchte am Regensburger Salzstadel.

Erfolg oder technische Details bleiben meist undokumentiert. So zeigt sich, dass die meisten Veröffentlichungen einen Werbecharakter besitzen und dadurch für eine nachträgliche Bewertung nicht geeignet sind. Es ist anzunehmen, dass sich dieser Trend bei einer noch breiter angelegten Auswertung der Publikationen verstärken würde.

3.2.3 Auswertung detaillierter wissenschaftlicher Veröffentlichungen

Von 88 veröffentlichten Beiträgen zu Temperieranlagen wurden 13 Anlagen herausgefiltert. Kriterium für diese Auswahl war die besonders detaillierte Ausführung der Publikationen seitens der Autoren. Die in der Tabelle unter dem Stichwort „Dokumentation" zusammengefassten Berichte halten nicht alle einer wissenschaftlichen Betrachtung stand (z.B. die Temperieranlage der Kirche Obertraublingen und im Heimatmuseum Schwandorf) und werden so auf 13 reduziert. Zusätzlich sollen zwei Untersuchungsberichte zu Versuchswänden vorgestellt werden. Zusammen sind diese 15 Beiträge in der Tabelle 3 dargestellt. Sie gibt weiter einen Überblick, in welchem baulichen Zustand des Gebäudes die Untersuchungen nach Angaben der Berichte durchgeführt wurden. Eine Vorstellung aller 15 Untersuchungen ist in Anlage 3 zu finden.

Tabelle 3: Art der Untersuchungen (Quelle: Löther, 2005)

Untersuchungsobjekt	Untersuchung im		
	Bauzustand	**Nutzungszustand**	**Labor**
Rathaus Tittmoning	X		
Schloss Trebsen	X	X	
Inspektorenhaus Schloss Trebsen	X	X	
Kirche „Maria am Wasser"	X	X	
Renatuskapelle in Lustheim	X	X	
Kirche Moosberg		X	
Regensburger Salzstadel		X	
Gymnasium Hattingen	X	X	
Kartause Mauerbach	X		
Schloss Oranienbaum	X		
2 Kirchen in Slowenien	X		
Schloss Salsta (Schweden)	X		
Schloss Veitshöchheim	X		
Versuchswand (Dominik)			X
Versuchswand (Arendt/Seele)			X

Die Tabelle 3 dokumentiert weiterhin, dass es keine wissenschaftliche Veröffentlichung über Temperieranlagen in Wohnhäusern gibt. Offensichtlich ist auch, dass nur bei fünf Berichten Aussagen zu Untersuchungen im Bau- und im Nutzungszustand existieren. Eine

Bewertung über den Erfolg der restlichen 10 Temperieranlagen ist daher schwierig, weil Vergleichswerte vor oder nach dem Einbau der Temperierung fehlen.

In der Tabelle 4 werden die Ausführungsvarianten der 15 Temperieranlagen bezüglich Einsatz (Versuchswand, Bauteiltemperierung, Temperierung) und technischer Umsetzung (Minimalvariante ja/nein) dargestellt.

Tabelle 4: Aufbau der Temperieranlagen (Quelle: Löther, 2005)

Untersuchungsobjekt	Versuchs – wand	Bauteil – temperierung	Temperierung	Minimalvariante[24]	
				Ja	Nein
Rathaus Tittmoning			X	X	
Schloss Trebsen			X	X	
Inspektorenhaus Schloss Trebsen		X			X
Kirche „Maria am Wasser"			X		X
Renatuskapelle in Lustheim			X	X	
Kirche Moosberg		X			X
Regensburger Salzstadel			X		X
Gymnasium Hattingen			X		X
Kartause Mauerbach			X	X	
Schloss Oranienbaum			X	X	
2 Kirchen in Slowenien			X		X
Schloss Salsta (Schweden)			X	X	
Schloss Veitshöchheim			X	X	
Versuchswand (Dominik)	X				X
Versuchswand (Arendt/Seele)	X				X

Die Tabelle 4 zeigt, dass es nur zwei Untersuchungen zum Einsatz einer Bauteiltemperierung gibt. Demgegenüber liegen über Temperieranlagen 11 Veröffentlichungen vor. Diese unterscheiden sich jedoch hinsichtlich Anlagen, die sich annähernd an technische Vorgaben des BLfD halten und eine Minimalanlage darstellen, und solchen, bei denen mehr Rohre in die Wände verlegt wurden. So gibt es sieben Untersuchungen, die über eine Temperierung als Minimalanlage berichten. Die anderen acht Temperieranlagen sind entweder Versuchswände (2), Bauteiltemperierungen (2) oder können nicht einer Temperierung, sondern eher einer Wandheizung (z.B.: Gymnasium Hattingen, Kirche „Maria am Wasser") zugeordnet werden.

Folgend werden diverse Erkenntnisse der Forschungsarbeiten kurz vorgestellt. Über den Verbrauch einer Temperierung geben nur rund die Hälfte dieser 15 Berichte Auskunft, so u.a. Regensburger Salzstadel, Gymnasium Hattingen, Kartause Mauerbach und Schloss

---

[24] Nach Einschätzung von Löther unter Zugrundelegung der Vorgaben des BLfD. Siehe auch Bild 8 im Kapitel 2.4.

Oranienbaum. In diesen Fällen handelt es sich oft aber nur um Messzeiträume über eine Kälteperiode hinweg. Bei den vorliegenden Forschungsarbeiten wurde allein am Regensburger Salzstadel der Energieverbrauch nach mehreren Jahren Laufzeit erneut ermittelt. Des Weiteren gibt es nur bei einem der Berichte (Gymnasium Hattingen) einen Vergleich zu den Verbrauchsdaten einer vorher vorhandenen Heizungsanlage. Im Beitrag zu Schloss Veitshöchheim sind die dargebotenen Energieverbrauchsdaten nicht genau nachvollziehbar, da aus ihnen nicht deutlich hervorgeht, für welchen Bereich der Temperierung sie ermittelt wurden und ob der Stromverbrauch der zusätzlichen Marmorstrahlplatten im Obergeschoss enthalten ist.

Obwohl fast alle vorgestellten Objekte unter Denkmalschutz stehen, wird in den Publikationen denkmalpflegerischen Aspekten nur peripher Beachtung geschenkt. So konnte u.a. in der Renatuskapelle Lustheim, im Regensburger Salzstadel sowie im Schloss Trebsen eine Temperierung nur eingebaut werden, weil der vorhandene Putz bereits bei letzten Sanierungsarbeiten erneuert worden ist und somit nicht mehr der Originalsubstanz entspricht. Ausnahmen stellen die Schlösser Veitshöchheim und Oranienbaum dar. In diesen beiden Gebäuden kann eine Temperierung nur in bestimmten Teilbereichen in Form von Heizkabeln erfolgen, die dann sichtbar auf Wandpaneelen oder Stuckgesimsen verlegt werden muss. Da diese Verlegung nicht unter Putz und nur in ausgewählten Bereichen vollzogen werden kann, verringert sich die Wirkung der Temperierung stark. Im Schloss Oranienbaum stellt man Überlegungen an, in Räumen mit hohem denkmalpflegerischen Anspruch ganz auf eine Temperierung zu verzichten.

Die zur Anwendung gekommene Minimalvariante der Temperierung nach Vorgaben des BLfD (so u.a. in der Renatuskapelle Lustheim und Kartause Mauerbach) kann oft nur eine Grundtemperierung gewährleisten. Für die Gebäude bedeutet dies vor allem eine Frostfreihaltung im Winter sowie eine Vermeidung von Tauwasserausfall im Sockelbereich. In zwei Objekten kann die Minimalvariante auch Behaglichkeitstemperaturen um die +20°C erreichen (Rathaus Tittmoning und Schloss Trebsen). Diese Gebäude stellen jedoch massive Bauwerkskonstruktionen dar, und die betroffenen Räume werden jeweils von Gewölbekonstruktionen überspannt. Durch ihre massige Bauweise haben sie ein sehr großes Wärmespeicherungsvermögen und reagieren somit sehr träge auf klimatische Schwankungen im Außenbereich.

In den Objekten Schloss Oranienbaum und Kartause Mauerbach erfolgten Messungen zur Auswirkung der Temperierung im Rohbauzustand des Gebäudes. Fraglich bleibt, ob sich die Werte nach erfolgter Sanierung (neue Fenster, neuer Putz und Fußboden) unter der dann gegebenen Nutzung verändern.

Zwei der Dokumentationen stellen das Einsatzgebiet der Temperierung auch für den konkreten Schutz von Holzkonstruktionen vor. So werden im Schloss Oranienbaum die Deckenbalkenauflager der Erdgeschossdecke und im Schloss Veitshöchheim die Auflager des Dachstuhles vor Kondensatausfall geschützt.

Insgesamt fällt auf, dass jedes veröffentlichte Ergebnis immer objektspezifisch betrachtet werden muss. Kaum eine dieser Untersuchungen kann mit anderen Versuchen verglichen werden. Es unterscheiden sich vor allem der technische Aufbau (Minimalvariante ja/nein) sowie die geforderten Raumklimadaten voneinander. So ist die visierte Raumtemperatur für das Gymnasium Hattingen eine andere als für die Kirche Sv. Martin in Slowenien.

Neben den Publikationen zu konkreten Gebäuden gibt es ebenfalls Untersuchungen an nachgebauten Wandkonstruktionen (siehe Anlage 3). Bei beiden in Tabelle 3 dargestellten Versuchen erfolgte die Nachbildung eines historischen Wandaufbaus (Natursteinmauer, Ziegelmauer oder zweischaliges Mauerwerk), der unter Laborbedingungen einer extremen Feuchtebelastung ausgesetzt wurde, indem man die Wände in mit Wasser gefüllte Behälter stellte. Über einen längeren Zeitraum wurden diese Versuche messtechnisch begleitet. Gleichzeitig verfolgte man mögliche Veränderungen hinsichtlich der Auswirkungen durch Feuchtigkeit und Salze.

Die zwei vorliegenden Untersuchungsberichte über Temperieranlagen an Versuchswänden sind kritisch zu bewerten. Es stellt sich die Frage, inwiefern es sinnvoll ist, die nachgebauten Wandteile direkt dem Wasser auszusetzen, denn dies spiegelt in solcher extremen Form eine in der Baupraxis selten auftretende Erscheinung wider. Bei der Versuchswand Arendts wurden die Heizkabel 6 cm tief eingemauert, entgegen der Empfehlung des BLfD, das eine Einbautiefe von 2 cm vorgeschlagen hat. (siehe Anlage 3) Fraglich bleibt, ob solche „kleinteiligen" Versuchswände Ergebnisse liefern, die uneingeschränkt auf bestehende historische Gebäude übertragen werden können. Diese Versuchswände stehen in geschlossenen Räumen und können daher jahreszeitlichen Schwankungen nicht ausgesetzt werden. So sind Sonneneinstrahlung, Regen und Frost auf der Außenseite und möglichst gleich bleibende Innentemperaturen an diesen Wandteilen nicht nachzustellen. Diese Versuche dienen so vielmehr der Grundlagenforschung, können aber Versuche an bestehenden Objekten nicht ersetzen.

3.3 Interviews mit Planern und Betreibern von Temperieranlagen

Wie in Kapitel 3.1 bereits angedeutet, soll, dem Forschungsziel dieser Arbeit entsprechend, der Versuch unternommen werden, durch Befragung von Nutzern und Planern die Wirksamkeit einer Temperieranlage nachträglich zu bewerten. Ebenso gilt es, die Erfahrungen und persönlichen Entwicklungsansätze der Befragten auf dem Gebiet der Temperierung einzubeziehen.

3.3.1 Methodik

Um einerseits eine Effizienz der Gespräche zu erzielen sowie andererseits eine theoretische Basis für diese Interviews zu schaffen, sollte ursprünglich der „Fragebogen Eckermann"[25] die Vorlage sein. Dieser dient dazu, Aussagen über die Langzeitbewährung temperierter Gebäude treffen zu können. Für die Auswertung des Fragebogens war eine Kopplung von empirisch – statistischer und analytisch – wissenschaftlicher Arbeitsmethode zur Bewertung vorgesehen.

Bei ersten Gesprächen mit Planern und Nutzern zeigte sich schnell, dass es bei größeren Objekten, wie Schlössern und Museen sowie im privaten Wohnungsbau, immer mehrerer Fachleute bedarf, um die Zielstellung, den Aufbau und die Wirkung einer Temperieranlage zu definieren. Um hinsichtlich dieser Aspekte relevante Antworten zu erhalten, ist es nötig, den Planer, Heizungsbauer und Nutzer des Gebäudes in die Befragung einzubeziehen. In der Bearbeitungszeit war es allerdings nicht möglich, für eine angemessene Anzahl von Objekten alle Verantwortlichen hinzuzuziehen und diese zu befragen. Aus diesen sowie aus organisatorischen Gründen und Kapazitätsmangel konnte der „Fragebogen Eckermann" in seiner ursprünglichen Absicht nicht wie vorgesehen bearbeitet und ausgewertet werden. Da es nicht zu einer Verwendung dieses Fragebogens im Rahmen der vorliegenden Arbeit kam, bleibt eine detaillierte Beschreibung aus.

In einer zweiten Planungsphase entschied man sich, Interviews mit Planern und Nutzern sowie mit Wissenschaftlern, die sich mit dem Thema „Temperierung" auseinandersetzen, zu führen. Als Grundlage der Gespräche dienten Faktoren, die bereits in Kapitel 2 und Kapitel 3.1 Erwähnung fanden. Laut wissenschaftlicher Definition ist ein Interview „eine Gesprächssituation, die bewusst und gezielt von den Beteiligten hergestellt wird, damit der

---

[25] 2001/2002 wurde der „Fragebogen Eckermann" als theoretisches Projekt in Zusammenarbeit mit Mitarbeitern des Landesamtes für Denkmalpflege Sachsen - Anhalt und Dipl. Ing. W. Eckermann (BAUKLIMA Ingenieurbüro, Potsdam) entwickelt.

eine Fragen stellt, die vom Anderen beantwortet werden". (Lamnek (2), 1995, S. 35) Das Interview ist von einer wissenschaftlichen Zielsetzung und Verlaufsplanung mit möglichst fundierten Informationen seitens der Probanden geprägt. In der vorliegenden Untersuchung dieser Arbeit wurde das *problemzentrierte Interview* als Interviewmethode ausgewählt. Bei diesem besitzt der Forscher vor dem Gespräch ein theoretisches Konzept, das einen vorläufigen Charakter hat und jederzeit durch die Informationen des Befragten variiert werden kann. (Vgl. Lamnek(2), 1995, S. 78) Von Vorteil erweist sich diese Art des Interviewens, weil man vergleichbare Informationen abfragen, die Informanten zum Erzählen motivieren und gelegentlich genauer nachfragen kann. Während des Interviews wurden Angaben, die der Zielstellung dieser Untersuchung förderlich waren, schriftlich festgehalten. Anschließend erfolgte eine Reduktion und Strukturierung der Aussagen hinsichtlich relevanter Aspekte, so u.a. Energieeinsparung, Kosten und denkmalpflegerische Gesichtspunkte. Dies geschah auch im Hinblick darauf, diese Angaben anschließend mit allen anderen Untersuchungsergebnissen in einer Diskussion vergleichen zu können.

Die Auswahl der ersten Probanden erfolgte mithilfe von Kontaktadressen, die zunächst Dr. Freytag[26] zur Verfügung stellte. Anschließend ergab sich durch die Gespräche ein sich ständig erweiternder Kreis von Ansprechpartnern. Die Interviews mit den Nutzern und Planern von Temperieranlagen fanden jeweils vor Ort statt, so u.a. in Halle, Leitzkau, Quedlinburg und Trebsen. Im Rahmen zweier Workshops[27] sammelte man weitere Informationen. Die Bereitschaft der Probanden, an den Interviews teilzunehmen, war allgemein sehr hoch. Das Thema der Diplomarbeit schien auf großes Interesse zu stoßen. Insgesamt konnten 9 Interviews geführt werden.

3.3.2 Darstellung der Interviews

Im Folgenden werden die Interviews in kurzer Form dargestellt, um aufschlussreiche Aussagen auf den Gebieten der Energieeinsparung, Trockenlegung von Außenwänden,

---

[26] Dr. Freytag ist wissenschaftlicher Mitarbeiter an der HTWK Leipzig im Fachbereich Bauwesen.
[27] Die Workshops fanden am 05.06.2003 beim Kompetenzzentrum für umweltgerechtes Bauen der Handwerkskammer zu Leipzig in Zusammenarbeit mit der Hochschule für Technik, Wirtschaft und Kultur Leipzig (FH) im Schloss Trebsen und am 08.07.2005 beim Fraunhofer Institut Bauphysik in Holzkirchen statt.

Wissensaustausch, persönliche Eindrücke, denkmalpflegerische Aspekte/Substanzschutz und Planungsunsicherheiten (durch fehlende Vorgaben und Normen) zu verdeutlichen.

Bezüglich der Frage zum Energieeinspareffekt bei Temperieranlagen kam es mit Lindemann[28] von der „Stiftung Dome und Schlösser in Sachsen-Anhalt" zu einem informativen Gespräch. Bei den von ihm betreuten Objekten waren bis zum Einbau einer Temperieranlage keinerlei vergleichbare Heizungen installiert, die für das gesamte Gebäude ausreichend gewesen wären. Aufgrund fehlender Daten zum Energieverbrauch, ist es nicht möglich, Beurteilungen über eine Energieeinsparung zu treffen. Bei dieser Stiftung kommt es jedoch durch den Einbau von Temperieranlagen in den Objekten[29] zu einem höheren Kostenfaktor, vor allem durch den Dauerbetrieb der Temperierung. Diese Mehrkosten werden in Kauf genommen, um die seiner Meinung nach positiven Effekte auszunutzen, vor allem die Kondensatfreiheit an Außenwänden. Als Beispiel führt er die Sanierung des Schlosses Letzlingen an, bei der eine Temperierung eingebaut wurde, um im Schloss eine Grundtemperatur und damit ein gleichmäßiges Raumklima zu erlangen. In den Büros und im Kassenbereich mussten jedoch Heizkörper nachgerüstet werden, um im Winter angenehmere Arbeitstemperaturen für die Angestellten zu ermöglichen. Im Kavalierhaus des Schlosses wurde ein Hotel eingerichtet, bei dessen Sanierung man von Anfang an zwei Heizkreise verlegt hat, einen für die Grundtemperierung und einen für Heizkörper, die der Gast bei Bedarf benutzen kann. Da Temperierung sehr träge auf schnelle Änderungswünsche der Nutzer bezüglich der Raumtemperatur reagiert, empfehlen Lindemann und Hofmann die Temperierleitungen in solchen Räumen so auszulegen ,dass es jederzeit möglich ist, einen Heizkörper nachträglich an Rohrleitungen anzuschließen.

Ähnliche Aussagen zur nicht messbaren Energieeinsparung trafen A[30], Bielefeld[31] und Hartmann[32]; denn bei allen Gesprächen wurde deutlich, dass es sich beim Einbau einer Temperieranlage bei der Mehrzahl von historischen Gebäuden um die erste Heizung handelt, die diese Objekte ganzheitlich temperieren oder beheizen soll. Einerseits fehlen somit Vergleichsdaten und andererseits zeigten die Gespräche, dass eine Ermittlung des

---

[28]Gespräch mit Lindemann (Abteilungsleiter bei der „Stiftung Dome und Schlösser in Sachsen – Anhalt") am 27.6.2005 im Schloss Leitzkau.

[29] Zum Beispiel Schloss Letzlingen, Havelberger Dom und Magdeburger Dom. [siehe Anlage 1]

[30] Gespräch mit A (Gebietskonservator beim Landesamt für Denkmalpflege Sachsen – Anhalt) am 13.5.2005 in Halle/Saale (auf eigenen Wunsch anonymisiert).

[31] Gespräch mit Bielefeld (Geschäftführer des Förderverein für Handwerk und Denkmalpflege – Schloss Trebsen –) am 7.6.2005 im Schloss Trebsen.

[32] Gespräch mit Hartmann (baubegleitender Restaurator im Schloss Oranienbaum) am 16.6.2005 in Oranienbaum.

Energieverbrauchs an fehlender Messtechnik scheitern würde, da der Einbau von Wärmemengenzählern zu kostenintensiv und dadurch nicht vertretbar ist.

Bei einem Versuch im Schloss Oranienbaum [Kapitel 3.4.2] verursachte laut Hartmann und Kalisch[33] die Temperierung zu hohe Kosten. Daraufhin wurde die Temperierung abgeschaltet, weil begleitende Messungen ergeben hatten, dass die geforderte Zielstellung eine nachhaltige Trocknung der Außenwände nicht erreicht worden ist. Außerdem entstand innerhalb kurzer Zeit ein Energieverbrauch, den sich die Stiftung nicht leisten konnte. Über hohe Kosten einer Temperieranlage beklagte sich auch Bruns[34] [Kapitel 3.4.2]. Nach einem Gespräch mit Verantwortlichen des Landesamtes für Denkmalpflege in Sachsen – Anhalt ließ er sie 1997 in sein historisches Wohnhaus in Allstedt einbauen. Eine Kostensenkung durch die erfolgte Trocknung der Außenwände, wie sie von Befürwortern der Temperierung immer wieder angeführt wird, ist bis heute nicht eingetreten. Die einzige Möglichkeit, Energiekosten zu sparen, besteht darin, die Temperierung in den Sommermonaten abzuschalten. Kritik kommt von den Bewohnern des Obergeschosses. Sie bemängeln zu geringe Raumtemperaturen im Winter von ca. +17°C. Im Gegensatz zum Erdgeschoss befinden sich hier weder Fußbodentemperierung noch Ofen. Trotz des diskontinuierlichen Betreibens der Temperierung sind bis heute keine neuen Feuchteschäden in den Wandbereichen aufgetreten. Andere Aussagen zum Energieverbrauch wurden bei einem Gespräch von Voß[35] geäußert. Voß ist mit den Energieausgaben seines Objekts zufrieden, kann aber keine Angaben über einen Einspareffekt geben, da in seinem Haus keine Vergleiche zu einer herkömmlichen Heizung möglich sind. Auf Anraten des Heizungsbauers baute man zu Beginn Sockelradiatoren ein, welche bis heute nicht genutzt werden und daher in den nächsten Jahren ausgebaut werden sollen.

Ein weiteres Problem sprachen Hartmann und Bielefeld an, dass sich auf die Art der Energiebereitstellung bezieht. Da beide als Verantwortliche die laufenden Kosten möglichst gering halten müssen, ist der ganzjährige Betrieb einer Temperieranlage sehr kostenintensiv und für viele Einsatzgebiete wirtschaftlich nicht tragbar. So denkt man im Schloss Oranienbaum und Schloss Trebsen darüber nach, mit regenerativen Energiequellen den Bedarf an Energie für eine Temperierung auf kostengünstige Art zu decken. Hier bietet

---

[33] Gespräch mit Kalisch (Institut für Diagnostik und Konservierung in Sachsen und Sachsen - Anhalt e.V.) am 06.06.2005 in Halle/Saale.
[34] Gespräch mit Bruns am 04.07.2005 in der Stadtmühle in Allstedt.
[35] Gespräch mit Voß am 14.7.2005 und am 11.08.2005 in Halle/Saale.

sich eine Energieversorgung, z.B. durch Solarenergie an, wie sie im Rittergut Trebsen, im Inspektorenhaus, erprobt wird (siehe Kapitel 5).

Bruns und Voß äußerten sich positiv zu den physiologischen Auswirkungen der Temperierung. Sie berichten von einem angenehmen Klima während der Wintermonate in ihren Häusern (außer beim Obergeschoss im Wohnhaus Bruns). Ebenso spielt der architektonische Aspekt eine wichtige Rolle, da beide begrüßen, dass an den Wänden keine Heizkörper sichtbar sind.

Auch auf dem Gebiet der Temperierung erweist sich der Informationsmangel als problematisch. Allein Lindemann konnte von einem informativen Austausch unter verantwortlichen Planern berichten[36]. A als Vertreter des Landesamtes für Denkmalpfleger in Sachsen - Anhalt bestätigte, dass es keine Planungshinweise oder Richtlinien gibt, mit Hilfe derer man vor allem Angaben über die Dimensionierung einer Temperierung und deren Regelungstechnik finden kann. So entsteht seiner Meinung nach die Situation, dass Planungsfirmen, die auf dem Gebiet der Temperierung wenig Erfahrung besitzen, Technik einbauen, die entweder zu kompliziert, im Dauereinsatz störanfällig ist oder nicht, wie erhofft, funktioniert, weil sie falsch verlegt wurde. Als Beispiel für fehlerhafte Regelungstechnik verweist er auf die Temperierung im Ostflügel des Schlosses Merseburg, bei der von Seiten des Heizungsplaners eine komplizierte und anfällige Regelungstechnik eingebaut wurde, die schon nach wenigen Monaten für Unregelmäßigkeiten sorgte.

Hofmann[37] als Vertreter der Heizungsplaner bedauerte, dass richtungsweisende Normen von Fachverbänden oder anderen verantwortlichen Institutionen nicht existieren. Die Planer sind auf eigene Erkenntnisse und damit auch auf das Lernen aus Fehlern angewiesen. Hofmann hofft auf eine Weiterentwicklung auf diesem Gebiet, um seine Projekte in Zukunft rechtlich besser absichern zu können.

Ein weiterer interessanter Aspekt wurde bei einem Gespräch mit Helff[38] in Quedlinburg deutlich. Dort hatte sich die Kirchengemeinde der St. Nicolai Kirche gegen den Einbau einer Technik zur Temperierung der Wandsockel entschieden, da diese in das historische Natursteinmauerwerk eingefräst werden sollte. Für die Gemeinde ist dies ein zu großer Eingriff in die überkommene Bausubstanz. Als Alternative wurde eine schmale

---

[36] Sitzung des Facharbeitskreises Schlösser und Gärten in Deutschland, am 22.04.2002 in Wörlitz.
[37] Gespräch mit Hofmann (Ingenieurbüro Hofmann, Grimma) am 7.6.2005 in Grimma.
[38] Gespräch mit Helff (Ingenieur- und Sachverständigenbüro, Quedlinburg) am 16.06.2005 in Quedlinburg.

Luftheizung an den Wandsockeln im Fußboden eingebaut, die eine Kondensatfreihaltung der Wandsockel sicherstellen soll. Fragen des Substanzschutzes waren auch Gegenstand eines Planungsgesprächs im Schloss Oranienbaum[39]. Dort wurde die Problematik einer Temperierung deutlich, da die Betreiber dieser Schlossanlage dieses Heizungssystem gern einsetzen würden, weil es eine Grundtemperierung sicherstellen kann, ohne sichtbare Heizkörper zu installieren. Allerdings kann in Räumen mit historisch wertvollen Wandmalereien oder Vertäfelungen eine Temperierung nur schwer ohne Substanzverlust eingebaut werden. Auch A und Lindemann machen ähnliche Aussagen sowie die wichtige Anmerkung, dass eine Temperierung erst nach restauratorischen Untersuchungen in eine Wand verlegt werden kann.

Die Möglichkeit einer Salzausblühung durch Temperierung nach Vorhersage von Arendt [Vgl. Arendt, 2000, S. 69] konnte A für seine zuständigen Temperieranlagen nicht bestätigen. Allein Bruns berichtete von einer sichtbaren Salzausblühung in seinem Haus. Dort kam es nach Einbau der Temperierung im Bereich der alten Trockentoilette zu diesen Erscheinungen, so dass der neue Lehmputz saniert werden musste.

Obwohl Befürworter den Eindruck vermitteln, dass es sich um eine Technik handelt, bei der jeder in der Lage ist, sie installieren zu können, zeigten die Gespräche, dass man Verantwortliche für den Einbau einer Temperierung benötigt, die die Verlegung und das Einputzen der Temperierleitungen überwachen und kontrollieren, z.B. ob die vorgeschriebene Einputztiefe eingehalten wird. A nennt an dieser Stelle das Schloss Merseburg, bei dem man die Temperierleitungen unsachgemäß einbaute und es deswegen nicht zu den erhofften Effekten der Temperierung kam. So waren die Rohre zu tief oder nicht vollflächig verputzt worden. Von A, Voß, Lindemann und Bielefeld stammen fast identische Aussagen, dass man Planungsfirmen und Heizungsbauer benötigt, die sich mit der Temperierung auseinandersetzen und nach eigenen Lösungsansätzen suchen.

---

39 Am Planungsgespräch nahmen am 24.03.2005 teil: Scholtka (Sachgebietsleiterin Baudenkmalpflege, Kulturstiftung Dessau-Wörlitz), Dr. Alex (Leiter der Abteilung Baudenkmalpflege/Restaurierung, Kulturstiftung Dessau-Wörlitz), Lonscher (Planungsbüro), Hartmann (Restaurator, Kulturstiftung Dessau-Wörlitz), Kalisch (IDK Halle), Eckermann (BAUKLIMA Ingenieurbüro, Potsdam), Dr. Freytag (HTWK Leipzig, wissenschaftlicher Mitarbeiter), Löther (Student).

3.4   Ausgewählte Objekte mit Temperieranlagen

Übergreifendes Ziel dieses Kapitels ist, zu versuchen, subjektive Eindrücke wiederzugeben, die man beim Besuch diverser Objekte mit eingebauten Temperieranlagen gewonnen hat. Nach Begehung der Objekte vor Ort kam es anschließend in allen Fällen zu Gesprächen mit den Betreibern, wobei die auf dem Forschungsziel basierenden Fragen gestellt werden konnten. Es sei hinzugefügt, dass man aus Kapazitätsgründen nur die folgenden vier Temperieranlagen besuchen konnte: Schloss Oranienbaum, Schloss Trebsen sowie die Wohnhäuser von Bruns in Allstedt und Voß in Halle/Saale. Die Gebäude, Temperieranlagen, Zielstellungen, Auswirkungen und persönlichen Gespräche mit den Betreibern werden im Anschluss dargelegt.

3.4.1   Methodik

Die persönlichen Gespräche, die sich im Rahmen der Objektbegehungen ergaben, wurden unter den gleichen Gesichtspunkten wie die Interviews in Kapitel 3.4 geführt. Hierbei bot es sich an, Aussagen der Betreiber mit einer Betrachtung der Situation vor Ort zu vergleichen.

3.4.2   Darstellung realisierter Temperieranlagen

Schloss Oranienbaum

Schloss Oranienbaum ist ein dreiflügliges Barockschloss, das seit 1693 errichtet wurde [Bild 21] und Teil des Weltkulturerbes „Dessau – Wörlitzer – Gartenreich" ist. Um das Schloss legte man einen künstlichen Wassergraben an, der auch heute noch funktioniert. Das Schlossgebäude ist ein verputzter Ziegelbau, die Kellerwände besitzen weder vertikale noch horizontale Abdichtungen.

Bild 21: Schloss Oranienbaum (Quelle: Löther, 2005)

In den letzten Jahrzehnten wurde es als Archiv zweckentfremdet und befindet sich in einem sanierungsbedürftigen Zustand. Im nördlichen Seitenflügel ist der so genannte Ledertapetensaal untergebracht. Durch die hohe kunsthistorische Bedeutung der Ledertapeten kommt der Sanierung dieses Raumes aus bauphysikalischer Sicht eine große Bedeutung zu. Von Seiten der Restauratoren werden hier hohe Anforderungen an ein möglichst gleich bleibendes Raumklima gestellt.

Bei der anstehenden Sanierung des nördlichen Schlossflügels stehen Fragen zur Konservierung der Gebäudehülle und zu den Ausstellungsgegenständen im Mittelpunkt. Gleichzeitig ist die Stiftung aber bemüht, die laufenden Kosten für den Unterhalt des Schlosses in einem wirtschaftlich günstigen Rahmen zu halten. Da die Raumklimatisierung für die gesamte Schlossanlage sowohl konservatorisch, technisch als auch finanziell eine schwierige Aufgabe ist, wurde zunächst nur im nördlichen Seitenflügel [Bild 22] eine Temperieranlage eingebaut und mittels begleitender Messungen durch das IDK – Halle[40] die Auswirkungen dokumentiert. Diese Ergebnisse werden bei weiteren Planungen im Schloss Oranienbaum berücksichtigt.

---

[40] Die Messungen wurden von Kalisch vom Institut für Diagnostik und Konservierung an Denkmalen in Sachsen und Sachsen – Anhalt e.V. durchgeführt.

Bild 22: Nördlicher Seitenflügel, mit abgeschlagenem Putz im Sockelbereich
(Quelle: Löther, 2005)

Bauliche Maßnahmen

Bei den ersten durchgeführten Sanierungsarbeiten am Seitenflügel hat man die Schäden an den Deckenbalkenauflagern im Erdgeschoss behoben und die Deckenfüllung anschließend mit Lehmstaken geschlossen. Der Zementputz im Bereich des Kellers und des äußeren Sockels wurde abgeschlagen [Bild 22]. In den Keller baute man die Heizungsanlage für diesen Seitenflügel ein.

Die Temperieranlage besteht hier aus mehreren Heizkreisen, die unterschiedliche Aufgaben erfüllen sollen. Im Kellergeschoss besteht die Aufgabe darin, eine thermische Horizontabsperrung zu erzielen und die feuchten Außenwände zu trocknen. Die Deckenbalken der Erdgeschossdecke werden durch eine eigene Rohrschleife beheizt, um einen trockenen Auflagerbereich zu erlangen sowie die Gefahr von Kondensatausfall zu verhindern. Der Ledertapetensaal im Erdgeschoss wird durch Rohrschleifen im Bereich der schwächeren Wandquerschnitte der Fensternischen temperiert, vor allem um ein stabileres Raumklima zu erreichen. Im Obergeschoss wurden zur Temperierung der Räume Heizstränge im Sockelbereich und in Höhe der Brüstung verlegt. Die Temperierung nahm man Mai 2003 in Betrieb.

Durchgeführte Untersuchungen

Die raumklimatischen Untersuchungen fanden in der Zeit von September 2003 bis Ende August 2004 statt. Diese beinhalten Angaben über die verbrauchte Energiemenge sowie Infrarot – Thermografie – Aufnahmen des Außenbereichs, Kellergeschosses und des

Ledertapetensaals. Mittels eines beauftragten Forschungslabors[41] wurden im September 2003 bauhygrische Voruntersuchungen durchgeführt, die man im September 2004 wiederholte. Die Bohrungen hierfür befanden sich unmittelbar neben den Heizrohren der Temperieranlage und die Messungen erfolgten durch eine Neutronen – Stabsonde.

Auswertung

Laut Gutachten des Forschungslabors Ganß [Ganß, 2004] weist das Ziegelmauerwerk ein großes Feuchtespeichervermögen auf. Die Voruntersuchung im Jahr 2003 ergab einen Mittelwert der Mauerwerksfeuchte im nördlichen Querschnitt von 11,0 V % bis zu einer Höhe von einem Meter. Über der Höhe von einem Meter liegt im Mauerwerk hygroskopische Gleichgewichtsfeuchte vor [Bild 23a]. Man stellte fest, dass die Befeuchtung des Mauerwerks durch aufsteigenden Feuchtstrom aus dem Mauerfuß und dem anstehenden Boden erfolgte. [Vgl. Ganß, 2004, S. 3]

Bei der Nachmessung im Jahr 2004 ergaben sich im nördlichen Wandquerschnitt mittlere Mauwerksfeuchten von 8,5 V % in Höhe bis einen Meter. Dies stellt eine Reduzierung von 22% dar. Wie im Bild 23b erkennbar, wird der Feuchtemittelwert lediglich aus der Veränderung im Tiefenbereich bis zu 30 cm verursacht. [Vgl. Ganß, 2004, S. 5]

Im Abschlussbericht des Forschungslabors konstatierte Ganß, dass die Temperierung den Zustand der Wand nur im unteren Wandbereich und dort nur hinter der Wandoberfläche beeinflusste. Die Auswertungen der bauhygrischen Untersuchungen ergaben, dass die Temperierung an den Kelleraußenwänden nur bis zu einer Tiefe von maximal 30 cm Wirkung zeigte. Das Nachströmen von Feuchte aus dem Mauerfuß und dem anstehenden bindigen Boden konnte nicht verhindert werden. Da die untersuchten Querschnitte unmittelbar neben den Warmwasserrohren liegen, kann man davon ausgehen, dass für den größten Teil der Kellerwände eine noch geringere Wirkung des Temperiersystems besteht. Abschließend empfiehlt Dr. Ganß, die Temperierung außer Betrieb zu setzen, weil der eintretende Feuchtestrom in das Kellermauerwerk nicht unterbunden worden sei und damit die Temperierung als Feuchtesperre unwirksam ist. [Vgl. Ganß, 2004, S. 6]

---

[41] Forschungslabor Dr. E.-D. Ganß aus Weimar.

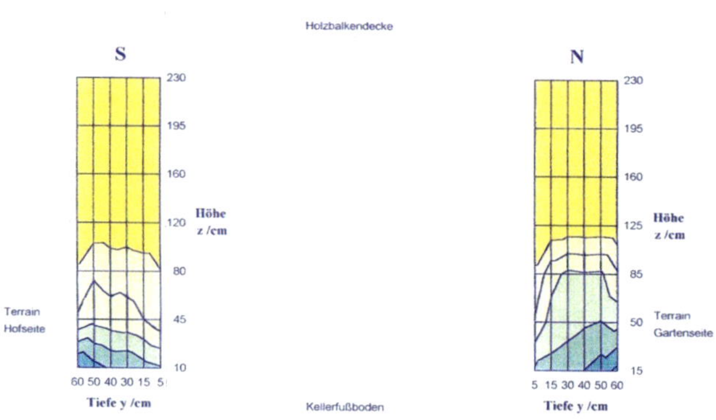

Bild 23a: Feuchteverteilung der Außenwände des Schloss Oranienbaum 2003 (Quelle: Ganß, 2004)

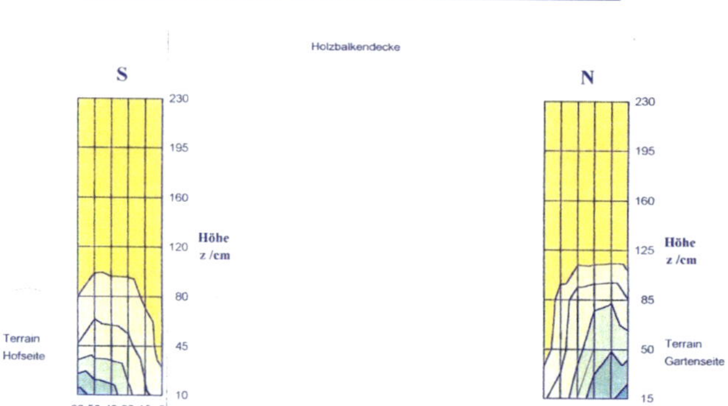

Bild 23b: Feuchteverteilung der Außenwände des Schloss Oranienbaum 2004 (Quelle: Ganß, 2004)

Die raumklimatischen Untersuchungen im Ledertapetensaal haben für den Zeitraum vom 19.09.2003 bis 27.08.2004 folgende Werte ergeben: Die relative Luftfeuchte schwankt zwischen 24,3% und 78,5%, und die Raumtemperatur von +0,7°C bis +35,3°C Raumtemperatur. Die Messungen zeigten außerdem eine hohe Luftbewegung mit einem hohen Luftaustausch sowie einer hohen Raumluftdurchmischung. Eine gewisse Pufferung der relativen Luftfeuchte über den Tagesverlauf konnte durch die Temperierung jedoch erzielt werden, die aber nicht in der gewünschten Höhe lag. [Vgl. Kalisch, 2004, S.4]

Einen sehr großen Einfluss haben die großen Fensterflächen zur Südseite. Durch sie entsteht eine unkontrollierte sowie schnelle Erwärmung bei Sonnenschein und eine damit verbundene kurzzeitige Schwankung der relativen Luftfeuchte um 20%. Diese Erscheinung konnte durch eine Verschattung der Fensterflächen ab dem 05.02.2004 gedämpft werden. [Vgl. Kalisch, 2004, S. 4]

Bei der Ermittlung der verbrauchten Energiemenge griff man für den Zeitraum 08.07. bis 27.08.2004 auf separate Elektrozähler zurück. So ergab sich für den gesamten Nordflügel[42] des Schlosses ein Verbrauch von 5.731,6 kWh. Bei einem Strompreis von 0,127 €/kWh bedeutet dies für einen Energieverbrauch dieser 50 Tage 727,90 €. [Vgl. Kalisch, 2004, S. 8]

Im Gegensatz zu den Angaben des BLfD, dass die Temperierleitungen auf Thermographieaufnahmen nicht erkennbar sei, [Vgl. Großeschmidt, 2004, S. 366] liefern die Außenaufnahmen der Schlosses Oranienbaum andere Ergebnisse wie auf dem Bild 24 zu erkennen ist. Die Erstellung der Aufnahmen erfolgte am 27.01.2004.

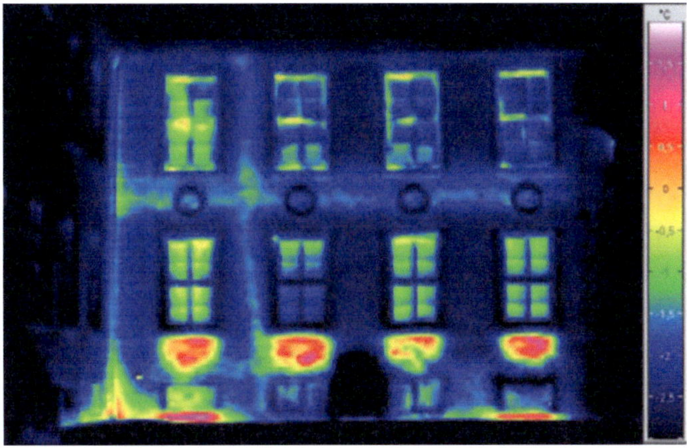

Bild 24: IR-Aufnahme nördlicher Seitenflügel, deutlich erkennbar die erwärmten Wandflächen in den temperierten Fensternischen im Erdgeschoss (Ledertapetensaal) (Quelle: Kalisch, 2004)

---

[42] Davon entfallen auf die Kellertemperierung 1.423,2kWh, mit einem Kostenfaktor von 279 EUR für 50 Tage. [Vgl. Kalisch, 2004]

Aufgrund der gewonnenen Messergebnisse von Kalisch und Ganß entschieden sich die Nutzer des Schlosses, die Temperierung nicht weiter zu betreiben. Zur Zeit läuft nur noch der Heizkreis zur Temperierung der Deckenbalkenköpfe der Erdgeschossdecke.

Bei einem Gespräch mit Hartmann[43] explizierte dieser, dass die hohen Kosten für die Stiftung nicht tragbar sind, vor allem wenn man bedenkt, dass sie nur einen kleinen Teil des Schlosses betrifft. Allerdings wird eine Temperiermöglichkeit benötigt, um kostengünstig das gesamte Schloss zu versorgen, auch um dieses Bauwerk in der Übergangszeit (Herbst, Frühjahr) nutzen zu können. Folgende Baumaßnahmen stehen laut Hartmann noch aus: Der Nachbau von Fenstern nach historischem Vorbild und die dadurch erfolgende Reduzierung des Luftaustauschs. Auf die Glasflächen soll eine Spezialfolie angebracht werden, um den starken Einfluss auf die Raumtemperatur zu dezimieren.

Voß[44] gab bei einem Gespräch zu bedenken, dass die Temperierung im Schloss Oranienbaum in der Rohbauphase getestet wurde. Voß erläutert, dass man nach weiteren Baumaßnahmen die Auswirkung der Temperierung auf das Raumklima erneut untersuchen müsste.

Wohnhaus Bruns

Das zweigeschossige, nicht unterkellerte Wohnhaus der Familie Bruns[45] in Allstedt [Bild 25] gehört zu einer historischen Mühlenanlage. Die Außenwände bestehen aus zweischaligen (im Außenbereich unverputzten) Sandsteinwänden und Innenwänden aus Fachwerk.

---

[43] Gespräch mit Hartmann (baubegleitender Restaurator im Schloss Oranienbaum) am 16.6.2005 in Oranienbaum.
[44] Gespräch mit Voß (ehem. Landeskonservator beim Landesamt für Denkmalpflege Sachsen – Anhalt) am 11.08.2005 in Halle/ Saale.
[45] Persönliches Gespräch mit Bruns am 04.07.2005 in Allstedt.

Bild 25: Wohnhaus Bruns (Quelle: Löther, 2005)

Vor der Sanierung 1997 befand sich das Haus in einem verwahrlosten Zustand, der einem teilweisen Leerstand geschuldet war. Bei der Sanierung wurden die Außenwände vertikal abgedichtet und auf Anraten eines Vertreters der Denkmalpflege eine Temperieranlage eingebaut. Man legte sie zur thermischen Horizontalsperrung und zur Raumheizung aus. Zusätzlich sind im Fußboden des Erdgeschosses Temperierschleifen verlegt worden, um einen wärmeren Fußboden zu erhalten. Die Temperierung wurde, wie Bild 26 zeigt, im Sockelbereich, neben jedem Fenster und in den Raumecken der Außenwände mit jeweils vertikalen Stichen bis zu ca. 2,00 m Höhe verlegt. Zusätzlich befindet sich im Erdgeschoss ein kleiner Ofen. Alle Wände sind mit einem Lehmputz versehen worden. Im Bereich einer alten Trockenkloanlage kam es nach dem Einbau der Temperierung zu Salzausblühungen, so dass auf dieser Wandfläche, die sich über drei Räume erstreckt, der Lehmputz erneuert werden musste.

Bild 26: Verlegeanordnung der Temperierleitungen im Wohnhaus Bruns
(Quelle: Löther/Bruns, 2005)

Am 11.03.2004 fertigte man Infrarotaufnahmen des Hauses an. Sie zeigen einen großen
Wärmeverlust an den Außenwänden, wie in den Bild 27 zu erkennen ist.

Bild 27: IR-Aufnahme der Außenwände des Wohnhauses Bruns
(Quelle: Eckermann/Freytag, 2004)

Die Innenaufnahmen des Hauses werfen bezüglich der Planung der Temperieranlage
Fragen auf. So wurden die Temperierschleifen in den Wandecken nur bis zu einer Höhe
von ca. 2 m verlegt. Auf dem Bild 28 kann man einen starken Wärmeabfall in dieser

Raumecke deutlich erkennen. Es blieb ungeklärt, warum die Temperierleitungen, zumindest in den Wandecken, nicht bis zur Decke verlegt worden sind[46].

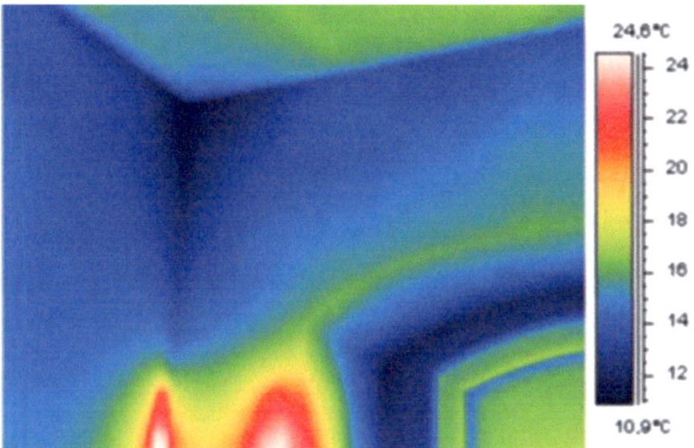

Bild 28: IR-Aufnahme im Innenbereich Wohnhaus Bruns
(Quelle: Eckermann/Freytag, 2004)

Der Bauherr zeigte sich mit der Temperieranlage sehr zufrieden, vor allem die optischen Aspekte, wie fehlende Heizkörper, lobte er. Er klagte aber über die zu hohen Verbrauchswerte der Heizung. Hier wurde für eine Wohnfläche von 162,8 m² ein Verbrauch von 184 kWh/m²a errechnet[47]. Die Aussage von Großeschmidt, die Heizkosten würden nach einiger Zeit, nach Austrocknen der Wände sinken [Vgl. Großeschmidt, 2004, S. 336], konnte er nicht bestätigen. Möglichkeiten, die Energiekosten zu senken, sieht er darin, die Temperieranlage im Sommer abzuschalten und den kleinen Ofen bei Bedarf zu beheizen. Bei einer erneuten Planung einer Temperieranlage würde er zwei unabhängige Heizkreisläufe verlegen lassen, einen zur Grundtemperierung für den ganzjährigen Einsatz (zur Trockenlegung der Außenwände) und einen Kreislauf für den Heizungsbedarf im Winter.

Im Winter werden im Erdgeschoss angenehme Temperaturen von bis zu +21°C erreicht. Dabei spielen sowohl die Fußbodentemperierung als auch der kleine Ofen eine entscheidende Rolle. Im Obergeschoss klagen die Bewohner über zu geringe Raum-

---

[46] Auf Anfrage zur Temperieranlage Bruns schickte Großeschmidt folgendes Konzept des BLfD für Gebäude mit schwerem Mauerwerk: - Trockenlegung/Sommertemperierung: Ringleitung in Rohbodenecke - Heizung: Vorlauf am Sockel, Rücklauf in Höhe UK Fensterbank mit Leibungsumweg des Rücklaufs oder Register auf Brüstungsfläche (Rücklauf fährt hoch zur Bank und wird nach der Querung 5x abwärts gewendelt, so dass auf der Brüstungsfläche 6 Rohre liegen).- Keine Rohre in Wandflächen über Brüstungshöhe und Raumecken
[47] Verbrauch errechnet von A 1999.

temperaturen von ca. +17°C. Dieser Temperaturunterschied von circa vier Kelvin zwischen Erd- und Obergeschoss ist auf den ersten Blick verwunderlich, da beide Etagen über den annähernd gleichen Aufbau der Temperierung verfügen. Jedoch kommt im Winter im Erdgeschoss noch die Abwärme der Fußbodentemperierung, des Ofens und der Küche hinzu. Für das Obergeschoss entstehen weitere negative Umstände aufgrund der hohen Transmissionswärmeverluste der Natursteinaußenwände und einer unzureichend vorhandenen Wärmeabstrahlung der Temperierung durch fehlende Rohrmeter.

Trotz abgeschalteter Temperierung in der heizfreien Jahreszeit gibt es heute keine Anzeichen für aufsteigende Feuchtigkeit oder Tauwasserschäden am Sockelbereich der Außenwände, was aber auch auf die baubegleitenden Maßnahmen zur Trockenlegung des Gebäudes, so durch das Anbringen einer Dachrinne und die Vertikalabdichtung des Mauerwerkes, zurückzuführen ist. Auf Nullmessungen zum Grad der Durchfeuchtung und der Versalzung des Mauerwerkes ist vor der Sanierung verzichtet worden.

Gegenwärtig stellt sich für das Wohnhaus Bruns die Frage, ob der Einbau dieser Sockeltemperierung für den ganzjährigen Einsatz als Fundamentbeheizung mit den hohen Folgekosten gerechtfertigt ist und ob es sich bei dieser Art der Temperierung nicht schon um eine Wandheizung handelt. Weitere Informationen über das Wohnhaus Bruns sind in der Anlage 1 zu finden.

Wohnhaus Voß

Beim Wohnhaus[48] der Familie Voß handelt es sich um ein 1675 erbautes zweigeschossiges nicht unterkellertes Fachwerkhaus [Bild 29] in der Altstadt von Halle/Saale.

Bei der umfassenden Sanierung 1995/96 wurde eine Temperieranlage für die Wohnungsheizung und als thermische Horizontalsperrung eingebaut. Aus diesem Grund kam es im Bereich der Fundamente nicht zum Einbau herkömmlicher Sperrsysteme. Während der Sanierung wurden die Schäden an den Fachwerkwänden behoben und die Wände erhielten sowohl außen als auch innen einen neuen Putz. Eine Wärmedämmung konnte nur im Dachbereich zwischen die Sparren eingebaut werden. Die historischen Einfachfenster wurden zu Kastenfenstern umgebaut, jedoch wurde keine Isolierverglasung eingesetzt.

---

[48] Alle Angaben befinden sich in der Anlage 1.

Bild 29: Wohnhaus Voß (Quelle: Löther, 2005)

Die Temperierleitungen sind in allen Etagen im Sockelbereich der Außenwände verlegt worden[Bild 30]. Neben den Fenstern und an den Außenwänden baute man vertikale Steigleitungen von ca. 2,00 m Höhe ein[49].

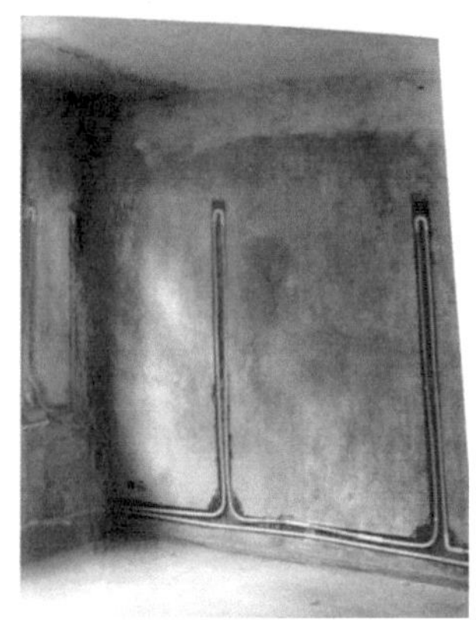

Bild 30: Temperierleitungen an den Wänden im
Wohnhaus Voß (Quelle: Löther/Voß, 2005)

---

[49] Auf Anfrage zur Temperieranlage Voß schickte Großeschmidt folgendes Konzept des BLfD für Fachwerk:
- Sockelschleife, Brüstungsschleife mit Leibungsumwegschleifen des Rücklaufes beidseitig von Fenster und Außentüren, - keine weiteren Schleifen (weder in Raumecken, noch über der Brüstungslinie an Wand- bzw. Dachflächen ohne Fenster.

Im Erdgeschoss, wo sich ein Geschäft und eine Einliegerwohnung befinden, wurde zusätzlich eine Fußbodentemperierung installiert. Im ausgebauten Dachgeschoss erfolgte die Verlegung der Heizrohre, wie Bild 31a/b verdeutlicht, an den Dachschrägen und in den Gaubenwangen.

a)   b)
Bild 31a/b: Verlegeanordnung der Temperierleitungen an der Dachschräge (a) und den Gaubenwangen (b)
im Wohnhaus Voß (Quelle: Löther/Voß, 2005)

Auf Anraten des Heizungsbauers wurden in den Zimmern des Wohnbereichs noch zusätzlich Sockelkonvektoren eingebaut. Nach Auskunft von Voß[50] werden sie aber nicht benutzt und irgendwann ausgebaut. Die Regelung der Anlage erfolgt über einen Außentemperaturfühler.

Einen Kritikpunkt bei dieser Temperierung stellt die Trägheit des Systems dar. So kommt es in den Übergangszeiten Herbst und Frühling manchmal zu einer geringen Raumtemperatur im Haus. Die Unterversorgung kann bis zu anderthalb Tage dauern. Dennoch wird dieses Problem mit jener Gewissheit akzeptiert, für das Haus und auch für sich selbst „etwas Gutes" getan zu haben und Familie Voß ist mit den Auswirkungen der Temperierung sehr zufrieden. Vor allem die physiologischen Aspekte dieser Strahlungsheizung finden großen Zuspruch. So empfinden Familie und Gäste es schon im Winter bei Raumtemperaturen von ca. 19° C als sehr angenehm.

Der Endenergieverbrauch im Jahr 1999[51] betrug für diesen Altbau 99 kWh/m²a für eine Grundfläche von 215,5 m². Der Nutzer geht davon aus, dass diese Verbrauchshöhe in einem angemessenen Rahmen liegt. Die laut Befürwortern eintretende Heizkosten-

---

[50] Gespräch mit Frau Voß am 14.07.2005 und mit Voß am 11.08.2005 in Halle.
[51] Verbrauch errechnet von A 1999.

verringerung [Vgl. Großeschmidt, 2004, S. 336] durch das Trocknen der Außenwände im Verlauf mehrerer Jahre konnte Voß nicht bestätigen. Die Heizkosten seines Hauses blieben vielmehr in den letzten Jahren konstant. Ein finanziell positiver Effekt durch die Temperierung stellt das Einsparen an laufenden Renovierungskosten im Haus dar. Aufgrund sehr geringer Luftumwälzungen dieses Heizungssystems kommt es zu fast keinem Staubtransport in der Raumluft. So entstehen an den Wandoberflächen und an den Einrichtungsgegenständen keine Staubablagerungen, die zu sichtbaren Verschmutzungen führen. So sparte der Eigentümer dieses Hauses in den letzten 10 Jahren Renovierungskosten.

Aufgrund mangelnden Staubtransports in der Raumluft stellt die Temperierung aus Sicht der Hausnutzer eine ideale Heizung für Allergiker dar.

Weitere Angaben über das Wohnhaus Voß sind in der Anlage 1 zu finden.

3.5   Diskussion der Ergebnisse

Im Rahmen der Literaturrecherche zur vorliegenden Arbeit war es möglich, 88 Temperieranlagen zu ermitteln. Trotz dieser großen Anzahl der Veröffentlichungen liefern die meisten keine geeigneten Informationen, um eine nachträgliche Bewertung von Temperieranlagen und einen wissenschaftlichen Vergleich untereinander durchführen zu können. Beim Thema Temperierung zeigen die Veröffentlichungen eine Diskrepanz zwischen Quantität und Qualität. Da die Temperierung auf dem Gebiet der Wärmesysteme eine innovative Technik darstellt, verwenden viele dieser Publikationen den Begriff „Temperierung", auch wenn dieser bei näherer Betrachtung einiger Anlagen nicht zutrifft. Ein weiterer Mangel besteht darin, dass bereits veröffentlichte Anlagen über einen längeren Zeitraum nicht erneut untersucht werden, denn so fehlen Messwerte, die einen langfristigen Vergleich und eine nachträgliche Bewertung ermöglichen.

Laut Aussagen des BLfD, nach deren Angaben mehrere hundert Anlagen [Vgl. Großeschmidt, 2004, S. 334] eingebaut worden sind, steht dies quantitativ in keinem Bezug zu den wissenschaftlichen Untersuchungen. Hier konnten nur 15 relativ ausführliche Dokumentationen ermittelt werden, die diesem Anspruch gerecht werden. Bei diesen wissenschaftlichen Untersuchungen muss berücksichtigt werden, dass die Ergebnisse nur objektspezifisch zu betrachten sind, da unterschiedlichste Temperieranlagen mit unterschiedlichen Zielstellungen ihre Basis bilden. Die Anlagenformen reichen hier von Bauteiltemperierung über die Minimalanlage bis hin zu Wandheizungen und die

Zielstellungen reichen von einer Grundtemperierung bis zu einer Behaglichkeitstemperatur von ca. +20°C. Somit sind solche Resultate nicht ohne Weiteres auf andere Gebäude bzw. Einsatzgebiete übertragbar. Des Weiteren fällt auf, dass bisher keine Veröffentlichungen über wissenschaftliche Untersuchungen zur Temperierung in Wohngebäuden vorhanden sind. Außerdem versucht man Messergebnisse von Gebäuden, die sich noch im Rohbau befinden, auf fertig gestellte Objekte zu beziehen.

Eine Ebene, die es ermöglicht mehrere Objekte mit Temperieranlagen unter wissenschaftlichen Gesichtspunkten miteinander vergleichen zu können, existiert gegenwärtig nicht. Sie zu erschaffen, wäre ein Ziel für die Zukunft.

Der Mangel an wissenschaftlichen Informationen über Planung und Auslegung von Temperieranlagen war einer der auffälligsten Umstände, der sich bei den Interviews zeigte. Aufgrund fehlender Normen und Richtlinien wird der Einsatz der Temperierung erschwert, und es kommt häufig zu technisch komplizierten Lösungen, da man konventionelle Ansätze mit Erfahrungen der Temperierung vermischt (z.B. Regelungstechnik). Des Weiteren kritisieren Beteiligte einen mangelnden Austausch an Informationen untereinander.

Die Nutzer sind von der Wirkung der Temperierung eines Gebäudes oder der Bauteiltemperierung überzeugt, obwohl die Interviews verdeutlichen, dass die meisten der Probanden die detaillierte Funktionsweise der Temperierung nicht erklären können. Deshalb hoffen sie auf qualifizierte Planer, die die Anforderungen selbstständig umsetzen, den Gegebenheiten möglichst sinnvoll anpassen und eventuelle Weiterentwicklungen übernehmen. Ein weiterer wichtiger Grund für die Verwendung der Temperierung ist ein ästhetischer, erzielt durch das Fehlen sichtbarer Heizkörper. Diese Tatsache erachtet man als besonders wichtig in Räumen, die als historisch geprägt zu bezeichnen sind, aber auch für herkömmliche Wohnbereiche. Außerdem konnte keiner der Probanden Energieeinsparungen bestätigen, vor allem aber, weil zu diesem Punkt bisher keine Untersuchungen bei Objekten der Befragten durchgeführt worden sind. Dies gilt ebenso für Forschungen zum Feuchte- und Salzgehalt temperierter Wandbereiche.

Somit kann die Aussage des zweiten Kapitels (2) zu einem großen Teil als bestätigt gelten, in der erklärt wurde, dass es einen großen Bedarf an Untersuchungen gibt, deren Forschungsziel den Vergleich über den Einsatz von Temperierung und Bauteiltemperierung ermöglicht.

4   Möglichkeiten und Grenzen der Temperierung

Im Zusammenhang mit der Literaturrecherche zu dieser Arbeit, Auswertung realisierter Objekte sowie im Rahmen kontroverser Diskussionen fällt das Problem der Begriffsbestimmung und Interpretation auf. Sowohl in den wissenschaftlichen Arbeiten als auch bei Foren in Holzkirchen/Trebsen zeigt sich, dass für den gleichen Sachverhalt unterschiedliche Begriffe in die Diskussion eingebracht werden, was die Debatte erschwert.

Des Weiteren existiert bis heute keine DIN – Norm oder etwas Vergleichbares mit technischen Regeln für Temperieranlagen, dennoch wurden in den letzten zwei Jahrzehnten schon hunderte Projekte realisiert [Vgl. Großeschmidt 2004, S. 334], in denen die unterschiedlichsten Ausführungsmöglichkeiten und Einsatzgebiete einer Temperierung [siehe Kapitel 3.2] angewandt wurden. Jedoch werden immer wieder die gleichen Begriffe für unterschiedliche Verfahren angeführt. Dazu tauchen in Veröffentlichungen stets andere Bezeichnungen für Temperieranlagen auf, wie Hüllflächentemperierung, Wandtemperierung oder Bauteilheizung. In Publikationen von Heizungs- und Klimatechnikern für den Bereich Neubau liest man ebenso diese Begriffe. Oft werden darunter jedoch Betonkernaktivierung oder Flächenheizsysteme verstanden.

4.1   Begriffsbestimmung Temperierung

Die Arbeit an Kapitel 2 und 3 hat auch gezeigt, dass es notwendig ist, eine Begriffsbestimmung einzuführen, die den Begriff *Temperierung* näher erläutert. Da die *Temperierung* für unterschiedlichste Aufgabenbereiche eingesetzt werden kann, ist es ebenso wichtig, dies in die Begriffsklärung einfließen zu lassen. Deshalb scheint die Unterteilung des Begriffs *Temperierung* in *Bauteil-* und *Gebäudetemperierung* erforderlich zu sein. Den Begriff *Gebäudetemperierung* differenziert man zusätzlich in eine *Grund-* und *Raumtemperierung*. Im Folgenden soll daher der Versuch unternommen werden, die Begriffe *Temperierung* im Allgemeinen, sowie *Gebäude-* und *Bauteiltemperierung* im Speziellen zu bestimmen. Dies ist dem Ziel geschuldet, eine Ebene zu finden, auf der unterschiedlichste Aussagen über Temperieranlagen miteinander verglichen werden können.

Das folgende Bild 32 veranschaulicht diese Unterscheidung und gibt die jeweiligen Hauptziele an.

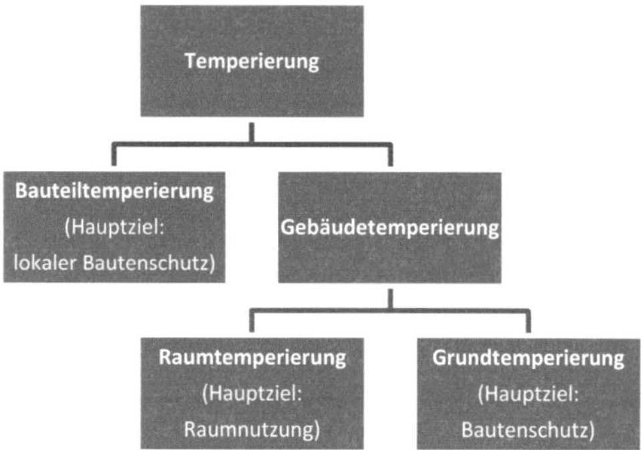

Bild 32: Unterteilung der Temperierung (Quelle: Löther, 2005)

Bei der *Bauteiltemperierung* wird einem Bauteil örtlich begrenzt Wärme zugeführt, um lokalen Bauschäden vorzubeugen [Vgl. Roloff, 2005] (z.B.: Wärmebrücken im Winter, Verhindern von Kondensat an kühleren Außenwandbereichen). Damit lassen sich allerdings weder Räume noch Gebäude beheizen.

Bei der *Gebäudetemperierung* wird Wärme mit dem Ziel zugeführt, die zur Reduzierung thermisch – hygrischer Beanspruchung erforderliche Raumlufttemperatur nicht zu unterschreiten. [Vgl. Roloff, 2005] Diese Arbeit schließt sich der Begriffsbestimmung des Abschlussberichtes von Roloff an [Vgl. Roloff, 2005], verwendet aber ferner noch eine Differenzierung zwischen Raum- und Grundtemperierung. Innerhalb der Raum-temperierung muss zusätzlich unterschieden werden, zwischen einer Raumtemperierung mit dem Erreichen einer Behaglichkeitstemperatur[52] und einer reinen Grundtempe-rierung[53], die vor allem konservatorischen Belangen (Frostfreihaltung und das Verhindern von Kondensat an kühleren Außenwänden) dient.

---

[52] Zum Beispiel werden bei Voß und Bruns Raumlufttemperaturen im Winter von +19°C bis +21°C als angenehm empfunden.
[53] Bei den durchgeführten Interviews wurde immer wieder ein Wert um die +5°C genannt.

4.2   Bauteiltemperierung

Laut vorgestellter Definition wird die *Bauteiltemperierung* eingesetzt, um in einem Gebäude an lokalen Schadstellen Wärme zuzuführen, damit weitere oder erneute Feuchteschäden verhindert werden können. In unbeheizten Gebäuden mit dicken Wänden, wie sie historische Gebäude oft darstellen, sind das vor allem ans Erdreich grenzende, nicht besonnte Innenwandflächen der Außenwände. [Vgl. Künzel, 1998] Sie ist für jede Gebäudeart und Konstruktion einsetzbar, da sie nur an lokalen Punkten betrieben wird. Voraussetzung für positive Effekte, die durch eine Bauteiltemperierung/Raumtemperierung erzielt werden können, ist deren ordnungsgemäße Auslegung und Installation. In diesem Fall können die in diesem und in Kapitel 4.3 beschriebenen Resultate eintreten.

Allerdings sind über das Themengebiet Bauteiltemperierung wenig wissenschaftliche Arbeiten publiziert worden, die über den nötigen Energiebedarf, den technischen Aufbau und das Einsatzgebiet Auskunft geben. In einigen Veröffentlichungen [Vgl. Künzel, 1998/ Arendt, 2000, S. 70] wird die Bauteiltemperierung als eine technische Möglichkeit zur Verhinderung von Sommerkondensat bzw. Tauwasser anerkannt, eine detaillierte Beschreibung der Wirkungsweise bleibt allerdings aus. Ein Beispiel für eine funktionierende Bauteiltemperierung stellt die Kirche in Moosberg dar. [Künzel, 1998] In dieser Kirche hat man den Sockelbereich der Nordwand erfolgreich vor Sommerkondensat dauerhaft geschützt. Hierzu fanden zwei technische Ausführungen ihre Anwendung: Heizkabel sowie warmwasserführende Rohre [siehe Anlage 3].

In einer dem Verfasser vorliegenden Stellungnahme kritisiert das BLfD jedoch diesen Versuch, vor allem die unnötig hohen Baukosten sowie dass eine thermische Behandlung nur an einer Wärmeverlustfläche durchgeführt worden ist. [Vgl. Großeschmidt, 2005] Denn das BLfD vertritt die Auffassung, dass durch das Einbeziehen des Gesamtgebäudes jegliche lokale Schäden verhindert werden und schlussfolgert, dass sowohl der Begriff als auch das Verfahren Bauteiltemperierung nicht verwendet werden muss (siehe Stellungnahme des BLfD in Anlage 2).

In der Literatur findet sich im Gegensatz dazu jedoch ein bedeutendes Einsatzgebiet für die Bauteiltemperierung: Wärmebrücken (Wandecken und Balkonanschlüsse) und lokale Schadstellen im Sockelbereich in Gebäuden. Dazu hat Rahn einige interessante Darstellungen vorgelegt. Sein Forschungsgegenstand bezog sich u.a auf die Untersuchung des Oberflächentemperaturverlaufs einer Wandkante, die durch eine Temperierung

(Heizdraht) erwärmt wurde (siehe Bild 14). Rahn stellt in diesem Bereich eine deutliche Erwärmung der raumseitigen Wandoberfläche fest. [Vgl. Rahn, 2002, S. 75ff] Das Entstehen von Kondensat wird durch die Erwärmung an diesen lokalen Schadstellen abgewehrt und die Gefahr von Schimmelbildung stark reduziert oder verhindert. Jener Effekt der Verhinderung von Kondensat an Wandoberflächen entsteht sowohl bei der Bauteil- als auch bei der Raumtemperierung.

Als ein äußerst gelungenes Beispiel für die Installation in historischen Gebäuden großer Bauart gilt die Bauteiltemperierung im Magdeburger Dom „St. Moritz und St. Katharinen"[54]. Hier ist man bestrebt, durch den Einsatz von Heizkabeln einzelne Skulpturen und den Hauptaltar von 1363 vor Tauwasserausfall zu schützen, auch um weitere Restaurierungsarbeiten durchführen zu können. Am Altar, der aus böhmischen Marmor besteht, wurde im Inneren ein Heizkabel mit einer Leistung von 15 W/m verlegt. Dies reichte aus, um raumklimatisch günstige Werte im und am Altar dauerhaft zu gewährleisten. Nach erfolgter Restaurierung sind bisher keine neuen Schäden[55] aufgetreten.[56] Im Bild 33 sind der Altar und eine dazugehörige Thermografieaufnahme zu erkennen, auf welcher der erwärmte Bereich des Altars deutlich zu erkennen ist.

---

[54] Begleitende Untersuchungen wurden vom Institut für Diagnostik und Konservierung an Denkmalen in Sachsen und Sachsen - Anhalt e.V. 2004 durchgeführt.
[55] Die Probleme bestanden in zu hoher Luftfeuchtigkeit (mikrobiologische Besiedlung) und in zu geringer Luftfeuchte (Kristallisation von Schadsalzen aus dem geputzten Mauerwerk (14. Jh.)).
[56] Persönliches Gespräch mit Lindemann, Abteilungsleiter bei der „Stiftung Dome und Schlösser in Sachsen – Anhalt", am 27.06.2005 im Schloss Leitzkau.

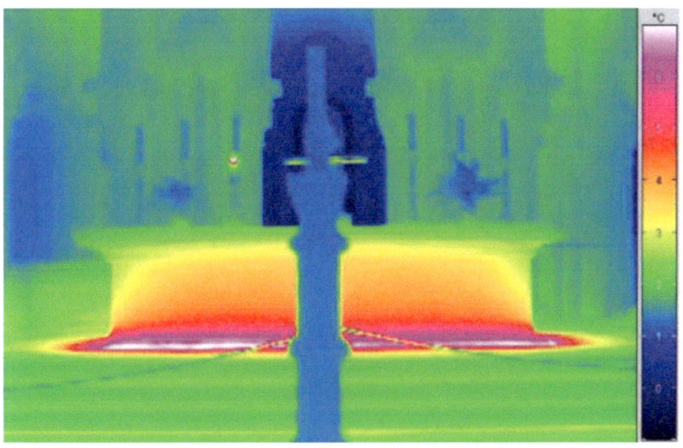

Bild 33: Hauptaltar im Magdeburger Dom (oben) mit dazugehöriger IR-Aufnahme (unten),
Deutlich erkennbar der durch eine Bauteiltemperierung erwärmte Bereich
(Quelle: Kalisch, 2004)

Die Bauteiltemperierung weist mehrere positive Effekte bei der Sanierung von Gebäuden auf. Wie das Beispiel des Magdeburger Doms zeigt, stellt sie im Allgemeinen eine kostengünstige Sanierungsvariante dar, weil man nicht das gesamte Gebäude in die Betrachtungen einbeziehen muss, sondern nur die geschädigten Wandbereiche oder wertvolle Ausstattungsgegenstände. Damit kommt es zu einer erheblichen Reduzierung von zu verlegenden Rohren oder Heizkabeln und zu einer Dezimierung der bereitzustellenden Energieleistung. Bei einer grundlegenden Sanierung und der Notwendigkeit, einen großen Wandbereich zu temperieren, bieten sich, wenn möglich, unter Putz verlegte Kupferrohre an. Wenn dies aus restauratorischen oder denkmalpflegerischen Gründen nicht möglich ist oder nur wenige Meter eines Bauteils temperiert werden müssen, dann können Heizkabel dafür verwendet werden.

Im Bereich der Denkmalpflege ist die Bauteiltemperierung eine realisierbare Technik vor allem im Hinblick des Bestandsschutzes. In der Ausführung als Heizkabel ist sie relativ leicht nachrüstbar. Man kann sie problemlos auf Fußbodenleisten oder auf Stuckgesimsen befestigen [Bild 34] und somit bieten sie eine akzeptable Lösung bei restauratorisch schwierigen Wandsituationen. Voraussetzung hierfür ist ein entsprechend abgesicherter Elektroanschluss im Gebäude. Die Variante des Heizrohres sollte im Vergleich dazu nur bei größeren Sanierungen nachgerüstet werden. Außerdem kann sie zu einem erheblichen Eingriff in die historische Bausubstanz und somit zu einem irreversiblen Substanzverlust führen.

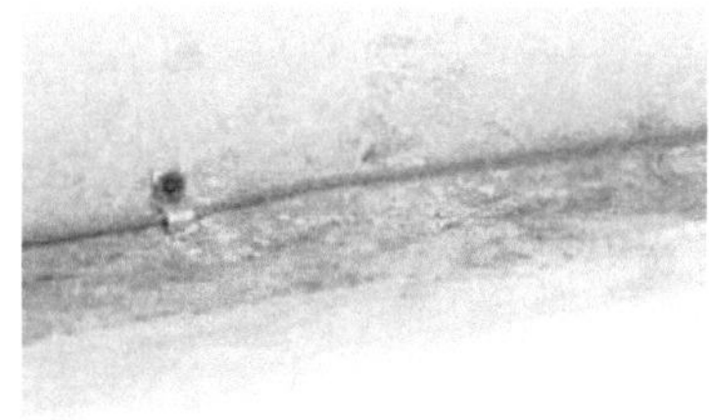

Bild 34: Auf Stuckgesims verlegtes Heizkabel
(Quelle: Fischer, 2004)

Fasst man die Resultate des vorangegangenen Kapitels zusammen, so sind folgende lokal beschränkte Einsatzgebiete der Bauteiltemperierung noch einmal zu benennen:

- Verhinderung von Schimmelbildung an gefährdeten Wandbereichen
- Schadensbekämpfung von Feuchteschäden durch Sommerkondensat und Tauwasserausfall (z.B. Sockelbereiche an Wänden)
- Schutz einzelner Bauteile oder Skulpturen vor Feuchteschäden
- Schutz von Auflagerbereichen von Holzkonstruktionen (Deckenbalkenauflager)

4.3 Raumtemperierung

Bei der Sanierung eines Gebäudes ist in der Vorplanungsphase zu klären, welcher Anforderung eine Raumtemperierung entsprechen soll. Der Planung muss eine Grundfrage vorausgehen: Beabsichtigt sie, ein Gebäude oder einen Raum durch Grundtemperierung bauphysikalisch zu stabilisieren oder soll mit ihrer Hilfe eine Behaglichkeitstemperatur erzielt werden. Für eine Grundtemperierung ist die so genannte „Minimalanlage" nach Angaben des BLfD in den meisten Fällen ausreichend. Sie sieht eine Umfahrung der Räume im Sockelbereich und, wenn nötig, auch in den Fensterleibungen vor. Die Ausführungsmöglichkeiten dieser Anlage sind im Kapitel 2.4 (Bild 8) bereits dargelegt worden. Als alleinige Heizung für Wohnzwecke (Raumtemperierung) reicht diese minimale Rohrführung nicht mehr aus, wie das Wohnhaus (1. Etage) der Familie Bruns belegt. In diesem Beispiel sind an den Wänden mehr Rohre verlegt worden als nach Angaben des BLfD nötig wären. Durch jene umfangreiche Verlegung an Wänden nähert sich die Raumtemperierung stark der herkömmlichen Wandheizung an. Dies verdeutlicht Bild 35 sehr genau.

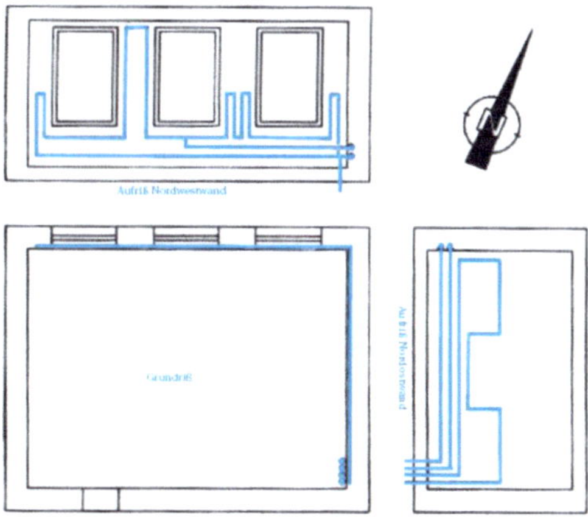

Bild 35: Verlegeschema der Temperierleitungen im Gymnasium Hattingen (siehe Anlage 3) (Quelle: Leipoldt, 2004)

Die jetzige Form der Minimalanlage wurde Anfang der Neunziger Jahre vor allem für Gebäude massiver Bauart, wie sie Burgen, Schlösser und Museen aufweisen, entwickelt. Die in diesen Gebäuden anzutreffenden starken Wandquerschnitte stellen bei einer entsprechenden thermischen Aktivierung eine ideale Wärmedämmung dar. Wie Untersuchungen belegen, kommt es in solchen Gebäuden nur sehr selten zu Minusgraden in den Räumen (siehe Bild 18). [Vgl. Freytag, 2005, S. 17] Die am Anfang benötigte Energiemenge zum Aufheizen der Räume sinkt nach wenigen Wochen bzw. Monaten stark ab. Die in diesen Gebäuden eingesetzte Minimalanlage erfüllt ihre Aufgabe der Grundtemperierung bis hin zur Raumtemperierung vollkommen. Diese positiven Auswirkungen zeigen sich beispielsweise in den Ausstellungsräume im Schloss Trebsen und im Schloss Letzlingen [Bild 36].

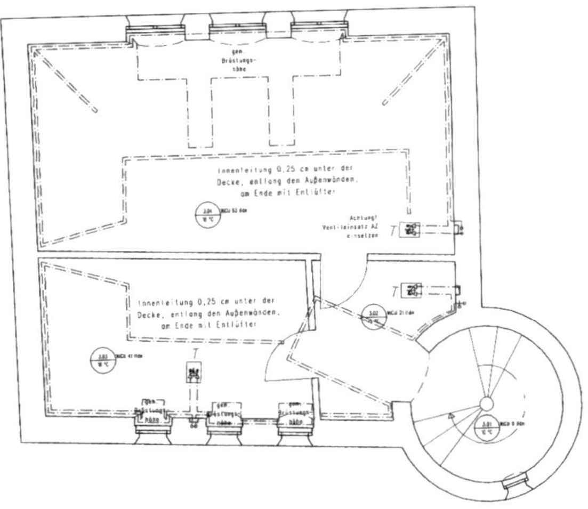

Bild 36: Verlegeschema der Grundtemperierung im Torhaus des Schlosses Letzlingen
Rot – Vorlaufleitung, Blau – Rücklaufleitung (Quelle: Lindemann)

Das Einsatzgebiet und die baulichen Anforderungen lassen sich wie folgt eingrenzen. Eine Raumtemperierung in Form der Minimalvariante wird in Gebäuden schwerer Bauart (z.B.: Gebäude mit Gewölbekonstruktionen) oder in Kellern (Tiefkeller) eingesetzt und erfüllt die an sie gestellten Anforderungen hinsichtlich höherer Raumlufttemperaturen. Je leichter die bauliche Konstruktion wird, desto mehr Rohre müssen verlegt werden, damit die gleichen Anforderungen an die Raumlufttemperatur eintreten. Es muss jedoch immer unterschieden werden, welche Ansprüche an eine Temperierung gestellt werden. In einer Kirche sind die geforderten Raumtemperaturen im Winter andere als in einer Schule oder einem Wohnbau. Dies wirkt sich entscheidend auf die Menge der zu verlegenden Rohre und die benötigte Vorlauftemperatur aus. Bei einer Raumtemperierung ist ebenfalls zu bedenken, dass man kaum über Reserven verfügt, wenn sich die Anforderungen an ein

Gebäude ändern. Eine Nachrüstung kann dann nur durch Anbringen zusätzlicher Heizkörper geschehen.

Einen positiven Nebeneffekt stellt die Grundtemperierung zur Verfügung, indem sie zu einem großen Teil ohne sichtbare Heizkörper auskommt und dadurch eine architektonisch anspruchsvolle Heiztechnik darstellt. Außerdem wird die Raumluft durch eine Temperierung nicht mit Staub belastet. Dies und die Tatsache, dass im Raum eine geringere Raumlufttemperatur herrscht als bei einer herkömmlichen Heizung bringt einen physiologischen und restauratorischen Vorteil.

Ein gelungenes Einsatzgebiet für eine Grundtemperierung ganzer Gebäude mit dem Hauptziel des Gebäudeschutzes, stellen Objekte in Freilichtmuseen dar. In einem Bericht von Kleinmanns werden positive Erfahrungen im Westfälischen Freilichtmuseum Detmold wiedergegeben. In diesem Museum sind bis 2001 allein 26 Temperieranlagen installiert worden. Nach Aussage Kleinmanns erfüllen alle Anlagen die in sie gesetzten Erwartungen, vor allem auf dem Gebiet des Gebäudeschutzes. Als ein positives Beispiel nennt er ein Fachwerkhaus, an dem man schon an der Außenfassade den Wirkungsbereich der Temperierung erkennen kann [Bild 37]. [Vgl. Kleinmanns, 2004, S.193 ff] Für solche nicht mehr in ihrer ursprünglichen Art genutzten Gebäude, ist die Grundtemperierung eine akzeptable Erhaltungsmaßnahme. Hier werden durch überlegten Einsatz der positiven Wirkungen einer Grundtemperierung die notwendigen laufenden Erhaltungs- und Sanierungsmaßnahmen hinausgezögert und damit Sanierungskosten gesenkt.

Bild 37: Fachwerkhaus im Westfälischen Freilichtmuseum Detmold, deutlich erkennbar die unteren zwei temperierten Etagen – keine Farbschäden im Außenbereich (Quelle: Kleinmanns, 2004)

Somit ergeben sich für das Einsatzgebiet einer Minimalvariante als *Raumtemperierung* vor allem:

- massive Gebäude mit hoher thermischer Trägheit
- Räume mit kleiner Grundfläche,

und als *Grundtemperierung*:

- Gebäude mit einer hohen denkmalpflegerischen Substanz
- Gebäude mit einer geringen Anforderung an die Raumlufttemperatur.

Um die Wirksamkeit der Temperierung zu gewährleisten, sollten folgende Parameter eingehalten werden:

- kein großer Luftaustausch durch undichte Gebäudefugen (z.B. Fenster)
- Temperaturschwankungen der Raumluft durch große Fensterflächen verhindern.

4.4 Umgang mit Normen und Energieversorgung

Im Folgenden richtet sich der Blick zum einen auf die Problematik der Begriffszuweisung sowie zum anderen auf die Energieversorgung, beides Aspekte, die sowohl im Zusammenhang mit der Raum- als auch mit der Bauteiltemperierung stehen.

Ein Problem für das „Verfahren" Temperierung ist die Anwendung von Normen und Richtlinien, da keine verbindlichen Regeln existieren. Dies hat zur Folge, dass Planer, Architekten und Bauherren auf einer rechtlich schwierigen Ebene im Bereich der Gewährleistung agieren müssen. Oft kann die Temperierung nur dann eingesetzt werden, wenn der Bauherr gegenüber dem Planer oder Architekten auf eine Gewährleistung bezüglich des gewünschten Erfolges verzichtet. Aus diesem Grund benötigt die Temperierung, um bei historischer Bausubstanz angewendet zu werden, Befürworter in Ämtern, deren Handlungsspielraum auch solche technisch und rechtlich kaum definierten Projekte einschließt. Diese Tatsache sowie die scharfe Kritik verhindern, dass die Temperierung flächendeckend angewandt wird. Der Bereich der Bauteiltemperierung ist davon weniger betroffen, da es sich hierbei lediglich um eine örtlich begrenzte Technik in einem Gebäude handelt, die nur den Anspruch hat kleinere Wandabschnitte zu erwärmen. Angesichts des Energiebedarfs für die Temperierung bietet es sich für die Zukunft an, über den Einsatz regenerativer Energiequellen (z.B. Solarenergie) nachzudenken, da man so eine ökologisch sinnvolle Energieversorgung sicherstellen kann. Untersuchungen dazu wurden von Freytag im Inspektorenhaus des Rittergutes Trebsen durchgeführt und ausgewertet. [Vgl. Freytag, 2005] Der Nutzer einer Temperierung muss allerdings für die erzielten positiven Resultate entweder höhere Energiekosten bei der Nutzung herkömmlicher Energie oder höhere Installationskosten durch eine Solaranlage berücksichtigen. Man kann jedoch durch systematisches Betreiben, d.h. vorwiegend in Situationen, in denen sich Kondensat bildet, versuchen, die entstehenden Kosten zu senken. Doch dies erfordert den Einsatz von kostenintensiver Mess- und Regeltechnik, die von geschultem Personal gewartet werden muss. Jene Wartungsarbeiten sowie der Energieeinsatz zum Gebäudeschutz sind weitere Kosten, die der Besitzer eines Gebäudes zusätzlich tragen muss. Abschließend ist zu konstatieren, dass die Anwendung einer Temperierung zum Gebäudeschutz nur dann in Erwägung gezogen werden sollte, wenn die Schadensursache erkannt und eine gewissenhafte Planung die Lage der Heizleitung bestimmt. [Vgl. Rahn, 2002]

4.5   Forschungsausblick

Die vorliegende Arbeit zeigt, dass gegenwärtig große Mängel auf dem Gebiet der Temperierung bestehen. Wie die Kapitel 2 und 3 verdeutlichen, gibt es zahlreiche Veröffentlichungen, die theoretische Grundlagen, realisierte und wissenschaftlich betreute Objekte zum Gegenstand haben. Jedoch mangelt es den meisten Publikationen an Vergleichsmöglichkeiten untereinander, denn sie verfügen über unterschiedliche Zielstellungen und Gebäudekonstruktionen.

Für die weitere Forschung zum Thema „Temperierung" wäre es von Vorteil, annähernd identische Objekte hinsichtlich Gebäudekonstruktion und Zielstellung der Temperierung zu finden, um eine Vergleichsebene zu schaffen. Des Weiteren existieren große Defizite in Bezug auf Energieverbrauchsdaten temperierter Gebäude. In Zukunft wäre die Einrichtung einer Datenbank mit temperierten Gebäuden, die inhaltlich an den „Fragebogen Eckermann" sowie an den Tabellen der Anlage 1 angelehnt ist, wünschenswert. Dies könnten Gebäude als Vertreter der fünf Gebäudekategorien (Kirche, Schloss/Burg, Museum, öffentliches Gebäude, Wohnhaus) einer Region sein. Das Projekt sollte regional angelegt sein, da die Recherche zur vorliegenden Arbeit gezeigt hat, wie wichtig die Erreichbarkeit der Objekte ist, um sie ausreichend und vor allem auch nachhaltig betreuen und „überprüfen" zu können. Wesentliche Voraussetzung für die Aufnahme in die Datenbank sollte das Vorhandensein von bereits erhobenen Daten (zum Energieverbrauch) des früheren Heizungssystems sein. Nur so kann man stichhaltige Aussagen über den Energieverbrauch von Temperieranlagen treffen, indem man sie mit vorhergehenden Heizungsanlagen vergleichen kann.

Ebenso auffällig ist ein Mangel an Publikationen, die Untersuchungen zu Temperieranlagen in Wohngebäuden zum Forschungsgegenstand machen. Wohngebäude unterscheiden sich in ihrer Bauart massiv von anderen Gebäudetypen, wie z.B. Schlössern und Museen, da sie im Vergleich zu ihnen oft eine leichtere bauliche Konstruktion aufweisen. In bisherigen Publikationen wurde dieser Umstand kaum beachtet, der Schwerpunkt bei den Veröffentlichungen liegt gegenwärtig immer noch auf den vier anderen Gebäudekategorien. Daher könnte die Grundlage neuer Forschungsintention die Klärung der Frage sein, ob die Minimalvariante des BLfD in der Lage ist, Wohngebäude allein zu beheizen und es böte sich an, nachhaltig zu erforschen, inwieweit Temperierung in solchen Gebäuden sinnvoll eingesetzt werden kann. Dieses Forschungsinteresse ist vor allem dem Umstand geschuldet, weil das in der vorliegenden Arbeit untersuchte Objekt „Wohnhaus Bruns" diverse Mängel zeigt. Ob diese aufgrund einer falschen Installation oder eines fehlerhaften Betriebs entstanden, bleibt ungeklärt. Zu vermuten wäre, dass die mangelhafte Leistung im Obergeschoss auf zu wenig installierte Meter Rohr, einen zu hohen Transmissionswärmeverlust der Außenwände oder zu geringe Vorlauftemperaturen zurückzuführen ist. Da keine vergleichbaren Daten ähnlicher Gebäude veröffentlicht sind, kann eine Wertung dieses Objektes nur schwer erfolgen.

Weiterer Forschungsbedarf besteht auch bei den folgend skizzierten Angaben. Nicht ausreichend Beachtung wird der Frage danach geschenkt, welcher Bereich bei einer Temperieranlage für die Wärmeabgabe an die Raumluft maßgebend ist, ob es der unmittelbare Nahbereich um das Temperierrohr oder die durch aufsteigende Warmluft erwärmte Wandoberfläche ist. Ebenso bleibt fraglich, inwiefern es sinnvoll ist, eine Temperierung nach Vorgaben des BLfD an den Wärmeverlustflächen ganzjährig zu betreiben. Das Beispiel Bruns zeigt, dass flankierende bauliche Maßnahmen im Sockelbereich ebenso für trockene Außenwände sorgen können und der sommerliche Einsatz der Temperierung somit unnötig ist.

Somit ergeben sich folgende vier Forschungsschwerpunkte:

- Datenbank für vergleichbare Untersuchungen zu installierten Temperieranlagen
- spezielle Untersuchungen zu Möglichkeiten der Temperierung in Wohngebäuden
- Art der Wärmeübertragung von Temperieranlagen
- Zweckmäßigkeit eines ganzjährigen Betreibens einer Temperierung.

Weitere Untersuchungsziele stellen dar:
- Erforschung der Auswirkung der Temperierung auf salzbelastetes Mauerwerk sowie die Dokumentation der Salzverteilung und -wanderung
- Untersuchung des Feuchtetransports und der Feuchtelagerung in temperierten Außenwänden (Wohin wird Feuchte durch Temperierung verdrängt?)
- Möglichkeiten einer Bauwerkstrockenlegung durch Temperierung, Ermittlung des dafür nötigen Energieverbrauchs
- Messungen auftretender Transmissionswärmeverluste von Außenwänden mit Temperierung
- Analyse der thermischen Trägheit temperierter Gebäude (Aufheizversuch).

Im vorangegangenen Kapitel erfolgte eine Begriffsbestimmung der Temperierung sowie eine Unterteilung in Grund- und Raumtemperierung. Diese Klärung soll die Basis bilden für die nun folgende Darstellung der Untersuchung im Rittergut Trebsen. Hier sind eine Bauteiltemperierung zur Verhinderung von Sommerkondensat an Kellerwänden, eine Grundtemperierung zur Trocknung von durchfeuchtetem Mauerwerk[57] und eine Raumtemperierung in Ausstellungsräumen installiert worden.

Ziel dieses Kapitels ist es, die Einsatzgebiete und Grenzen der unterschiedlichen Temperiersysteme am Beispiel des Ritterguts Trebsen aufzuzeigen. Aufgrund eines engen und langjährigen wissenschaftlichen Austauschs zwischen dem Förderverein des Schlosses Trebsen[58] und der HTWK Leipzig ist es möglich, in den Räumen mit eingebauten Temperieranlagen Messungen durchführen sowie auf zwei Voruntersuchungen der anschließend vorgestellten Temperieranlagen zurückgreifen zu können.

5.1   Rittergut Trebsen

Der Ursprung des Rittergutes Trebsen [Bild 38] geht auf die Mitte des 12. Jahrhunderts zurück. Die damals entstandene Wasserburg an der Mulde ist von 1522 bis 1524 zu einer vierflügeligen Schlossanlage umgebaut worden, die im 18. und 19. Jahrhundert erweitert worden ist. Noch heute sind umfangreiche Strukturen aus der Spätgotik, der Renaissance und dem Barock zu erkennen. [Vgl. Schwarz, 1993 S. 197] Neben dem Schloss befindet sich der Wirtschafthof mit dem um 1800 errichteten spätbarocken Inspektorenhaus.

---

[57] Diese Zielstellung erfolgte beim Einbau der Temperierung.
[58] Betreiber des Ritterguts Trebsen ist der Förderverein für Handwerk und Denkmalpflege e.V.

Bild 38:Rittergut Trebsen mit Wirtschaftshof (links) und Schlossanlage (rechts)
(Quelle: Freytag, 2005)

Als Baumaterial des Rittergutes wurden vor allem der in der Gegend abgebaute Quarzporphyr und gebrannte Ziegel verwendet. Seit 1992 laufen im Schloss und Wirtschaftshof umfangreiche Sanierungsarbeiten, bei denen unter anderem Temperieranlagen für die unterschiedlichsten Zielstellungen eingesetzt werden.

In diesem Abschnitt werden drei Temperieranlagen und begleitende Untersuchungen kurz vorgestellt. Detaillierte Darstellungen und Ergebnisse der Messungen befinden sich in der Anlage 2.

5.1.1 Bauteiltemperierung im Keller des Inspektorenhauses

Der Keller wurde bis zur Flutkatastrophe im August 2002 vor allem als Lagerraum für Brennholz und Kohlen genutzt. Bei den Aufräumarbeiten sind große Teile des durchnässten Putzes und die Fußbodenziegel entfernt worden. Durch ein Forschungsprojekt, gefördert von der Deutschen Bundesstiftung Umwelt (DBU), mit dem Titel „Erhalt und Nutzung temporär genutzte Gebäude – Vermeidung von Feuchteschäden durch Nutzung regenerativer Energiequellen" [Vgl. Freytag, 2005 und Anlage 2] war es möglich, eine Bauteiltemperierung zu installieren und umfangreiche Untersuchungen durchzuführen. Weiterhin konnten durch die Forderung des Einsatzes von regenerativen Energiequellen Solarmodule auf dem Dach des Inspektorenhauses angebracht werden [Bild 39]. Zur Vorbereitung der Forschungsarbeit wurden umfangreiche Untersuchungen (auch die Arbeit begleitend) durchgeführt und ausgewertet.

Bild 39: Inspektorenhaus im Wirtschaftshof des Ritterguts Trebsen
(Quelle: Freytag, 2005)

Voruntersuchung

Die Kellerwände dieses teilweise unterkellerten Gebäudes bestehen vorwiegend aus Naturstein, vor allem aus Quarzporphyr. Die Versuchswände sind im Rahmen eines Praktikums im Frühjahr 2003 durch den Verfasser dieser Arbeit ausgewählt worden. In einem ersten Schritt erfolgte eine Nullmessung der Außenwände, bei denen der Feuchte- und Salzgehalt bestimmt worden ist. Im Bild 40 sind Ergebnisse der Feuchteuntersuchung für die Probenachse I/G und im Bild 41 die Salzbelastung nach den Belastungsstufen von Arendt/Seele dargestellt.

Deutlich wird, dass eine hohe Durchfeuchtung der Wandquerschnitte über die gesamte Höhe und in bestimmten Wandbereichen ein hoher Versalzungsgrad an der Wandoberfläche vorlag.

Mit Hilfe der Untersuchungsergebnisse wählte man drei fast identische Wandabschnitte in Bezug auf Baumaterial und Wandstärke aus. Im Anschluss wurden die Kellerräume vom Förderverein saniert, wobei die Wände verputzt wurden und der Fußboden einen neuen Belag aus Ziegelsteinen bekam.

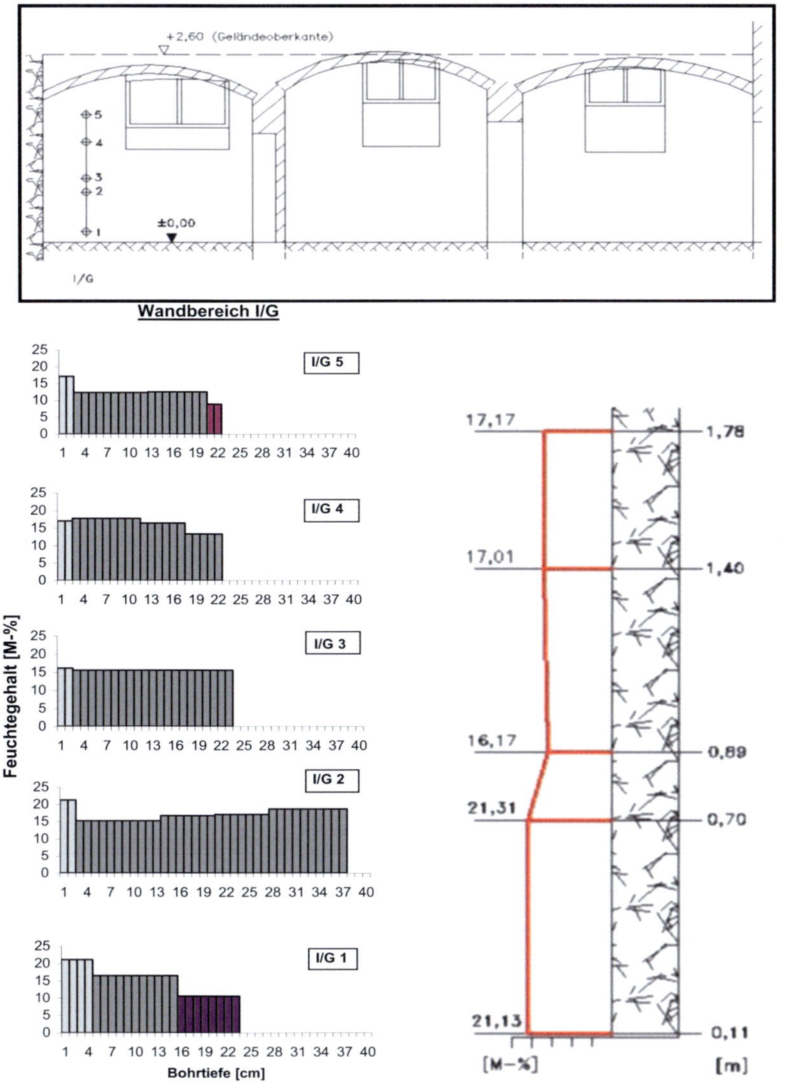

Bild 40: Raum 03; Feuchteverteilung; Referenzraum ohne Bauteiltemperierung, linke Probenachse [59] (Quelle: Löther, 2005)

---

[59] Wandmaterial

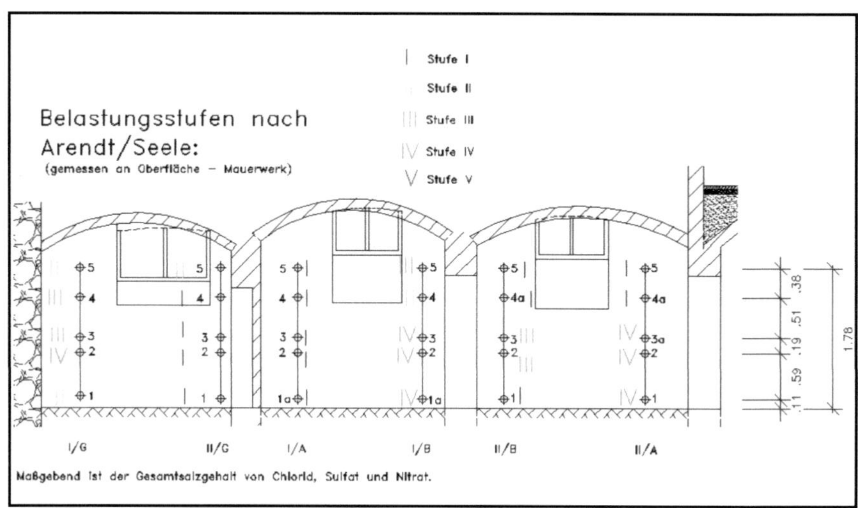

Bild 41: Salzbelastungsstufen der Versuchswände nach Arendt/Seele (Quelle: Löther, 2005)

Versuchskonzept

In einem zweiten Schritt baute man im Frühjahr 2004 nach den Angaben von Dr. Freytag die Bauteiltemperierung an zwei der drei Versuchswänden (Raum 02) ein [Bild 42]. Der dritte Wandbereich (Raum 03) diente als spätere Referenzwand. Im Raum 02 wird der Wandbereich 1 kontinuierlich und Wandbereich 2 diskontinuierlich über die Solaranlage beheizt. [Vgl. Freytag, 2005]

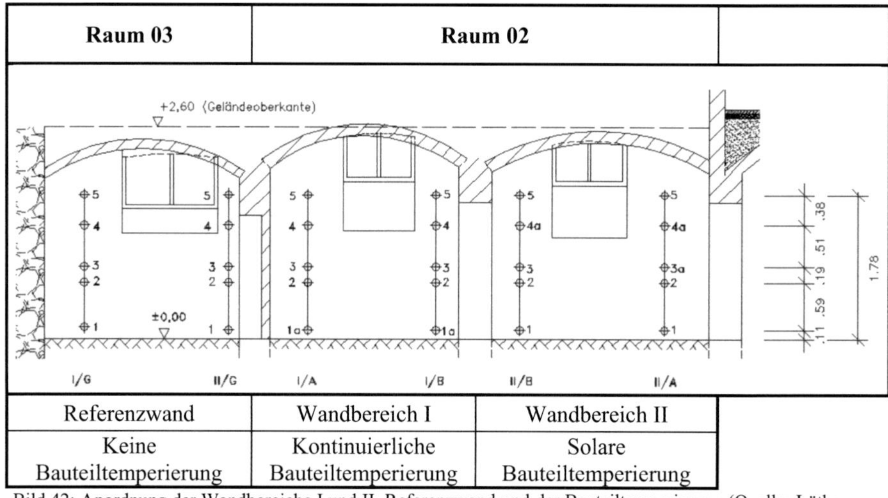

Bild 42: Anordnung der Wandbereiche I und II, Referenzwand und der Bauteiltemperierung (Quelle: Löther, 2005)

Ziel der Untersuchung ist es vor allem herauszufinden, in wie weit man durch eine diskontinuierliche Beheizung durch den Betrieb einer Solaranlage im Sockelbereiche eine Tauwasserbildung, vor allem von Sommerkondensat, verhindern kann. Um die Schwankung der Energiezufuhr im Tagesverlauf auszugleichen, wurden die Rohre so tief verlegt[60], dass die thermische Speicherfähigkeit des Mauerwerkes ausgenutzt wurde [Bild 43]. [Vgl. Freytag, 2005]

Bild 43: Lage der Temperierleitung am Wandsockel (Quelle: Freytag, 2005)

Auswertung

Nach dem Einbau begann man mit umfangreichen Messungen, z.B.: von Vor- und Rücklauftemperatur, Raum- und Außenklima sowie Wandtemperaturen in unterschiedlichen Wandhöhen. Der Aufbau der Messtechnik im Kellerraum 02 ist im Bild 44 dargestellt. Im folgenden Jahr ermittelte man viermal die Wandoberflächenfeuchte mit drei unterschiedlichen Feuchtesonden[61]. Im Mai 2005 erfolgte eine gravimetrische Feuchtebestimmung des ersten Zentimeter Wandputzes [Bild 45]. Außerdem führte man während des Untersuchungszeitraumes (April 2004 bis Mai 2005) visuelle Beurteilungen der Veränderungen des Wandputzes durch und erfasste sichtbare Salzausblühungen graphisch. [Vgl. Freytag, 2005] Im Bild 46 wird der visuelle Zustand vom 10.05.2005 der Wandoberflächen dargestellt.

---

[60] Die Einbautiefe betrug ca. 8-9 cm unter Oberkante Fußboden.
[61] GANN: Aktiv-Elektrode B 50; AHLBORN: Materialfeuchtesonde FH A696-MF; Protimeter

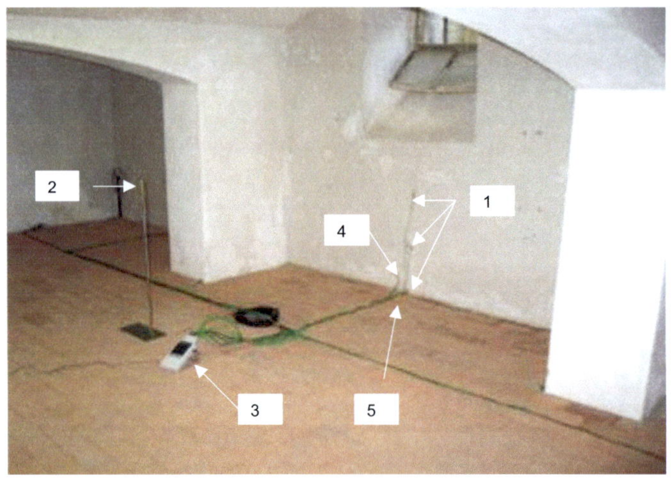

1	Messung Wandoberflächentemperatur (im Wandbereich mit kontinuierlicher Bauteiltemperierung sowie in Raum 03 analoge Anordnung)
2	Erfassung Raumklima (in Raum 03 analoge Anordnung)
3	Datenlogger
4	Fühler der Regelung der Solaranlage zur Erfassung der Wandtemperatur (Solange die Wandtemperatur kleiner als die Austrittstemperatur des Kollektors ist, wird die Solaranlage betrieben)
5	Messung der Oberflächentemperatur der Temperierleitung

Bild 44: Raum 02; Anordnung der Messtechnik (Quelle: Freytag, 2005)

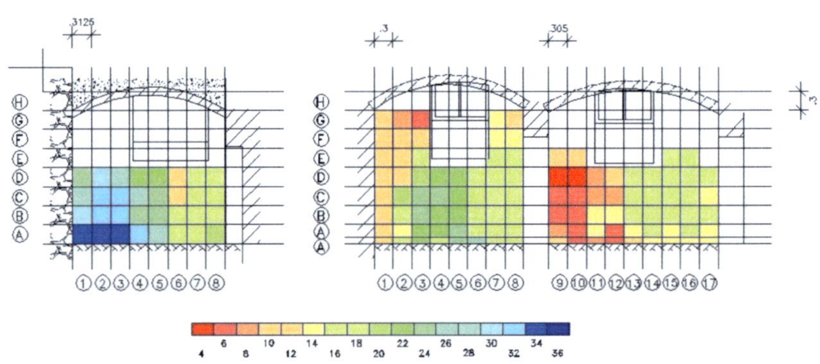

Bild 45: Gravimetrisch bestimmte Putzfeuchte des ersten Zentimeters Wandputz; Messung vom 10.5.2005
(Quelle: Löther, 2005)

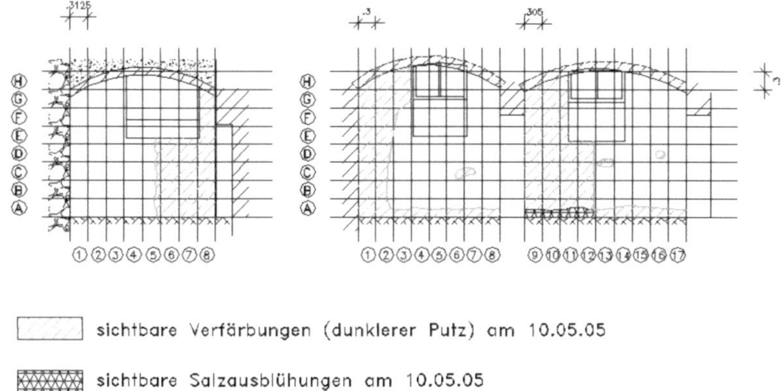

Bild 46: Sichtbare Putzverfärbungen und Salzschäden, Stand 10.05.2005 (Quelle: Löther, 2005)

Anhand der durchgeführten Messungen konnte festgestellt werden, dass kein Zusammenhang zwischen dem Feuchtegehalt des Putzes und dem thermischen Wirkbereich der Bauteiltemperierung besteht. Des Weiteren wurde durch den Einsatz einer Bauteiltemperierung die Gefahr von Salzausblühungen auf der Putzoberfläche deutlich erhöht. [Vgl. Freytag, 2005, Anlage 2, Blatt 51] Thermische Schwankungen durch die Solaranlage über den Tagesverlauf konnten jedoch durch die 8 cm bis 9 cm tief verlegten Rohre abgepuffert werden.

Somit ergeben sich bei der Bauteiltemperierung im Keller des Inspektorenhaus (im Rittergut Trebsen):

- ein sehr geringer Einfluss der Bauteiltemperierung auf den Feuchtegehalt des Putzes
- Salzausblühungen im Sockelbereich bei diskontinuierlicher Temperierung
- thermische Speicherfähigkeit des Mauerwerkes wurde angeregt.

Zu beachten bleibt, dass durch gegebene technische Komponenten die Wirkung der Bauteiltemperierung gemindert wurde, da auf den Einbau einer Umwälzpumpe mit veränderlichem Förderstrom aus Kostengründen verzichtet wurde. An Tagen mit intensiver Sonneneinstrahlung kam es daher zum Abschalten der Solaranlage, da die maximal zulässige Betriebstemperatur überschritten wurde.

Detailliert wird dieser Versuch im Forschungsbericht von Freytag [Vgl. Freytag, 2005] und auszugsweise in der Anlage 2 in dieser Arbeit beschrieben. Zu diesem Forschungsvorhaben liegt dem Verfasser eine Stellungnahme des BLfD vor, die sich ebenfalls in der Anlage 2 befindet.

5.1.2 Temperierung der Schwarzküche

Die Schwarzküche befindet sich im Nordflügel des Schlosses Trebsen und ist teilweise unterkellert. Das Dach dieses Schlossteils wurde 1946/47zerstört und erst 1994/95 wieder aufgebaut. Die Temperierung in der Schwarzküche installierte man mit der Zielstellung, eine thermische Trockenlegung der Außenwände zu erzielen.

Voruntersuchung

2001, kurz vor Inbetriebnahme der Temperierung, erfolgte im Rahmen einer Diplomarbeit die Nullmessung der Außenwände. Bei dieser Arbeit wurde der Feuchte- und Salzgehalt des Baumaterials ermittelt. Die gemessenen Werte des Feuchtegehaltes lagen zwischen 0,3 und 6,3 M-%, die Werte von 4 bis 6 M-% jedoch in einer Wandtiefe von 30 bis 50cm. [Vgl. Schönfeld, 2002] Bei der Salzuntersuchung ist Bohrmehl nach Anionen der Schadsalze Sulfat, Chlorid und Nitrat untersucht worden. Die Ergebnisse stellte man anschließend mit Hilfe der WTA – Belastungsstufen [WTA 4-5-99/D] dar, die Konzentrationen ergaben jedoch nur eine geringe Belastung aller drei Schadsalze. Unter Einbeziehung der Tatsache, dass dieser Teil des Schlosses fast 50 Jahre ohne Dach war, sind die Werte der Nullmessungen nicht besonders verwunderlich. Seit dem Wiederaufbau des Daches 1994/95 trockneten die Wände bereits auf ein Restminimum ab. Des Weiteren gibt es keine Anzeichen für die Wirkung von Schadsalzen, da dieser Teil des Schlosses wahrscheinlich auf gewachsenem Fels gegründet worden ist und somit das Aufsteigen von Grundwasser äußerst begrenzt möglich ist.

Nachuntersuchung und Auswertung

Bei der Nachuntersuchung im Juni 2005[62] konnten keine neuen Bohrproben entnommen werden, da die Schwarzküche heute als Lebensmittellager genutzt wird. Durch eine

---

[62] Diese Messungen erfolgten durch Thomas Löther im Rahmen der Diplomarbeit.

zerstörungsfreie Untersuchung der neu verputzten Wandoberflächen mit Hilfe eines Protimeter[63] konnte festgestellt werden, das alle untersuchten Stellen sich im lufttrockenen Bereich befanden. Die Temperierung war zum Untersuchungszeitpunkt nicht in Betrieb. Bei Betreten der Schwarzküche ist dennoch die mit ca. +20°C hohe Raumlufttemperatur auffällig, die man in einem Raum mit Außenwänden von bis zu 1,60 m Wandstärke nicht erwartet. Erfahrungsgemäß ist bei Räumen schwerer Bauart eine niedrigere Raumtemperatur anzutreffen, da die Mauern sehr träge auf Temperaturänderungen reagieren. Diese hohe Raumtemperatur ergibt sich jedoch durch die Abwärme einiger Kühlschränke, die sich in der Schwarzküche befinden.

Fraglich bleibt, ob die Grundtemperierung in der Schwarzküche bei dem derzeitigen baulichen Zustand einen Einfluss auf die Trocknung der Außenwände hat. Durch die Erneuerung der Dächer und der Lage auf einer Felskuppe ist es kaum möglich, dass neue Feuchte in das Mauerwerk eingetragen werden kann. Eine Belastung durch hygroskopisch wirkende Schadsalze war ebenso nicht feststellbar. Die Abwärme der Kühlschränke reicht völlig aus, um die Raumlufttemperatur anzuheben, die thermische Speicherfähigkeit des Mauerwerkes anzuregen und somit die Gefahr von Tauwasserausfall zu mindern auch ohne die Temperierung zu betreiben. Bei einer zukünftigen Nutzung dieser Räume als Schauküche kann es dann zu einem Einsatz der Temperierung kommen, da externe Wärmequellen (Kühlschränke) nicht mehr vorhanden sind.

Ein Kritikpunkt ist der Substanzverlust, der durch eingebrachte Schlitze für die Temperierleitung entsteht. Dies gilt auch für Wände mit originaler Bausubstanz [Bild 20], selbst dann, wenn die Temperierleitungen unter Putz „verschwinden". Daher muss vor jeder Ausführung eine gewissenhafte Planung erfolgen um solche nicht reversiblen Eingriffe zu verhindern oder auf ein Minimum zu begrenzen.

5.1.3 Temperierung der Ausstellungsräume

Die Ausstellungsräume [Bild 47] befinden sich im Erdegeschoss des Westflügels im Schloss Trebsen. 1994/95 wurde eine Sockeltemperierung eingebaut, um diese Räume damals für Seminarveranstaltungen nutzen zu können und um eine Raumheizung ohne die

---

[63] Dieses Gerät liefert keine direkten Angaben über eine Feuchtebelastung. Einschätzung erfolgt über einen Farbcode: grün – lufttrocken, keine Schäden durch Feuchte möglich, gelb – Feuchteschäden möglich, rot – Feuchteschäden unumgänglich. [Vgl. Arendt, 2000, S. 32]

Verwendung sichtbarer Heizkörper zu erreichen. Dazu wurden Heizrohre bei der Sanierung unter den neuen Putz verlegt. Die Rohre umfahren den Sockelbereich der Räume und in die Fensterleibungen sind zusätzliche Schleifen verlegt worden. Da man aus Kostengründen keine Wärmemengenzähler installiert hat, gibt es keine Angaben über den Verbrauch in diesen Räumen. Ebenso wenig existieren genaue Daten über die Vorlauftemperatur. In den Sommermonaten wird die Temperierung nur bei Bedarf automatisch zugeschaltet.

Bild 47: Ausstellungsraum im Schloss Trebsen,
Zustand Juni 2005 (Quelle: Löther, 2005)

Bei einer Begehung dieser Räume im Juli 2005 wurden zur Vorbereitung der Diplomarbeit an mehreren Punkten im Putz Hohlstellen entdeckt, deren Ursprung nicht geklärt werden konnte. Es war zu vermuten, dass die Temperierung durch ihren temporären Einsatz Schadsalze in den neuen Putz transportiert hat, die dort zu den vorgefundenen Putzablösungen (durch ihren Kristallisationsdruck) geführt haben könnten. Um diese Vermutung zu bestätigen oder zu widerlegen, wurden zwei Hohlstellen des Putzes untersucht und Materialproben entnommen. Bei der Klimauntersuchung eines Bohrlochs einer Hohlstelle wurden die gleichen Klimawerte wie in der umgebenden Raumluft der Ausstellungsräume gemessen. Somit konnte ausgeschlossen werden, dass sich in diesen Hohlstellen hygroskopisch wirkende Salz angereichert haben, da sonst der Feuchtegehalt des Bohrloches höher gewesen wäre als die umgebende Raumluft. Bei der Probenentnahme fand man keine sichtbaren Spuren von Schadsalzen auf der Putzoberfläche der Hohlstellen. Die Proben wurden auf ihren Salzgehalt hin untersucht, wobei lediglich Spuren von Nitrat nachgewiesen werden konnten. Somit kann eine Auswirkung durch die Temperierung auf diese Schadstellen im Putz ausgeschlossen werden. Die Ursache für diesen Schaden ist bei der Verarbeitung des Kalkputzes zu suchen. Diese Vermutung bestätigte Bielefeld[64], der berichtete, dass die Temperierung nach ihrer Installation auf ca. 80°C aufgeheizt wurde um eine schnelle Austrocknung des Putzes herbeizuführen. Dadurch konnte der Putz an einigen Stellen nicht richtig abbinden und es haben sich die vorgefundenen Schollen gebildet.

Bei der Untersuchung einer kleinen Salzausblühung an der Leibung einer zweiflügligen Haustüre konnte Nitrat in einer geringen Belastung festgestellt werden. Diese Ausblühung befindet sich ca. 6 cm – 8 cm neben der 5 cm tief eingeputzten Temperierleitung. Im unteren Anschlag des Tores befindet sich eine sichtbar undichte Stelle, so dass am Sockelbereich ständig und unkontrolliert Luft von außen entlang streicht. Wenn an dieser Putzoberfläche die Taupunkttemperatur unterschritten wird, kommt es aufgrund von Adsorption zu einer erhöhten Feuchteaufnahme der Putzoberfläche und die sich in der Wand befindenden Nitrationen werden durch Lösung an die Putzoberfläche transportiert und so entsteht das auf Bild 48 dargestellte Schadbild. Ungeklärt bleibt die Frage, ob dieser Schaden durch einen ganzjährigen Betrieb der Temperierung zu vermeiden wäre.

---

[64] Gespräch mit Bielefeld am 12.08.2005 in Trebsen

Bild 48: Salzausblühung im Wandbereich II, neben dem Toranschlag
(Quelle: Löther, 2005)

5.2   Schlussfolgerung

Die Unterteilung der Temperieranlagen im Rittergut Trebsen zeigt, dass die Begriffs-
bestimmung aus Kapitel 4 berechtigt ist, da man schon am Terminus die Zielstellung der
Temperierung erkennen kann. Dies ermöglicht ein leichteres Vergleichen der einzelnen
Temperieranlagentypen miteinander. Die drei Temperieranlagen im Rittergut Trebsen
zeigen deutlich die Einsatzgrenzen, Einsatzgebiete und Risiken bei der Installation von
Temperieranlagen.

Für weitere Forschungsergebnisse wäre es sinnvoll, die bereits installierten oder sich noch
in Planung befindende Temperieranlagen im Rittergut Trebsen weiterhin wissenschaftlich
zu betreuen, um Schlussfolgerungen aus deren Betrieb ziehen zu können.

6   Fazit

Temperierung als eine Methode, die äußerst umstritten und deren Gegenstand und die Begrifflichkeit insgesamt weder vereinheitlicht noch genormt sind, zeigt, dass sich eine Auseinandersetzung mit diesem Thema hinsichtlich einer Klärung durchaus anbietet.

Die im Rahmen der vorliegenden Arbeit geführten Gespräche mit Befürwortern und Kritikern der Temperierung verdeutlichte die Kontroverse, die für diese Debatte charakteristisch ist. Einerseits zeigte sich eine ablehnende Einstellung zum Thema der Arbeit, mit der Begründung, dass dazu alles schon veröffentlicht sei, und andererseits ein großes Interesse, da ausführliche und neutrale Veröffentlichungen zur Zeit fehlen. Diese gegensätzlichen Haltungen prägten ebenfalls die besuchten Workshops.

Inwiefern der Informationsgehalt der Publikation zum Einsatzgebiet und zur Wirkungsweise der Temperierung thematisch und wissenschaftlich fundiert ist, war Gegenstand eines Kapitels dieser Arbeit. Zunächst galt es die schriftlichen Stellungnahmen der Entwickler des Systems Temperierung nach Aspekten hin auszuwerten, an denen sich auch andere Autoren in der Literatur orientieren. Die Literaturrecherche hat gezeigt, dass die Aussage des BLfD die Temperierung gelte als alleiniges Mittel bauphysikalische und raumklimatische Probleme lösen zu können, in dieser Arbeit nicht bestätigt werden kann. Dem wäre hinzuzufügen, dass man die Temperierung nicht pauschal auf jeden Gebäudetyp übertragen kann und dass die positive Wirkung der Temperierung oft erst durch flankierende bauliche Maßnahmen eintritt und dauerhaft aufrecht erhalten wird. Des Weiteren hat das dritte Kapitel, das die Auswertung allgemeiner und wissenschaftlicher Veröffentlichungen über realisierte Temperieranlagen zum Gegenstand hatte, gezeigt, dass eine vergleichende Beurteilung über das Einsatzgebiet der Temperierung gegenwärtig kaum möglich ist, aufgrund fehlender begrifflicher Einheitlichkeit. Außerdem weisen die Publikationen zu realisierten Projekten und die wissenschaftlichen Untersuchungsberichte zum größten Teil einen äußerst geringen Informationsgehalt auf, was den Aufbau, den Erfolg und die Wirkungsweise betrifft. Ferner fällt auf, dass die Veröffentlichungen zum Thema „realisierte Temperieranlagen" über einen scheinbar zufälligen Charakter hinsichtlich technischer Daten verfügen, denn die Angaben v.a. über positive Effekte wirken wahllos ausgewählt.

Besonders auffällig ist auf dem Gebiet der Temperierung der Mangel an einer einheitlichen Begriffsbestimmung. Aufgrund unterschiedlichster Begriffe, die man für die Temperierung verwendet, so u.a. Bauteilheizung oder Hüllflächentemperierung, wird der Vergleich unterschiedlicher Anlagenformen und die Diskussion zusätzlich erschwert. Daher entwickelte der Verfasser in der Arbeit eine eigene Begriffsbestimmung, die Temperierung außerdem in Bauteiltemperierung und in Raumtemperierung unterteilt. Erst im Anschluss daran konnten Möglichkeiten und Grenzen der Methoden dieser Temperiersysteme aufgezeigt werden. Der Einsatz der Temperierung wird vor allem begrenzt durch die thermische Speicherfähigkeit eines Gebäudes (Raumtemperierung) und die Größe eines lokalen Schadbildes (Bauteiltemperierung). Die Arbeit sieht als Hauptziel der Bauteiltemperierung den lokalen Bautenschutz, der Grundtemperierung den Bautenschutz gesamter Räume/Gebäude und der Raumtemperierung die Raumnutzung.

Das letzte Kapitel, dass eigene Untersuchungsergebnisse des Projektes Rittergut Trebsen vorstellt, beweist, dass die Unterteilung des Begriffs Temperierung in Bauteil-, Grund- und Raumtemperierung wichtig war. So konnte eine vergleichbare Basis geschaffen werden für die jeweils unterschiedlichen Anlagen mit Projekten an anderen Orten. Die Ergebnisse beweisen, dass die Temperiersysteme im Rittergut Trebsen mit ihren unterschiedlichen Zielstellungen einen erfolgreichen Einsatz ermöglichen. Gleichzeitig wurden aber auch ihre Einsatzgrenzen offensichtlich.

Die Literaturrezeption hat gezeigt, dass die einschlägige Meinung in Kreisen der Befürworter von Temperierung, eine intensive Weiterforschung zu diesem Thema sei im Grunde genommen überflüssig, nicht bestätigt werden kann. Denn besonders die Literaturrecherche verdeutlichte die gegenwärtige Situation, für die ein Forschungsdefizit charakteristisch ist. Das Spektrum für weitere Untersuchungen muss so gestaltet sein, dass für die Temperierung eine verbindliche Richtlinie in naher Zukunft geschaffen werden kann. Forschungsfragen für die Zukunft muss u.a. zum Ziel haben, eine Datenbank für installierte Temperieranlagen anzulegen, die einen Vergleich untereinander ermöglicht, sowie herauszufinden, wie die Wärmeübertragung von Temperieranlagen funktioniert. Dem sind außerdem noch spezielle Untersuchungen zum Einsatz der Temperierung in Wohngebäuden hinzuzufügen.

Literaturverzeichnis

Arendt, C.: Abschlussbericht – Diagnose und Therapie überhöhter Feuchte-/Salzbelastung in historischen Mauerwerkskomplexen. BAU 5030 A. München. 1994. Unveröffentlicht.

Arendt, C.: Thermische Bausanierung: Beheizen und Trockenlegen? In: Arbeitskreis Energieberatung des Freistaates Thüringen bei dem Thüringer Ministerium für Wirtschaft und Infrastruktur: Energieförderung in Thüringen. Energiesparpotentiale im Gebäudebestand. Thermische Bausanierung, Wandheizung. Weimar. Heft 1/1996. S. 41-51

Arendt, C./Seele, J.(a): „Verträgt" ein Baudenkmal eine Bauteiltemperierung?. In: Deutsches Architektenblatt. Berlin. Heft 2. 2000. S. 166-170.

Arendt, C./Seele, J.(b): Feuchte und Salze in Gebäuden. Verlagsanstalt Alexander Koch. Leifelden-Echterdingen. 2000.

Arendt, C.: Altbausanierung. München. Deutsche Verlags – Anstalt GmbH. 2003.

Becker, T.: Erfahrungen mit der Temperierung in Italien. In: Boody, F./Großeschmidt, H./Kippes, W./Kotterer, M.(Hrsg.): Klima in Museen und historischen Gebäuden: Die Temperierung. Wissenschaftliche Reihe Schönbrunn. Bd. 9. 2004. S. 155-162.

Eckermann, W./Freytag, O.: Untersuchungen des Wohngebäudes der Mühle in Allstedt mittels Infrarotkamera. BAUKLIMA Ingenieurbüro Potsdam, HTWK Leipzig. 2004. Unveröffentlicht.

Eicke-Hennig, W.: Das Beispiel Regensburger Salzstadel. Wandheizung als Energiespar- und Endfeuchtungsmaßnahme? In: Arbeitskreis Energieberatung des Freistaates Thüringen bei dem Thüringer Ministerium für Wirtschaft und Infrastruktur: Energieförderung in Thüringen. Energiesparpotentiale im Gebäudebestand. Thermische Bausanierung, Wandheizung. Weimar. Heft 1/1996. S. 85-97.

Fitzner, K.(Hrsg.): Rietschel Raumklimatechnik. Band 3 Raumheiztechnik. Springer Verlag. Berlin, Heidelberg, New York. 2005.

Freytag, O. Dr.: Erhalt und Nutzung temporär genutzter Gebäude. Vermeidung von Feuchteschäden durch Nutzung regenerativer Energiequellen. Abschlussbericht der Deutschen Bundesstiftung Umwelt, AZ 17430. Leipzig. 2005. Unveröffentlicht.

Ganß, E.-D. Dr.: Feuchtetechnische Untersuchungen. Kirche zu Schönhausen. Forschungslabor Dr. Ganß. Bereich Bauphysik. Weimar. 2000. Unveröffentlicht.

Ganß, E.-D. Dr.: Feuchtetechnische Untersuchungen – Schloss Oranienbaum. Forschungslabor Dr. Ganß. Bereich Bauphysik. Weimar. 2004. Unveröffentlicht.

Gossens, H.: Überprüfung des Temperiersystems – Thermische Bausanierung. Mahr-Heizung. Aachen. 1998. Unveröffentlicht.

Gronau, J.: Möglichkeiten und Grenzen eines Temperiersystems. In: Arbeitskreis Energieberatung des Freistaates Thüringen bei dem Thüringer Ministerium für Wirtschaft und Infrastruktur: Energieförderung in Thüringen. Energiesparpotentiale im Gebäudebestand. Thermische Bausanierung, Wandheizung. Weimar. Heft 1/1996. S. 63-83.

Großeschmidt, H.(a): Verfahren zur thermischen Bausanierung, Raumtemperierung und Klimatisierung in Museen und anderen Gebäuden. In: Stadtmuseum Nordico/Linzer Planungsinstitut (Hrsg.): Neue Wege der Klimatisierung im Altbau. Bauphysik in Bezug auf die Sanierung historischer Gebäude. Linzer Werkstattgespräche 3. Linz. 1992. S. 1-53.

Großeschmidt, H.(b): Die Temperierung. Verfahren zur thermischen Bausanierung, Raumtemperierung und Klimastabilisierung in Museen und anderen Gebäuden. Landestelle für nichtstaatliche Museen in Bayern. München. 1992.

Großeschmidt, H.: Notizen zum Abschlußbericht. 1995. In: Arendt, C.: Abschlussbericht – Diagnose und Therapie überhöhter Feuchte-/Salzbelastung in historischen Mauerwerkskomplexen. BAU 5030 A. München. 1994. Unveröffentlicht.

Großeschmidt, H.(a): Das temperierte Haus: sanierte Architektur und „Großvitrine". 14 Jahre besucherfreundliche Schadensprävention mit Temperieranlagen. Museums Bausteine. Band 5. Landesstelle für nichtstaatliche Museen in Bayern. München. 1996.

Großeschmidt, H.(b): Die Temperierung – Verfahren zur Thermischen Bausanierung, Raumtemperierung und Klimastabilisierung in Museen und anderen Gebäuden. In: Arbeitskreis Energieberatung des Freistaates Thüringen bei dem Thüringer Ministerium für Wirtschaft und Infrastruktur: Energieförderung in Thüringen. Energiesparpotentiale im Gebäudebestand. Thermische Bausanierung, Wandheizung. Weimar. Heft 1/1996. S. 9-40.

Großeschmidt, H.: Die Temperierung. Verfahren zur Feuchte- und Schadsalzsanierung, Klimastabilisierung und Raumbeheizung mithilfe von Sockelheizrohren. Bayerisches Landesamt für Denkmalpflege. Landestelle für nichtstaatliche Museen in Bayern. München. 1998.

Großeschmidt, H.: Das temperierte Haus: Sanierte Architektur – behagliche Räume – Großvitrine. In: Boody, F./Großeschmidt, H./Kippes, W./Kotterer, M.(Hrsg.): Klima in Museen und historischen Gebäuden. Die Temperierung. Wissenschaftliche Reihe Schönbrunn. Bd. 9. 2004. S. 325-381.

Großeschmidt, H.: Stellungnahme des Bayerischen Landesamts für Denkmalpflege. Landesstelle für die nichtstaatlichen Museen. München. 12.08. 2005. Unveröffentlicht.

Hohmann, R./Setzer, M.J.: Bauphysikalische Formeln und Tabellen. Wärmeschutz, Feuchteschutz, Schallschutz. Werner Verlag. Düsseldorf. 1997.

Käferhaus, J.: Kartause Mauerbach: Auf der Suche nach der schadenspräventiven Heizung für historische Gebäude. Vergleich von sechs unterschiedlichen Wärmeverteilsystemen und deren Auswirkung auf die Räume. In: Boody, F./Großeschmidt, H./Kippes, W./Kotterer, M.(Hrsg.): Klima in Museen und historischen Gebäuden. Die Temperierung. Wissenschaftliche Reihe Schönbrunn. Bd. 9. 2004. S. 269-323.

Kalisch, **U.**: Magdeburger Dom – Infrarotaufnahmen. Institut für Diagnostik und Konservierung an Denkmalen in Sachsen und Sachsen-Anhalt. Bericht Nr.: HAL 05/2004. Halle/Saale. 2004. Unveröffentlicht.

Kalisch, **U.**: Schloss Oranienbaum. Raumklimauntersuchungen im nördlichen Seitenflügel. Institut für Diagnostik und Konservierung an Denkmalen in Sachsen und Sachsen-Anhalt. Bericht Nr.: HAL 22/2004. Halle/Saale. 2004. Unveröffentlicht.

Kalisch, **U.**/**Weise**, **S.**: Magdeburger Dom – Infrarotaufnahmen. Institut für Diagnostik und Konservierung an Denkmalen in Sachsen und Sachsen – Anhalt. In: HAL 05/2004. Unveröffentlicht.

Kalisch, **U.**: Schloss Oranienbaum – Infrarotaufnahmen. Institut für Diagnostik und Konservierung an Denkmalen in Sachsen und Sachsen – Anhalt. In: HAL 08/2004. Unveröffentlicht.

Kalmer, **P.**: Die Temperierung von Gebäuden. Untersuchung zur Wirtschaftlichkeit im Vergleich zu einem konventionell beheiztem Gebäude mit vergleichbarer Nutzung. Probearbeit. München. 1994. Unveröffentlicht.

Kilian, **R.**: Die Wandtemperierung in der Renatuskapelle in Lustheim. Auswirkungen auf das Raumklima. Materialien aus dem Institut für Baugeschichte, Kunstgeschichte, Restaurierung mit Architekturmuseum, TU München, Fakultät für Architektur. Siegl. München. 2004.

Kleinmanns, **J.**: Die Temperierung historischer Gebäude: eine Methode zur Verhütung feuchtebedingter Bauschäden. In: Boody, F./Großeschmidt, H./Kippes, W./Kotterer, M.(Hrsg.): Klima in Museen und historischen Gebäuden. Die Temperierung. Wissenschaftliche Reihe Schönbrunn. Bd. 9. 2004. S. 193-200.

Künzel, **H.** Dr. (a): Workshop „Bauteiltemperierung und Lüftung unter dem Gesichtspunkt der Denkmalpflege". Fraunhofer Institut Bauphysik Holzkirchen. 2005. Unveröffentlicht. .

Künzel, **H**. Dr.(b): Bauphysik und Denkmalpflege Teil 5 Taufeuchte. In: Der Bausachverständige. Fraunhofer IRB Verlag. Heft 1. 2005. S. 28-31.

Lamnek, S. (2): Qualitative Sozialforschung. Band 2. Methoden und Techniken. Beltz. Weinheim, Basel. 1995.

Leipoldt, **D**.: Kurzbericht über Heizkostenreduzierung. Energieeinsparung und Investitionskosteneinsparung im Anlagenbau durch Einsatz der Temperierung: Vergleichende Untersuchungen im Gymnasium Waldstraße Hattingen. In: Boody, F./Großeschmidt, H./Kippes, W./Kotterer, M.(Hrsg.): Klima in Museen und historischen Gebäuden. Die Temperierung. Wissenschaftliche Reihe Schönbrunn. Bd. 9. 2004. S. 209-213.

Löther, **T**.: Bauphysikalische, bauchemische und baukonstruktive Untersuchungen in der Schlossanlage Trebsen. Praktikumsbericht HTWK Leipzig. 2003.

Malovrh, M./Zupan, M./Praznik, M.: Neue Wege zum Beheizen historischer Gebäude. In: Boody, F./Großeschmidt, H./Kippes, W./Kotterer, M.(Hrsg.): Klima in Museen und historischen Gebäuden. Die Temperierung. Wissenschaftliche Reihe Schönbrunn. Bd. 9. 2004. S. 128- 137.

Micus, R.: Das Wandschalen – Temperiersystem (Hypokaustenheizung) nach Assmann und Großeschmidt im Heimatmuseum Schwandorf. In: Stadtmuseum Nordico/Linzer Planungsinstitut (Hrsg.): Neue Wege der Klimatisierung im Altbau. Bauphysik in Bezug auf die Sanierung historischer Gebäude. Linzer Werkstattgespräche 3. Linz. 1992. S. 157-168.

Pischke, C.: Ursachen bauklimatisch bedingter Feuchteschäden in monumentalen Baudenkmalen. Dissertation TU Dresden. 1988.

Recknagel, H./Sprenger, E./Schramek, E.R.: Taschenbuch für Heizung und Klimatechnik 05/06. Oldenbourg Industrieverlag. München. 2005.

Roloff, J/Freytag, O/Eckermann, W/Djahanschah, D/Dominik, A/Heimsch, R.: Projektübergreifender Abschlussbericht zum Forschungsschwerpunkt der Deutschen Bundesstiftung Umwelt „Erhalt und Nutzung temporär genutzter Gebäude". 2005. Noch nicht erschienen.

Schönfeld, T.: Messprogramm für das Erkennen von hygrischen Prozessen und Versalzungsvorgängen in der Umgebung von Bauteiltemperierungen. Diplomarbeit an der HTWK Leipzig. 2002.

Schwarz, A. (Hrsg.): Schlösser um Leipzig. E. A. Seemann Verlag. Leipzig. 1993.

Seele, J.: Bauteiltemperierung – Erfahrungen am Baudenkmal. In: Deutsches Architektenblatt. Berlin. Heft 12. 2004. S. 65-70.

Seele, J.: Bauteiltemperierung. Untersuchungen zur Anwendung – Auswertung von Praxisbeispielen. IGS Institut für Gebäudeanalyse und Sanierungsplanung München GmbH. München. Unveröffentlicht. .

Strähle, E.: Wandflächenheizung in Wohnbauten. Dissertation. TU Braunschweig. 1987.

Wormuth, R./Schneider, K.-J.: Baulexikon. Bauwerk Verlag. Berlin. 2000.

<u>**Normenblätter**</u>

DIN 1053 Mauerwerk. Teil 1, Berechnung und Ausführung. 1996.

DIN 4701 Wärmebedarfsberechung.

Energieeinsparverordnung (EnEV). Stand 2004.

WTA: (Wissenschaftlich-Technische Arbeitsgemeinschaft für Bauwerkserhaltung und Denkmalpflege e.V.): Beurteilung von Mauerwerk – Mauerwerksdiagnostik. Merkblatt 4-5-99/D. Zürich. 1999.

Publikationen im Internet

Fischer, K.: Konservatorische Temperierung: Grundlagen, Planung, Ausführung und Betrieb am Beispiel des Gartenschlosses Veitshöchheim. 2004.

    www.konrad-fischer-info.de/7temper.htm (letzter Zugriff am 19.07.2005)

Kochkine, V.: Bauteilaktivierung, Ausarbeitung. Technische Universität Kaiserslautern.. 2004.

    www.uni-kl.de/Bauphysik/docs/lehre/WS0405/seminar/Kochkine.pdf (Zugriff am 19.07.2005)

Künzel, H. Dr.: Feuchteschutz durch Wandtemperierung. IBP-Mitteilungen 339, Fraunhofer-Institut für Bauphysik. 1998.

    www.hoki.ibp.fhg.de/ibp/publikationen/ibp_mitteilungen/ibp339.pdf (Zugriff am 19.07.2005)

Rahn, A. Prof.: Möglichkeiten der Bauteiltemperierung im Rahmen der Bauwerkssanierung. In: Altbauinstandsetzung: Neue Produkte und Verfahren der Fassadeninstandsetzung. 2002. S. 75-94.

    www.ib-rahn.de/downloads.html (Zugriff am 19.07.2005)

Rahn, A. Prof.: Bauteilheizung als Maßnahme gegen aufsteigende Feuchtigkeit. In: Aachener Sachverständigentage: Nachbessern, Instandsetzen, Modernisieren. 2001. S. 95-102.

    www.ib-rahn.de/downloads.html (Zugriff am 19.07.2005)

EURA-Ingenieure

    www.muenchner-fachforen.de/waerme/FF19%20Schmid.pdf (Zugriff am 19.07.05)

Persönliche Gespräche

Bielefeld, U.: Geschäftführer des Förderverein für Handwerk und Denkmalpflege – Schloss Trebsen e.V.. Gespräch am 07.06.2005 und am 12.08.2005 im Schloss Trebsen.

Bruns, E: Gespräch am 04.07.2005 in der Stadtmühle Allstedt.

Hartmann, R: Baubegleitender Restaurator im Schloss Oranienbaum. Gespräch am 16.6.2005 in Oranienbaum.

Helff, O.: Ingenieur- und Sachverständigenbüro, Quedlinburg. Gespräch am 16.06.2005 in Quedlinburg.

Hofmann, A.: Ingenieurbüro Hofmann, Grimma. Gespräch am 07.06.2005 in Grimma.

Kalisch, U.: Institut für Diagnostik und Konservierung in Sachsen und Sachsen - Anhalt e.V. Gespräch am 06.06.2005 in Halle/Saale.

Lindemann, R.: Abteilungsleiter bei der „Stiftung Dome und Schlösser in Sachsen – Anhalt". Gespräch am 27.06.2005 im Schloss Leitzkau.

A: Gebietskonservator beim Landesamt für Denkmalpflege Sachsen – Anhalt. Gespräch am 13.5.2005 in Halle/Saale (auf persönlichen Wunsch anonymisiert).

Voß, G.: Gespräch mit Voß am 14.7.2005 und am 11.08.2005 in Halle/Saale.

Anlage 1

Darstellung von Publikationen installierter Temperieranlagen

Inhaltsverzeichnis

Abkürzungsverzeichnis

A	Außen
a	Jahr
ca.	circa
cbm	Kubikmeter
EG	Erdgeschoss
I	Innen
min.	mindestens
MW	Messwert
NT	Niedertemperatur
OG	Obergeschoss
R	Rücklauftemperatur
rel.	relativ
RH	Raumheizung
RT	Raumtemperierung
S	Sommer
TS	Temperiersystem
TU Wien	Technische Universität Wien
u.	und
V	Vorlauftemperatur
Veröffentl.	Veröffentlichung
W	Winter
zus.	zusätzlich

1 Einleitung

Wie bereits in Kapitel 3.2 dargestellt, beschäftigt sich die folgende Anlage mit der Dokumentation von Daten realisierter Temperieranlagen. Die Angaben sind unverändert aus den Originalveröffentlichungen übernommen worden. Die Tabellenaufteilung gliedert sich in fünf Gebäudekategorien (Kirchen, Schlösser/Burgen, Museen, öffentliche Gebäude, Wohnhäuser) sowie in 27 Angaben über eine Temperieranlage. Hierzu zählen u.a. Zielstellung der Temperierung, Wärmeerzeuger und Erfolg aus Sicht der Nutzer.

Im Anschluss an die Tabellendarstellung befindet sich ein Verzeichnis der verwendeten Literatur.

2 Kirchen

Tabelle A/I: Kirchen

	Nr.	1	2	3	4	5
Objektangaben	Ort	Aflenz	Aufkirchen bei Erdingen	Binswangen	Dresden - Hosterwitz	Frenswegen bei Nordhorn
	Land	Österreich	Bayern	Bayern	Sachsen	Niedersachsen
	Art des Gebäudes	Kirche	Kirche	Synagoge	Kirche „Maria am Wasser"	Klosterkirche
	Bauvolumen		über 6.000 m³	3.617 m³	165 m² 1.420 m³	2.400 m³
Temperieranlage	Bauart der Temperierung	Sockelheizung	Sockelheizung		Sockelheizung	
	Zielstellung der Temperierung	thermische Trockenlegung u. RT	thermische Trockenlegung u. RH		thermische Trockenlegung	
	Normwärmebedarf				70 kW	
	Wärmeerzeuger	Solaranlage 20 m²			Gasbrennwert-kessel	
	Nennleistung des Wärmeerzeugers				Wärmebedarf ca. 70 kW	
	Vor.-/ Rücklauftemperatur				Rücklauftemperatur: 20 °C	
	Leitungslänge				90 m und 18,3 m²	
	Regelungstechnik				Regelanlage	
	Einbau	2002			2003	
	Investitionskosten				11.700 €	
Ergebnisse der Temperierung	rel. Luftfeuchtigkeit				45 % – 75 %	
	erzielbare Raumtemperatur				Grundtemperatur 6°C - 12°C	
	optische Eindrücke					
	Salzschäden					
	Verbrauchswerte					
	MW vor Einbau Temperierung				Ja	
	MW nach Einbau Temperierung				Ja (weitere Diplomarbeit)	
Weitere Objektangaben	zus. Heizung				Warmluftheizung	
	zus. Baumaßnahmen				Sanierung	
	Lüftung				über Fenster	
	Erfolg aus Sicht der Nutzer	läuft vorbildlich und spart Energie			Materialfeuchte an Oberfläche nimmt zu	
Veröffentl.	Quellen	[1]	[2]	[3]	Diplomarbeiten[4,5,6]	[7]
	Planer	TB Käferhaus GmbH			Dr. Scheffler & Partner GmbH	

Tabelle A/I: Kirchen

	Nr.	6	7	8	9	10
Objektangaben	Ort	Hainsfahrt	Havelberg	Kehlheim	Magdeburg	Mauerbach b. Wien
	Land	Bayern	Sachsen - Anhalt	Bayern	Sachsen - Anhalt	Österreich
	Art des Bauwerkes	Synagoge	Domkapelle	Franziskaner - kirche	Dom	Kartäuserkloster[1]
	Bauvolumen			5.500 m³		24,3 m² 72,0 m³
Temperieranlage	Bauart der Temperierung		Sockeltemperierung		Bauteiltemperierung	Temperieranlage
	Zielstellung der Temperierung		thermische Trockenlegung u. RT		Verhinderung von Tauwasserausfall am Altar (von 1363)	Vergleich mit anderen Heiztechniken
	Normwärmebedarf					
	Wärmeerzeuger		Heizkabel		Heizkabel	2 Gaskessel
	Nennleistung des Wärmeerzeugers		2 x 30 W		15 W/m	40 kW u. 100 kW
	Vor.-/ Rücklauftemperatur					R: min. 25°C
	Leitungslänge				12 m	
	Regelungstechnik					Regelungscomputer
	Einbau		2001		2000	1995/ 96
	Investitionskosten					
Ergebnisse der Temperierung	rel. Luftfeuchtigkeit				65 % – 95 %	ca. 50 %
	erzielbare Raumtemperatur		im Winter bis 20°C		am Altar: 6°C – 20°C	15°C
	optische Eindrücke					
	Salzschäden		keine Veränderung			
	Verbrauchswerte					26 kWh/m³a
	MW vor Einbau Temperierung		Ja			Nein
	MW nach Einbau Temperierung		Ja			Ja
Weitere Objektangaben	zus. Heizung					Elektro-Heizband (2 kW)
	zus. Baumaßnahmen		Sanierung Dach			
	Lüftung					3x30 min/Tag (225 m³)
	Erfolg aus Sicht der Nutzer		funktioniert		nach Restaurierung keine neuen Schäden	Temperierung ist optimales Heizsystem
Veröffentl.	Quellen	[8]	[9]	[10]	Untersuchungsbericht[11]/[12]	Forschungsarbeit [13]
	Planer					TB Käferhaus GmbH

---

[1] Siehe Anlage 3.

Tabelle A-1 Kirchen

	Nr.	11	12	13	14	15
Objektangaben	Ort	Moosberg / Niederbayern	München Englschalking	Neuenschwand b. Schwandorf	Oberau	Obertraubling
	Land	Bayern	Bayern	Bayern	Bayern	Bayern
	Art des Bauwerkes	Filialkirche[II]	Kirche St. Emmeram	Kirche	Kirche St. Ludwig	Kirche St. Georg
	Bauvolumen		713 m² 8.038 m³	1.100 m³	3.500 m³	6.300 m³
Temperieranlage	Bauart der Temperierung	Bauteiltemperierung	Sockelheizung 8 Heizkreise	Sockelheizung	Sockelheizung	Sockelheizung
	Zielstellung der Temperierung	Verhinderung von Tauwasserausfall	thermische Trockenlegung. u. RT	thermische Trockenlegung. u. RT	thermische Trockenlegung. u. RT	RT
	Normwärmebedarf					
	Wärmeerzeuger	Heizkabel und elektrische Konvektorleisten	Gas-Brennwert-Kessel	Heizkabel	Gas-Brennwert-Kaskade 100kW	Gaskessel
	Nennleistung des Wärmeerzeugers	je 45 W/m	77 kW	20 W/m (max. 40 W/m)	30 kW für Temperierung.	48 kW
	Vor.-/ Rücklauftemperatur		Max.65°C (V:60°C/R:50°C)			75°C
	Leitungslänge		ca. 900 m		ca. 750 m	2.120 m
	Regelungstechnik		Regelanlage		Raumthermostat	
	Einbau	ca. 1998	1996	1993		1993
	Investitionskosten		ca.20.000 DM			75.579 DM
Ergebnisse der Temperierung	rel. Luftfeuchtigkeit					ca. 60 %
	erzielbare Raumtemperatur		A: -20°C I:+8°C	A: -10°C I: +6°C	10°C – 12°C	A:-20°C I:+5°C
	optische Eindrücke		aufgehellter Putzes			Keine Abblätterung der Farbe mehr
	Salzschäden					Keine Neuen Salsausblühungen
	Verbrauchswerte				35.000-45.000kWh	21,28kWh/m³a (1994)
	MW vor Einbau Temperierung					
	MW nach Einbau Temperierung					
Weitere Objektangaben	zus. Heizung		Bankheizung	Bankheizung		Bankheizung
	zus. Baumaßnahmen		Wärmedämmung auf Dachboden			Sanierung
	Lüftung		Abluftventilatoren			
	Erfolg aus Sicht der Nutzer		„behagliches Raumklima"			„voll geglückt"
Veröffentl.	Quellen	Dokumentation[14]	Dokumentation[15]	[16]/[17]	[18]	Dokumentation[19]
	Planer		Josef Bauer Unterschleisheim		EURA - Ingenieure	

[II] Siehe Anlage 3.

Anlage 1
Blatt 7

Tabelle A/I: Kirchen

	Nr.	16	17	18	19	20
Objektangaben	Ort	Odenbach	Paderborn	Reichenhall	Roggenburg	Schleißheim
	Land	Rheinland - Pfalz	Nordrhein - Westfalen	Bayern	Bayern	Bayern
	Art des Bauwerkes	Synagoge	Kloster Brenkhausen	Salinenkapelle St. Rupert	Kloster (Sakristei)	Renatuskapelle[III]
	Bauvolumen					
Temperieranlage	Bauart der Temperierung			Sockeltemperierung	Sockeltemperierung Bodentemperierung	Sockelheizung
	Zielstellung der Temperierung	Temperierung mit konservatorischer Zielstellung		RT	RT	thermische Trockenlegung u. RT
	Normwärmebedarf					
	Wärmeerzeuger					
	Nennleistung des Wärmeerzeugers					
	Vor.-/ Rücklauftemperatur			V: 35°C		
	Leitungslänge					136,5 m
	Regelungstechnik					
	Einbau	2001		bis 2002	1997	2002
	Investitionskosten					
Ergebnisse der Temperierung	rel. Luftfeuchtigkeit			ca. 55 %		ca. 50 %
	erzielbare Raumtemperatur			8 K über Außentemperatur		
	optische Eindrücke					Nein
	Salzschäden					Nein
	Verbrauchswerte					ca.45.000kWS/a
	MW vor Einbau Temperierung					Ja
	MW nach Einbau Temperierung					Ja
Weitere Objektangaben	zus. Heizung			Fußbodenheizung Radiatoren		
	zus. Baumaßnahmen					Sanierung
	Lüftung					
	Erfolg aus Sicht der Nutzer					„konservierende Heizung" statt behaglicher RT
Veröffentl.	Quellen	20	21	22	23	Diplomarbeit[24]
	Planer					Ing.-Büro M. Baumann

[III] Siehe Anlage 3.

Tabelle A/I: Kirchen

	Nr.	21	22	23	24
Objektangaben	Ort	Schönhausen	Speinshart i. d. Oberpfalz	Urschalling	Wörlitz
	Land	Sachs. Anhalt	Bayern	Bayern	Sachs. Anhalt
	Art des Bauwerkes	Kirche	Kloster	Filialkirche St. Jakobus	Synagoge
	Bauvolumen				
Temperieranlage	Bauart der Temperierung	Sockelheizung	Sockelheizung	Sockelheizung	Sockelheizung
	Zielstellung der Temperierung	thermische Trockenlegung	thermische Trockenlegung u. RH	thermische Trockenlegung u. RT	
	Normwärmebedarf				
	Wärmeerzeuger	Heizkabel	ölbefeuerter Niedertemperatur Kessel		Heizkabel
	Nennleistung des Wärmeerzeugers	5,5 kW			
	Vor.-/ Rücklauftemperatur				
	Leitungslänge				
	Regelungstechnik				
	Einbau	1999	1997/ 2001	wieder ausgebaut	2003
	Investitionskosten				
Ergebnisse der Temperierung	rel. Luftfeuchtigkeit				30 % – 75 %
	erzielbare Raumtemperatur				5°C – 30°C
	optische Eindrücke	Ja			
	Salzschäden				
	Verbrauchswerte	5,55 kW			
	MW vor Einbau Temperierung	Ja			
	MW nach Einbau Temperierung	Ja			
Weitere Objektangaben	zus. Heizung				
	zus. Baumaßnahmen	Sanierung (Dachrinne)	Sanierung	Sanierung	
	Lüftung				
	Erfolg aus Sicht der Nutzer	Teilweise			
Veröffentl.	Quellen	Untersuchungsbericht[25]	[26]	[27]	Dokumentation[28]
	Planer		ZREU GmbH		

Tabelle A/I: Kirchen

	Nr.	25	26	27	28
Objektangaben	Ort	Teharjie	Mokronog	Monza	
	Land	Slowenien	Slowenien	Italien	Österreich
	Art des Bauwerkes	Kirche „Sv. Martin"[IV]	Kirche „Sv. Tilen"[VI]	Kirche „Sacro Cuore"	Karmelitenkirche
	Bauvolumen	7.700 m³	3.510 m³	1.035 m² 16.600 m³	1.300 m² 13.000 m³
Temperieranlage	Bauart der Temperierung	Sockelheizung 3 Verlegeniveaus	Sockelheizung 2 Verlegeniveaus	Sockelheizung	Sockelheizung
	Zielstellung der Temperierung	thermische Trockenlegung u. RT	thermische Trockenlegung u. RT	thermische Trockenlegung u. RH	thermische Trockenlegung u. RT
	Normwärmebedarf				
	Wärmeerzeuger	Ölkessel	Gas – Brennwertkessel		
	Nennleistung des Wärmeerzeugers	60 kW	25 kW	70 kW	100 kW
	Vor.-/ Rücklauftemperatur	< 50°C	V: 50°C R: 43°C		
	Leitungslänge	1.254 m	770 m	2.000 m	2.400 m
	Regelungstechnik	Keine	Keine		
	Einbau	1999	1999		
	Investitionskosten				ca. 1Mio öS +MwSt.
Ergebnisse der Temperierung	rel. Luftfeuchtigkeit				
	erzielbare Raumtemperatur	A: -15°C I: +8°C	A: -15°C I: +8°C		Winter: 10°C – 14°C
	optische Eindrücke				
	Salzschäden				
	Verbrauchswerte	11,5 kWh/m³	17,2 kW/m³	33,6 kWh/m² 2,9 kWh/m³	37.900 kWh 228 kWh/m²/a
	MW vor Einbau Temperierung	Ja	Ja		
	MW nach Einbau Temperierung	Ja	Ja		
Weitere Objektangaben	zus. Heizung				
	zus. Baumaßnahmen	Sanierung	Sanierung		
	Lüftung				
	Erfolg aus Sicht der Nutzer	Wünsche der Nutzer erfüllt	Wünsche der Nutzer erfüllt	Anlage ist voller Erfolg	
Veröffentl.	Quellen	Forschungsarbeit[29]		[30]	[31]
	Planer	ZRMK Ljubljana		Dipl. Ing. Th. Becker	TB Käferhaus GmbH

[IV] Siehe Anlage 3.

3 Museen

Tabelle A/II: Museen

	Nr.	29	30	31	32	33
Objektangaben	Ort	Ahorn	Altdorf b. Nürnberg	Eichstätt	Fladungen	Frankfurt. M.
	Land	Bayern	Bayern	Bayern	Bayern	Hessen
	Art des Bauwerkes	Gerätemuseum des Coburger Landes	Museum	Depot	Fränkisches-Freiland-Museum	Städelmuseum
	Bauvolumen			72 m² 356 m³	mehrere Objekte	
Temperieranlage	Bauart der Temperierung		Sockelheizung im Flur u. EG	Heizrohre in 0,00/ 1,00/ 3,5 m Höhe	Verschiedene Systeme	Sockelheizung + 1 Schleife
	Zielstellung der Temperierung			Luftfeuchte unter 60 % Grundtemperierung		
	Normwärmebedarf					
	Wärmeerzeuger	Gasheizung				
	Nennleistung des Wärmeerzeugers					
	Vor.-/ Rücklauftemperatur					
	Leitungslänge					
	Regelungstechnik					
	Einbau				1985 bis 1994	
	Investitionskosten				45.000 bis 60.000 DM	
Ergebnisse der Temperierung	rel. Luftfeuchtigkeit	Sommer: <65%			50 % – 60 %	
	erzielbare Raumtemperatur	Winter: min. 14°C				A:-12°C / I:18°C (1997/98)
	optische Eindrücke					
	Salzschäden					
	Verbrauchswerte	1 bis 1,5 DM pro cbm umbauter Raum (bei Preisen von 0,5 DM pro cbm Gas)				
	MW vor Einbau Temperierung					
	MW nach Einbau Temperierung					
Weitere Objektangaben	zus. Heizung					
	zus. Baumaßnahmen					
	Lüftung					
	Erfolg aus Sicht der Nutzer					
Veröffentl.	Quellen	32	33	34	35	36
	Planer					

Tabelle A/II: Museen

	Nr.	34	35	36	37	38
Objektangaben	Ort	Freising	Haltern	Hammelburg	Ingolstadt	Homburg a. Main
	Land	Bayern	Nordrhein - Westfalen	Bayern	Bayern	Bayern
	Art des Bauwerkes	Museum im Schafhof	Römermuseum	Außendepot auf Burg Saaleck	Museum für konkrete Kunst	Papiermühle
	Bauvolumen	1.800 m² 7.800 m³		1.262 m³		
Temperieranlage	Bauart der Temperierung	Wand-Bodenschale	Wand-Bodenschale	Sockelheizung	Bodenschale mit Wandauslässen	Sockelheizung
	Zielstellung der Temperierung	Raumheizung		Normalisierung der Luftfeuchte u. RT		Korrosionsschutz einer Großmaschine
	Normwärmebedarf					
	Wärmeerzeuger	Ölheizung		Flüssiggasheizung	Gasheizung	
	Nennleistung des Wärmeerzeugers	80 kW		12 kW	45 kW	
	Vor.-/ Rücklauftemperatur					
	Leitungslänge					
	Regelungstechnik	Keine			Keine	
	Einbau	1992			1991	
	Investitionskosten					
Ergebnisse der Temperierung	rel. Luftfeuchtigkeit	45 % – 65 %				
	erzielbare Raumtemperierung	Winter: 15°C Sommer: 30°C	Winter: 18°C Sommer: 18°C - 24°C		<20°C	
	optische Eindrücke					
	Salzschäden					
	Verbrauchswerte	200.000 kWh/a 25,6 kWh/m³				
	MW vor Einbau Temperierung					
	MW nach Einbau Temperierung					
Weitere Objektangeben	zus. Heizung	Kleinkonvektoren	Klimaanlage	Plattenheizkörper		
	zus. Baumaßnahmen					
	Lüftung					
	Erfolg aus Sicht der Nutzer				mobile Befeuchter um Temperatur nicht zu weit abzusenken	
Veröffentl.	Quellen	[37]	Dokumentation[38]	[39]	[40]	[41]
	Planer		Ing.-Büro Kahlert			

Tabelle A/II: Museen

	Nr.	39	40	41	42	43
Objektangaben	Ort	Kelheim	Landau	Lauf	Mannersdorf am Leithagebierge	Miltenberg
	Land	Bayern	Bayern	Bayern	Österreich	Bayern
	Art des Bauwerkes	Archäologisches Museum	Heimatmuseum	Industriemuseum	Museum	Bergkeller des Heimatmuseums
	Bauvolumen	1.840 m² 9.400 m³				
Temperieranlage	Bauart der Temperierung	Heizrohr mit Radiavektoren	Sockelheizung	Mauerkronen-Heizung		Sockelheizung
	Zielstellung der Temperierung		thermische. Trockenlegung u. RH	Temperierung Dachraum		
	Normwärmebedarf					
	Wärmeerzeuger	Gas (NT-Kessel)		Elektroheizstation		
	Nennleistung des Wärmeerzeugers	73 kW		9 kW		
	Vor.-/ Rücklauftemperatur					
	Leitungslänge					
	Regelungstechnik	Keine				
	Einbau	1990	1994 - 96			
	Investitionskosten	120.000 DM				
Ergebnisse der Temperierung	rel. Luftfeuchtigkeit					
	erzielbare Raumtemperatur	W: <15°C S: bis 23°C				
	optische Eindrücke					
	Salzschäden					
	Verbrauchswerte	305.000 kWh/a 32,5 kWh/m³	gleich einer konventionellen Heizung			
	MW vor Einbau Temperierung					
	MW nach Einbau Temperierung					
Weitere Objektinformationen	zus. Heizung					
	zus. Baumaßnahmen		Sanierung			
	Lüftung					
	Erfolg aus Sicht der Nutzer		Mauern sind allesamt trocken			
Veröffentl.	Quellen	42	43	44	45	46
	Planer					

Anlage 1
Blatt 13

Tabelle A/II: Museen

	Nr.	44	45	46	47	48
Objektangaben	Ort	München	Neusath - Perschen	Passau	Purgstall a. Erlauf	Regensburg
	Land	Bayern	Bayern	Bayern	Österreich	Bayern
	Art des Bauwerkes	Lenbachhaus	Mühle/ Freilichtmuseum	Kellerareal Fürstenbaus (Oberhaus)	Museum	Salzstadel a. Brückentor[V]
	Bauvolumen					2.274 m² 15.644 m³
Temperieranlage	Bauart der Temperierung		EG:TS unter Putz OG: TS auf Putz			Temperiersystem
	Zielstellung der Temperierung		thermische. Trockenlegung u. RT			thermische. Trockenlegung u. RH
	Normwärmebedarf					
	Wärmeerzeuger	Fernwärme	Elektroheizstation			Gasheizung
	Nennleistung des Wärmeerzeugers		9 kW			300 kW
	Vor.-/ Rücklauftemperatur					25.04.1996: V: 22,1°C R: 18,6°C
	Leitungslänge					
	Regelungstechnik	Einspritzschaltung				
	Einbau					1991/92
	Investitionskosten					402.000,- DM
Ergebnisse der Temperierung	rel. Luftfeuchtigkeit	50%				<65%
	erzielbare Raumtemperatur	Winter: 16°C				immer warm
	optische Eindrücke					
	Salzschäden					
	Verbrauchswerte					[245.070 kWh/a 50,08 kWh/m²][VI] [179,02 kWh/m²][VII]
	MW vor Einbau Temperierung					
	MW nach Einbau Temperierung					
Weitere Objektangaben	zus. Heizung					Fußbodenheizung im EG / 2 Großküchen / Beleuchtung
	zus. Baumaßnahmen					Sanierung
	Lüftung					maschinelle Lüftung
	Erfolg aus Sicht der Nutzer					z. T. zu warm, sonst zufrieden
Veröffentl.	Quellen	47	48	49	50	Dokumentation 51/ 52/ 53
	Planer	Ingenieurs- Gemeinschaft Hofer &Hölzel	EURA - Ingenieure			

[V] Siehe Anlage 3.
[VI] Abrechnung von 1992/93 nach Angaben von Großeschmidt.
[VII] Angaben von Eicke – Hennig von 1994.

Anlage 1
Blatt 14

Tabelle A/II: Museen

	Nr.	49	50	51	52	53
Objektangaben	Ort	Regensburg	Remagen	Roth	Starnberg	Schwandorf
	Land	Bayern	Rheinland - Pfalz	Bayern	Bayern	Bayern
	Art des Bauwerkes	Depot Priesterseminar	Museum (Brücke)	Fabrikmuseum	Stadtmuseum	Heimatmuseum
	Bauvolumen	2 x 160 m² Tiefkeller		516 m² 3.700 m³		649,64 m² 4.248 m³
Temperieranlage	Bauart der Temperierung	Sockelheizung	Doppelrohr - Temperierschleife	Wand-Boden-Temperierschale	Wand-Boden-Temperierschale	Wand-Bodenschale
	Zielstellung der Temperierung		thermische. Trockenlegung u. RT		RH	RH
	Normwärmebedarf					
	Wärmeerzeuger		Brennwertkessel Erdgas	Gasheizung		Gasbrenner
	Nennleistung des Wärmeerzeugers		25 kW	24 kW		46 kW
	Vor.-/ Rücklauftemperatur					
	Leitungslänge		ca. 750 m			
	Regelungstechnik			Keine		
	Einbau			1987	1982	1987
	Investitionskosten			45.000 DM		186.309 DM (270.000 DM mit Heizung)
Ergebnisse der Temperierung	rel. Luftfeuchtigkeit			45 % – 60 %		45 % - 65 %
	erzielbare Raumtemperatur		min. 12°C	3°C – 23°C		> 20°C
	optische Eindrücke					
	Salzschäden					
	Verbrauchswerte		ca. 6.000 m³ Erdgas/a	73.160 kWh/a 19,8 kWh7m³		1990: 4.980,87 DM 1991: 7.095,50 DM
	MW vor Einbau Temperierung					
	MW nach Einbau Temperierung					Ja
Weitere Objektangaben	zus. Heizung					
	zus. Baumaßnahmen					Sanierung
	Lüftung					
	Erfolg aus Sicht der Nutzer					
Veröffentl.	Quellen	[54]	[55]	[56]	[57]	Dokumentation[58]
	Planer	EURA - Ingenieure	EURA - Ingenieure			Architekt Andreas Hottner

Tabelle A/II: Museen

	Nr.	54	55	56	57
Objektangaben	Ort	Selb-Plößberg	Sulzbach - Rosenberg		Tüchersfeld
	Land	Bayern	Bayern		Bayern
	Art des Bauwerkes	Europäisches Industriemuseum für Porzellan	Stadtmuseum Nr.14	Stadtmuseum Nr.16	Fränkische-Schweiz-Museum
	Bauvolumen		1.150 m² / 5.000 m³		203 m² 1.068 m³
Temperieranlage	Bauart der Temperierung		Wand-Bodenschale	Temperiersystem	Sockelheizung
	Zielstellung der Temperierung				RH (20°C)
	Normwärmebedarf				
	Wärmeerzeuger		Gasheizung		Ölheizung
	Nennleistung des Wärmeerzeugers		50 kW		49 kW
	Vor.-/ Rücklauftemperatur				
	Leitungslänge				
	Regelungstechnik				Keine
	Einbau		1986	1994	1991
	Investitionskosten		130.000 DM	70.000 DM	36.200 DM
Ergebnisse der Temperierung	rel. Luftfeuchtigkeit		55 %	55 %	
	erzielbare Raumtemperatur				EG: zu kalt OG: zufrieden
	optische Eindrücke				
	Salzschäden				
	Verbrauchswerte				40.000 kWh/a 37,5 kWh/m³
	MW vor Einbau Temperierung				
	MW nach Einbau Temperierung				
Weitere Objektangaben	zus. Heizung				
	zus. Baumaßnahmen				
	Lüftung				
	Erfolg aus Sicht der Nutzer				
Veröffentl.	Quellen	59	60		61
	Planer				

Tabelle A/II: Museen

	Nr.	58	59	60	61
Objektangaben	Ort	Weimer		Wesel	Würzburg
	Land	Thüringen		Nordrhein - Westfalen	Bayern
	Art des Bauwerkes	Bienenmuseum		Museum (Kaserne)	Kulturspeicher
	Bauvolumen			500 m³unter der Erde	57.000 m³
Temperieranlage	Bauart der Temperierung	Sockelheizung EG	Wandschale OG		Sockelheizung
	Zielstellung der Temperierung	thermische Trockenlegung	RH	thermische Trockenlegung	
	Normwärmebedarf				
	Wärmeerzeuger				
	Nennleistung des Wärmeerzeugers				
	Vor.-/ Rücklauftemperatur				
	Leitungslänge				
	Regelungstechnik				
	Einbau				2001/02
	Investitionskosten				
Ergebnisse der Temperierung	rel. Luftfeuchtigkeit				
	erzielbare Raumtemperatur		ca. 14°C		min. 18°C
	optische Eindrücke				
	Salzschäden				
	Verbrauchswerte				
	MW vor Einbau Temperierung				
	MW nach Einabu Temperierung				
Weitere Objektangaben	zus. Heizung				
	zus. Baumaßnahmen				
	Lüftung				
	Erfolg aus Sicht der Nutzer	Unvollständige Austrocknung des Sockels	Temperierung sehr Energieaufwendig	Wände bereits trocken	
Veröffentl.	Quellen	62		63	64
	Planer				EURA - Ingenieure

4 Burgen und Schlösser

Tabelle A/III: Burgen und Schlösser

	Nr.	62	63	64	65	66
Objektangaben	Ort	Freyburg	Letzlingen	Meseberg		Minden
	Land	Sachs. Anhalt	Sachs. Anhalt	Brandenburg		Nordrhein - Westfalen
	Art des Bauwerkes	Burg	Schloss	Schloss (Gästehaus)	ehemalige Gärtnerei	Fort C Museum
	Bauvolumen					
Temperieranlage	Bauart der Temperierung		Temperiersystem	Temperiersystem	Temperiersystem	Temperiersystem
	Zielstellung der Temperierung		konservatorische RT	RH	RH	thermische Trockenlegung u. RT
	Normwärmebedarf					
	Wärmeerzeuger		Gasheizung		Holzvergaserkessel Flüssiggastherme	
	Nennleistung des Wärmeerzeugers					
	Vor.-/ Rücklauftemperatur					
	Leitungslänge					
	Regelungstechnik		Raumtemperatur- fühler			
	Einbau		2000	ab 2004	ab 2004	ca. 1996
	Investitionskosten					260.000 DM
Ergebnisse der Temperierung	rel. Luftfeuchtigkeit		Winter: 50-70% Sommer: 60-80%			
	erzielbare Raumtemperatur		Winter: 15-20°C Sommer:20-26°C			
	optische Eindrücke					
	Salzschäden					
	Verbrauchswerte		nicht bekannt			
	MW vor Einbau Temperierung					
	MW nach Einbau Temperierung					
Weitere Objektangaben	zus. Heizung		Heizkörper in den Büros			
	zus. Baumaßnahmen		Sanierung			
	Lüftung					
	Erfolg aus Sicht der Nutzer		funktioniert erfolgreich			
Veröffentl.	Quellen	65	66	67		68
	Planer	Fischer		TB Käferhaus GmbH		

Tabelle A/III: Burgen und Schlösser

	Nr.	67	68	69	70	71
Objektangaben	Ort	Minden-Kuttendorf	Oranienbaum	Schönbrunn	Trebsen	Trebsen
	Land	Nordrhein - Westfalen	Sachs. Anhalt	Österreich	Sachsen	Sachsen
	Art des Bauwerkes	Gendarmenhaus	Schloss[VIII] (Keller)	Schloss (Giselazimmer)	Schloss[IX] (Schwarzküche)	Schloss[X] (Ausstellungsräume)
	Bauvolumen			166 m² 1.000 m³		
Temperieranlage	Bauart der Temperierung	Temperiersystem	Temperiersystem	Sockelheizung	Sockelheizung	Sockelheizung
	Zielstellung		thermische Trockenlegung u. RT	thermische Trockenlegung u. RH	thermische Trockenlegung u. RT	thermische Trockenlegung u. RH
	Normwärmebedarf					
	Wärmeerzeuger		Elektropatrone	Elektropatrone	Erdgas -Brennwerttechnik	
	Nennleistung des Wärmeerzeugers			6 kW	285 kW	
	Vor.-/ Rücklauftemperatur					45°C – 50°C
	Leitungslänge			300 m		
	Regelungstechnik		ungeregelt		Programmsteuerung	
	Einbau		2003		1996	1994/ 95
	Investitionskosten			ca. 120.000 öS + MwSt.		
Ergebnisse der Temperierung	rel. Luftfeuchtigkeit		40 % – 70 %[XI]			
	erzielbare Raumtemperatur	ca. 16°C – 18°C	0,6°C – 27,5°C[XIII]	min. 16 °C		ca. 20 °C
	optische Eindrücke				Ja	Ja
	Salzschäden		sind möglich		Nein	Ja
	Verbrauchswerte		2178 kWh (für 50 Tage[XII])	37.900 kWh 228 kWh/m²/a		
	MW vor Einbau Temperierung		Ja		Ja	Nein
	MW nach Einbau Temperierung		Ja	Ja (TU Wien)	Ja	Ja
Weitere Objektangaben	zus. Heizung					
	zus. Baumaßnahmen		entfernen von Zementputz im Sockelbereich	Sanierung	Sanierung	Sanierung
	Lüftung		undichte Fenster	undichte Fenster		
	Erfolg aus Sicht der Nutzer		Wandheizsystem als Feuchtesperre unwirksam	alle Anforderungen wurden erfüllt	Anforderung erfüllt	sehr zufrieden
Veröffentl.	Quellen	69	Untersuchungsbericht [70]/ [71]/ [72]/ [73]	Dokumentation [74]/ [75]	Diplomarbeit [76]/ [77]	78
	Planer	Ing. Büro Günter Reimer		TB Käferhaus GmbH	Ingenieurbüro Hofmann	

[VIII] Siehe Anlage 3.
[IX] Siehe Anlage 3.
[X] Siehe Anlage 3.
[XI] Vom 4.12.03 bis 27.08.04 im Keller gemessen.
[XII] Für den Zeitraum vom 08.07. – 27.08.04 gemessen.

Tabelle A/III: Burgen und Schlösser

	Nr.	72	73	74	75	76
Objektangaben	Ort	Trebsen	Veitshöchheim		Weimar	Weimar
	Land	Sachsen	Bayern		Thüringen	Thüringen
	Art des Bauwerkes	Inspektorenhaus[XIII]	Schloss EG	Schloss OG	Altenburg	Wittumspalais
	Bauvolumen				101 m²	
Temperieranlage	Bauart der Temperierung	Sockelheizung	Sockelheizung	auf Deckengesims		Temperiersystem (Wände/ Fußboden)
	Zielstellung der Temperierung	Verhinderung von Sommerkondensat	Kondensatfreiheit u. RT	Kondensatfreiheit		
	Normwärmebedarf					
	Wärmeerzeuger		Blockheizkraftwerk	Heizkabel	Gasheizung	
	Nennleistung des Wärmeerzeugers		12,5 kW	20 W/m		
	Vor.-/ Rücklauftemperatur					V: 55°C
	Leitungslänge		765 m			
	Regelungstechnik		Speicherprogrammierte Steuerung (ca. 42.000 €)			
	Einbau	2004	2002/ 05			
	Investitionskosten		$\sum$: 67.000 €	ca. 31.000 €		
Ergebnisse der Temperierung	rel. Luftfeuchtigkeit					
	erzielbare Raumtemperatur		Innentemperatur 6K über Außentemperatur Raumtemperatur: 6°C - 20°C		A: 4°C I:17,7°C	ca. 26°C
	optische Eindrücke	Ja				
	Salzschäden	Ja				
	Verbrauchswerte		2003/04: 34.535kWh/a 14,21 kWh/m³ 71,06 kWh/m²	keine Angaben	131 kWh/(m²119d)	
	MW vor Einbau Temperierung	Ja	Ja	Ja		
	MW nach Einbau Temperierung	Ja	Ja	Ja		
Weitere Objektangaben	zus. Heizung		Strahlplatten (Nebenräume), Fußbodenheizung (Vestibül)	im Winter mobile Marmorplattenstrahler (400 - 1500W)		
	zus. Baumaßnahmen	Teilsanierung	Sanierung			
	Lüftung	Fenster	Einfachfenster			
	Erfolg aus Sicht der Nutzer				„Leistungsvermögen des Temperiersystems äußerst gering"	
Veröffentl.	Quellen	Forschungsbericht 79/80	Dokumentation[81]		[82]	[83]
	Planer		Ingenieurbüro K. Fischer			

[XIII] Siehe Anlage

Tabelle A/III: Burgen und Schlösser

	Nr.	77	78	79	80
Objektangaben	Ort	Wiesbaden	bei Regensburg	bei Uppsala	Brezice
	Land	Baden Württemberg	Bayern	Schweden	Slowenien
	Art des Bauwerkes	Schloss Freudenberg	Burg Wolfseck	Schloss Salsta	Schlossturm
	Bauvolumen		364 m² 2.578,5 m³	50 m²	ca. 50 m² (Wandstärke bis 2,5 m)
Temperieranlage	Bauart der Temperierung	Temperiersystem	Sockeltemperierung	Sockeltemperierung	Sockeltemperierung 2 Schleifen
	Zielstellung der Temperierung	thermische. Trockenlegung u. RH	T: 15°C +/-3K F: 50 % +/-5 %	15°C	A: -5°C I: 15°C
	Normwärmebedarf				
	Wärmeerzeuger	Gas-Blockheiz-KW Gasbrennwertkessel	Strom		
	Nennleistung des Wärmeerzeugers	12 kW/ 5kW 110kW	58,5 kW		
	Vor.-/ Rücklauftemperatur			V: 50°C R: 30°C	V: 60°C
	Leitungslänge				70 m
	Regelungstechnik	über Hygrostaten			zentrale Regelung
	Einbau		1988		1997
	Investitionskosten		110.000 DM		
Ergebnisse der Temperierung	rel. Luftfeuchtigkeit				
	erzielbare Raumtemperatur	EG-OG: 18°C-20°C UG: 13°C - 16°C	Über 20°C		
	optische Eindrücke	Ja			
	Salzschäden	Nein			
	Verbrauchswerte	220.000kWh/a	23.11.88 – 23.9.89 47.000 kWh/ 18,22 kWh/m³a	In den ersten 12 Wochen 2000: 444 kWh/Woche	
	MW vor Einbau Temperierung	Ja		Ja	Ja
	MW nach Einbau Temperierung	Ja		Ja	Ja
Weitere Objektangaben	zus. Heizung	EG - Plattenheizkörper OG - Rippenheizkörper			zwei Radiatoren zu gelegentlichem Gebrauch
	zus. Baumaßnahmen	Sanierung			
	Lüftung				
	Erfolg aus Sicht der Nutzer	„Ziel wird keineswegs erreicht"	Temperatur und relative Feuchte im Winter zu niedrig, Feuchte im Sommer zu hoch	20% Energieeinsparung gegenüber konvektiven Heizsystemen	
Veröffentl.	Quellen	Dokumentation[84]	[85]/ [86]	Dokumentation[87]	Dokumentation[88]
	Planer				

5 Öffentliche Gebäude

Tabelle A/IV: öffentliche Gebäude

	Nr.	81	82	83
Objektangaben	Ort	Hattingen	Tittmoning	Weimar
	Land	Nordrhein - Westfalen	Bayern	Thüringen
	Art des Bauwerkes	Gymnasium[XIV]	Rathaus	Waldorfschule
	Bauvolumen	52,7 m² 206,2 m³		
Temperieranlage	Bauart der Temperierung	Temperiersystem	Sockelheizung	Sockelheizung
	Zielstellung der Temperierung	RH	thermische Trockenlegung	thermische Trockenlegung
	Normwärmebedarf			
	Wärmeerzeuger	Heizzentrale		
	Nennleistung des Wärmeerzeugers	2.000-2.300 W max. 4.000 W		
	Vor.-/ Rücklauftemperatur			
	Leitungslänge	61 m		
	Regelungstechnik	digital frei programmierbar		
	Einbau	1995	1992	
	Investitionskosten			
Ergebnisse der Temperierung	rel. Luftfeuchtigkeit			
	erzielbare Raumtemperatur	A:-9,4/I:19,5°C		
	optische Eindrücke			
	Salzschäden			
	Verbrauchswerte	2.000 W - 2.300 W		
	MW vor Einbau Temperierung	Nein		
	MW nach Einbau Temperierung	Ja		
Weitere Objektangaben	zus. Heizung	ein Raum mit Temperierung / Ein Raum mit Konvektoren		
	zus. Baumaßnahmen			
	Lüftung			
	Erfolg aus Sicht der Nutzer			
Veröffentl.	Quellen	Forschungsbericht[89]/ [90]/ [91]	Dokumentation[92]/ [93]	[94]
	Planer	Ing.-Büro Leipoldt		

[XIV] Siehe Anlage 3.

6 Wohnhäuser

Tabelle A/V: Wohnhäuser

	Nr.	84	85	86	87
Objektangaben	Ort	Allstedt	Halle	Kucha	Letzlingen
	Land	Sachs. Anhalt	Sachs. Anhalt	Bayern	Sachs. Anhalt
	Art des Bauwerkes	Wohnhaus (Mühle)[XV]	Wohnhaus (1675)[XVI]	Wohnhaus (Mühle)	Kavalierhaus (Hotel)
	Bauvolumen	448 m³	641 m³		
Temperieranlage	Bauart der Temperierung	Temperiersystem	Temperiersystem		Temperiersystem 2 Heizkreise
	Zielstellung der Temperierung	thermische Trockenlegung EG u. RH	thermische Trockenlegung EG u. RH		RT und RH
	Normwärmebedarf				
	Wärmeerzeuger	Brennwertkessel	Gasheizung	Holzpelletfeuerung	
	Nennleistung des Wärmeerzeugers			23 kW	
	Vor.-/ Rücklauftemperatur	bis 60°C	V.: 35-38°C R.: ca. 32°C		
	Leitungslänge				
	Regelungstechnik	Außentemperaturfühler	Außentemperaturfühler		
	Einbau	1997	1995		2001
	Investitionskosten	Ca. 15.000 – 16.000 €			
Ergebnisse der Temperierung	rel. Luftfeuchtigkeit				
	erzielbare Raumtemperatur	EG: 20°C – 21°C OG: ca. 17°C	über 20°C		
	optische Eindrücke	Keine	Keine		
	Salzschäden	Ja	Keine		
	Verbrauchswerte	184 kWh/m²a	99 kWh/m²a		
	MW vor Einbau Temperierung	Keine	Keine		
	MW nach Einbau Temperierung	Keine	Keine		
Weitere Objektangaben	zus. Heizung	Fußbodentemperierung und Kamin im EG	Sockelkollektoren		Heizkörper zur Raumheizung
	zus. Baumaßnahmen	Sanierung	Sanierung	Sanierung	Sanierung
	Lüftung		Kastenfenster		
	Erfolg aus Sicht der Nutzer	Mit Temperierung sehr zufrieden, aber sehr hohe Heizkosten	Sehr zufrieden, Temperierung. reagiert aber sehr träge.		
Veröffentl.	Quellen	95	96/ 97/ 98	99	100
	Planer			EURA – Ingenieure	

[XV] Siehe Kapitel 3.4.2
[XVI] Siehe Kapitel 3.4.2

Tabelle A/V: Wohnhäuser

	Nr.	88
Objektangaben	Ort	Cremona
	Land	Italien
	Art des Bauwerkes	Palazzo Cattaneo
	Bauvolumen	2698 m² 9672 m³
Temperieranlage	Bauart der Temperierung	Temperiersystem
	Zielstellung der Temperierung	thermische Trockenlegung u. RH
	Normwärmebedarf	
	Wärmeerzeuger	
	Nennleistung des Wärmeerzeugers	80 kW
	Vor.-/ Rücklauftemperatur	
	Leitungslänge	2.200 m
	Regelungstechnik	
	Einbau	ab 1994
	Investitionskosten	
Ergebnisse der Temperierung	Luftfeuchtigkeit	
	erzielbare Raumtemperatur	
	optische Eindrücke	
	Salzschäden	
	Verbrauchswerte	24,1 kWh/m² (4 Monate)
	MW vor Einbau Temperierung	
	MW nach Einbau Temperierung	
Weitere Objektangaben	zus. Heizung	Gemauerte Warmluft - Kondukten
	zus. Baumaßnahmen	Sanierung
	Lüftung	
	Erfolg aus Sicht der Nutzer	„unter 0°C wird es rapide ungemütlich/ an bestimmten Stellen kann aufsteigende Feucht nicht verhindert werden"
Veröffentl.	Quellen	Dokumentation[101]
	Planer	Dipl. Ing. Th. Becker

Literaturverzeichis

[1] E-Mail von Dr. J. Käferhaus, 15.07.2005
[2] Großeschmidt: Das temperierte Haus. 1996
[3] Großeschmidt: Das temperierte Haus. 1996
[4] Haase: Diplomarbeit. 2003
[5] Peusch: Diplomarbeit. 2004
[6] Trogisch: TGA Fachplaner. 2005
[7] Großeschmidt: Das temperierte Haus. 1996
[8] Großeschmidt: Das temperierte Haus. 1996
[9] Persönliches Gespräch mit Lindemann. Abteilungsleiter. Stiftung Dome und Schlösser in Sachsen-Anhalt. 27.06.2005
[10] Großeschmidt: Das temperierte Haus. 1996
[11] Persönliches Gespräch mit Lindemann. Abteilungsleiter. Stiftung Dome und Schlösser in Sachsen-Anhalt. 27.06.2005
[12] Kalisch, Weise (IDK Halle): Infrarotuntersuchung. 2004, Unveröffentlicht.
[13] Käferhaus: in: P. Boody, H. Großeschmidt, W. Kippes, M. Kotterer: Klima in Museen und historischen Gebäuden. Die Temperierung. Wissenschaftliche Reihe Schönbrunn. Bd. 9. 2004. S. 269 - 323
[14] Künzel: IBP - Mitteilung. 1998
[15] Großeschmidt: Dokumentation. 1998. Unveröffentlicht.
[16] Großeschmidt: Arbeitskreis Energieberatung Thüringen. 1996. S. 26
[17] Großeschmidt: Dokumentation. 1998. Unveröffentlicht.
[18] www.eura-ingenieure.de/oberau.html (19.07.05)
[19] Großeschmidt: Dokumentation. 1998. Unveröffentlicht.
[20] www.konrad-fischer-info.de/7temper.htm (19.07.05)
[21] Großeschmidt: Das temperierte Haus. 1996
[22] Großkinsky: Vortrag IBP Institut. 08.07.2005
[23] Großeschmidt: Die Temperierung. 1998. S.9a
[24] Kilian: Die Wandtemperierung in der Renatuskapelle in Lustheim. 2004
[25] Ganß: Feuchtetechnische Untersuchung. 2000. Unveröffentlicht
[26] www.zreu.de/images/Planung%26Projektierung/ Projekte/Projektblatt_KlosterSpeinshart.pdf (19.07.05)
[27] Holm: Vortrag IBP Institut, 08.07.2005
[28] Kalisch (IDK Halle): Forschungsbericht. 2004. Unveröffentlicht
[29] Malovrh, Zupan, Praznik in: P. Boody, H. Großeschmidt, W. Kippes, M. Kotterer: Klima in Museen und historischen Gebäuden. Die Temperierung. Wissenschaftliche Reihe Schönbrunn. Bd. 9. 2004. S. 128 - 137
[30] Th Becker in: : P. Boody, H. Großeschmidt, W. Kippes, M. Kotterer: Klima in Museen und historischen Gebäuden. Die Temperierung.

Wissenschaftliche Reihe Schönbrunn. Bd. 9. 2004. S. 159 – 161

[31] www.kaeferhaus.at/referenz/ sanierung/sa_karmel.htm (19.07.05)
[32] Großeschmidt: Die Temperierung. 1992. S.21
[33] Großeschmidt: Die Temperierung. 1998. S. 9b
[34] Großeschmidt: Vortrag auf dem Museumstag Schweinfurt. 1998
[35] Kalmer: Die Temperierung von Gebäuden. 1994
[36] Großeschmidt: Anmerkungen. 1998. Unveröffentlicht.
[37] Kalmer: Die Temperierung von Gebäuden. 1994
[38] Kahlert: Das optimale Raumklima. ohne Jahresangabe
[39] Großeschmidt: Vortrag auf dem Museumstag Schweinfurt. 1998
[40] Kalmer: Die Temperierung von Gebäuden. 1994
[41] Großeschmidt: Das temperierte Haus. 1996
[42] Kalmer: Die Temperierung von Gebäuden. 1994
[43] Husty: Museum Heute. Heft 18. 1999. S. 12 - 16
[44] Großeschmidt: Die Temperierung. 1998. S. 9e
[45] Großeschmidt: Das temperierte Haus. 1996
[46] Großeschmidt: Das temperierte Haus. 1996
[47] Hofer in:P. Boody, H. Großeschmidt, W. Kippes, M. Kotterer: Klima in Museen und historischen Gebäuden. Die Temperierung. Wissenschaftliche Reihe Schönbrunn. Bd. 9. 2004. S. 143 - 146
[48] www.eura-ingenieure.de/rauber.html (19.07.05)
[49] Großeschmidt: Das temperierte Haus. 1996
[50] Großeschmidt: Das temperierte Haus. 1996
[51] Eicke - Hennig: Arbeitskreis Energieberatung Thüringen. 1996. S. 85 ff
[52] Kalmer: Die Temperierung von Gebäuden. 1994
[53] Großeschmidt: Energieabrechnung vom Regensburger Salzstadel. 1993. Unveröffentlicht.
[54] www.muenchner-fachforen.de/waerme/ FF19%20Schmid.pdf (19.07.05)
[55] www.eura-ingenieure.de/remagen.html (19.07.05)
[56] Kalmer: Die Temperierung von Gebäuden. 1994
[57] Großeschmidt: Linzer Werkstättengespräche. 1992. S. 9
[58] Micus: Linzer Werkstättengespräche. 1992
[59] Großeschmidt: Das temperierte Haus. 1996
[60] Kalmer: Die Temperierung von Gebäuden. 1994
[61] Kalmer: Die Temperierung von Gebäuden. 1994
[62] Gronau: Arbeitskreis Energieberatung Thüringen. 1996. S. 68 und S. 79 - 81
[63] Großeschmidt: Das temperierte Haus. 1996
[64] www.eura-ingenieure.de/wuerzburg.html (19.07.05)
[65] www.konrad-fischer-info.de/7temper.htm (19.07.05)
[66] Persönliches Gespräch mit Lindemann. Abteilungsleiter. Stiftung Dome und Schlösser in Sachsen-Anhalt. 27.06.2005

[67] Käferhaus in: : P. Boody, H. Großeschmidt,
W. Kippes, M. Kotterer: Klima in Museen und
historischen Gebäuden. Die Temperierung.
Wissenschaftliche Reihe Schönbrunn. Bd. 9.
2004. S. 163 – 169
[68] Großeschmidt: Das temperierte Haus. 1996
[69] www.8ung.at/manfred-hoof/Dorf_2000/
gendarmenhaus_temperierung.htm (19.07.05)
[70] Kalisch (IDK Halle): Forschungsbericht. 2004.
Unveröffentlicht
[71] Kalisch, Weise (IDK Halle):
Infrarotuntersuchung. 2004. Unveröffentlicht
[72] Ganß: Bauhygrische Untersuchung. 2004.
Unveröffentlicht
[73] Persönliches Gespräch mit Hartmann.
baubegleitender Restaurator. 16.06.2005
[74] www.kaeferhaus.at/referenz/
sanierung/sa_bergel.htm (19.07.05)
[75] Käferhaus in: P. Boody, H. Großeschmidt, W.
Kippes, M. Kotterer: Klima in Museen und
historischen Gebäuden. Die Temperierung.
Wissenschaftliche Reihe Schönbrunn. Bd. 9.
2004. S. 49 - 76
[76] Schönfeld: Diplomarbeit. 2001
[77] Persönliche Begehungen. Juli 2005
[78] Persönliche Begehungen. Juli 2005
[79] Löther: Praktikumsbericht. 2003
[80] Freytag: Erhalt und Nutzung temporär genutzter
Gebäude. Forschungsbericht der DBU. 2005
[81] www.konrad-fischer-info.de/7temper.htm
(19.07.05)
[82] Gronau: Arbeitskreis Energieberatung
Thüringen. 1996, S. 75 - 79
[83] Gronau: Arbeitskreis Energieberatung
Thüringen. 1996, S. 69 - 75
[84] Arendt, Seele: DAB 2/2000. S. 166 ff
[85] Kalmer: Die Temperierung von Gebäuden. 1994
[86] Großeschmidt: Anmerkungen. 1998.
Unveröffentlicht
[87] Holmberg in: P. Boody, H. Großeschmidt, W.
Kippes, M. Kotterer: Klima in Museen und
historischen Gebäuden. Die Temperierung.
Wissenschaftliche Reihe Schönbrunn. Bd. 9.
2004. S. 99 - 106
[88] Sijanec-Zavrl, Zarnic: in: Kotterer, M.;
Großeschmidt, H.; Boody, F.; Kippes, W.: Klima
in Museen und historischen Gebäuden. Die
Temperierung. Wissenschaftliche Reihe
Schönbrunn. Bd. 9. 2004. S. 209 - 213
[89] Leipoldt: Hüllflächen – Temperierung, 1999
[90] Leipoldt: in: Kotterer, M.; Großeschmidt, H.;
Boody, F.; Kippes, W.: Klima in Museen und
historischen Gebäuden. Die Temperierung.
Wissenschaftliche Reihe Schönbrunn. Bd. 9.
2004. S. 209 - 213
[91] Flertmann: Dissertation. 1999
[92] IGS GmbH: Vorabbericht über Ergebnisse der
Durchfeuchtungsmessungen. 1992.
Unveröffentlicht.
[93] Großeschmidt: Das temperierte Haus. 1996

[94] Gronau: Arbeitskreis Energieberatung
Thüringen. 1996. S. 66
[95] Persönliches Gespräch mit Herrn Bruns am
04.07.2005
[96] G. Voß in: P. Boody, H. Großeschmidt, W.
Kippes, M. Kotterer: Klima in Museen und
historischen Gebäuden. Die Temperierung.
Wissenschaftliche Reihe Schönbrunn. Bd. 9.
2004. S. 151 - 154
[97] Persönliches Gespräch mit A.
Gebietskonservator Sachsen Anhalt. 13.05.2005
(auf eigenen Wunsch anonymisiert)
[98] Persönliches Gespräch mit Voß. 14.07. und
11.08. 2005
[99] www.muenchner-fachforen.de/waerme/
FF19%20Schmid.pdf (19.07.05)
[100] persönliches Gespräch mit Lindemann.
27.06.2005
[101] Th Becker in: P. Boody, H. Großeschmidt, W.
Kippes, M. Kotterer: Klima in Museen und
historischen Gebäuden. Die Temperierung.
Wissenschaftliche Reihe Schönbrunn. Bd. 9.
2004. S. 156 - 159

Anlage 2

Untersuchungen im Rittergut Trebsen

Inhaltsverzeichnis

1 Untersuchungen im Rittergut Trebsen

In Anlage 2 werden drei Temperieranlagen im Rittergut Trebsen vorgestellt, die zu unterschiedlichen Zwecken eingebaut wurden und zum Teil bereits einige Jahre in Betrieb sind. Das Rittergut Trebsen ist in zwei Gebäudekomplexe eingeteilt, zum einen in den „Wirtschaftshof" und zum anderen in die „Schlossanlage". Die vorliegende Arbeit verwendet zur begrifflichen Unterscheidung diese vorgenommene Gebäudedifferenzierung. Bei den drei Temperieranlagen handelt es sich um eine Bauteiltemperierung zur Verhinderung von Sommerkondensat in Kellerräumen des Inspektorenhauses (Wirtschaftshof), um eine Raumtemperierung in Ausstellungsräumen des Schlosses (Schloss) sowie um eine Grundtemperierung, die als thermische Horizontalsperre in der Schwarzküche des Schlosses eingebaut wurde (Schloss). Aufgrund eines regen wissenschaftlichen Austauschs zwischen dem Förderverein des Schlosses Trebsen[1] und der HTWK Leipzig, kann man bei zwei der eingebauten Temperieranlagen auf Daten von Voruntersuchungen zurück greifen.

Rittergut Trebsen

Der Ursprung des Ritterguts Trebsen [Bild A2-1] geht auf die Mitte des 12. Jahrhunderts zurück. Die damals entstandene Wasserburg an der Mulde ist von 1522 bis 1524 zu einer vierflügeligen Schlossanlage umgebaut worden, die man im 18. und 19. Jahrhundert weiter ausbaute. Noch heute sind umfangreiche Strukturen aus der Spätgotik, der Renaissance und dem Barock erhalten.[Vgl. Schwarz, 1993 S.197] Neben dem Schloss befindet sich der so genannte Wirtschaftshof mit dem um 1800 errichteten spätbarocken Inspektorenhaus.

---

[1] Betreiber des Schlosses Trebsen ist der Förderverein für Handwerk und Denkmalpflege e.V.

Bild A2-1:Rittergut Trebsen mit Wirtschaftshof (links) und Schlossanlage (rechts)
(Quelle: Freytag, 2005)

Als Baumaterial des Rittergutes wurden vor allem der für diese Gegend typische Quarzporphyr sowie gebrannte Ziegel verwendet. Seit 1992 laufen im Schloss und Wirtschaftshof umfangreiche Sanierungsarbeiten.

2 Der Keller des Inspektorenhauses im Wirtschaftshof

Das um 1800 errichtete Inspektorenhaus [Bild A2-2] gehört zum ehemaligen Wirtschaftshof im Rittergut Trebsen und teilt sich in einen unterkellerten und einen nicht unterkellerten Bereich. Die rund 0,70 m starken Kelleraußenwände bestehen vorwiegend aus Naturstein (Quarzporphyr). Trennwände und die Kappendecken sind aus Ziegelstein gemauert. Das Fußbodenniveau des Kellers dieses Barockgebäudes liegt ca. 2,30 m unter der Oberfläche des angrenzenden Geländes und wurde bis zur Flutkatastrophe 2002 vor allem als Lagerraum für Brennholz und Kohlen genutzt.

Bild A2-2: Inspektorenhaus im Wirtschaftshof des Ritterguts Trebsen (Quelle: Freytag, 2005)

Bei den Überschwemmungen im Jahr 2002 war der Keller vom 10. bis zum 15.August komplett überflutet. Bei den Aufräumarbeiten sind sowohl der durchnässte Ziegelfußboden als auch große Teile des Putzes entfernt worden. Im März 2003 führte man Nullmessungen der Außenwände durch.[2] Ende 2003/Anfang 2004 erfolgt die Sanierung des Kellers mit der Erneuerung der Putze und dem Verlegen eines neuen Ziegelfußbodens. Auf den Einbau einer vertikalen oder horizontalen Abdichtung wurde verzichtet. Bei dieser Sanierung baute man im Raum 02 [Bild A2-3] an zwei Wandfelder eine Sockeltemperierung aus ummanteltem Kupferrohr ein. Wandabschnitt I wird kontinuierlich und Wandabschnitt II durch Solarenergie diskontinuierlich beheizt. Anschließend erfolgten im Zeitraum 2004/05 in den Räumen 02 und 03 umfangreiche Messungen im Rahmen einer Forschungsarbeit, die Bestandteil des von der Deutschen Bundesstiftung Umwelt (DBU) initiierten Forschungsschwerpunktes „Erhaltung und Nutzung temporär genutzter Gebäude. Vermeidung von Feuchteschäden durch Nutzung regenerativer Energiequellen" sind. [Vgl. Freytag, 2005].

Ziel der Untersuchung ist es vor allem herauszufinden, in wie weit man durch eine diskontinuierliche Beheizung durch eine Solaranlage im Sockelbereichen eine Tauwasserbildung, vor allem von Sommerkondensat, verhindern kann. [Vgl. Freytag, 2005]

---

[2] Diese Messungen erfolgten im Rahmen eines Hochschulpraktikums (HTWK Leipzig) und wurden von Thomas Löther durchgeführt.

Im Folgenden werden die Ergebnisse der Voruntersuchungen [Löther, 2003] und der Forschungsarbeit [Freytag, 2005] aus Kapazitätsgründen nur beispielhaft dargestellt.

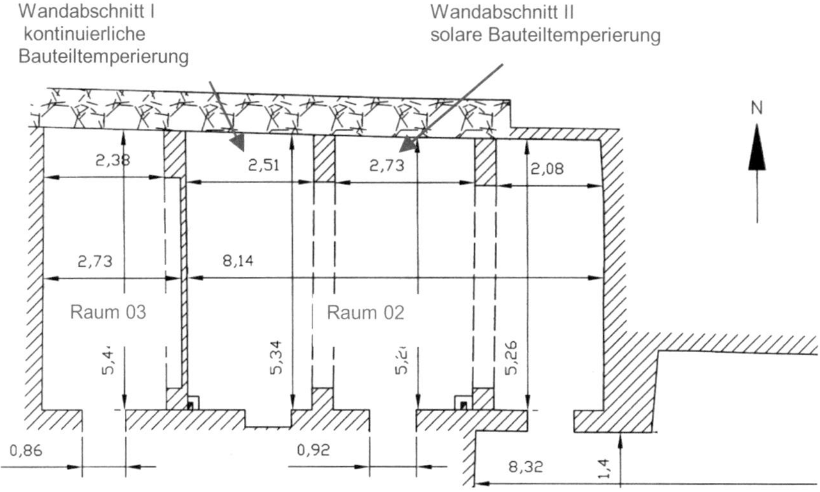

Bild A2-3: Grundriss Versuchskeller (Quelle: Löther/Freytag, 2005)

2.1 Nullmessungen

Im März 2003 fand eine Nullmessung statt, deren Ausgangspunkt es war, drei Wandfelder im Keller auszuwählen, die möglichst den gleichen Wandaufbau bezüglich Material und Wandstärke aufweisen. Dazu wurden Untersuchungen zum Feuchte- und Salzgehalt durchgeführt sowie der Durchfeuchtungsgrad von Abschlagproben bestimmt. Durch einen Wandaufbruch konnte der Aufbau der Außenwand festgestellt werden. Es zeigte sich, dass ein heterogener Wandaufbau vorliegt, da Steine unterschiedlichster Größe und Qualität[3] verarbeitet wurden. Ebenso konstatierte man, dass es sich nicht um ein zweischaliges Mauerwerk handelt. Im Anschluss an das Ergebnis der Nullmessungen hat man dann die Wandfelder I/A, II/A, I/B, II/B, I/G, II/G in den Räumen 02 und 03 [Bild A2-4] als Versuchsfelder ausgewählt.

---

[3] Quarzporphyr, Porphyrtuff und an wenigen Stellen und den Fenstereinfassungen Ziegelstein.

<table>
<tr><th>Raum 03</th><th>Raum 02</th><th></th></tr>
</table>

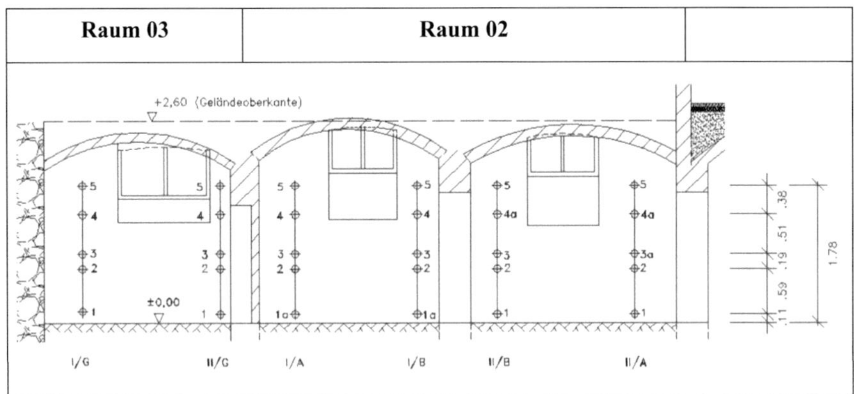

Bild A2-4: Versuchswände mit Lage der Probeentnahmestellen bei der Nullmessung (Quelle: Löther, 2005)

Feuchtegehalt

Der horizontale und vertikale Feuchtegehalt der Außenwände wurde in jedem Wandabschnitt jeweils an zwei Achsen ermittelt. Über die Höhe hat man fünf Messungen durchgeführt, an allen Wandfeldern mit annähernd gleichem Abstand [Bild A2-4]. Zur Probenentnahme benutzte man einen langsam laufenden Hilti – Bohrhammer, um durch die Bohrung keine Wärme in die Wand einzutragen. Der Durchmesser der Bohrung betrug 25 mm und die Auswertung erfolgte bis 40 cm Wandtiefe. Aufgrund des heterogenen Mauerwerks war es nicht immer möglich, innerhalb einer horizontalen Bohrung die gleiche Materialfolge zu entnehmen.

Der Feuchtegehalt wurde gravimetrisch ermittelt, in M-% berechnet und durch Diagramme dargestellt.

$$h = \frac{m_f - m_{tr}}{m_{tr}} \cdot 100 \qquad [\text{M-\%}]$$

m_f = Baufeuchte

m_{tr} = Masse trocken

In den Bildern A2-5 bis A2-10 ist die horizontale und vertikale Feuchteverteilung über die Untersuchungstiefe als auch an der Wandoberfläche dargestellt. Zu beachten bleibt, dass in der Grafik der vertikalen Feuchteverteilung immer die Werte der Wandoberfläche dargestellt wurden, auch wenn sie aus unterschiedlichen Baumaterialen bestehen.

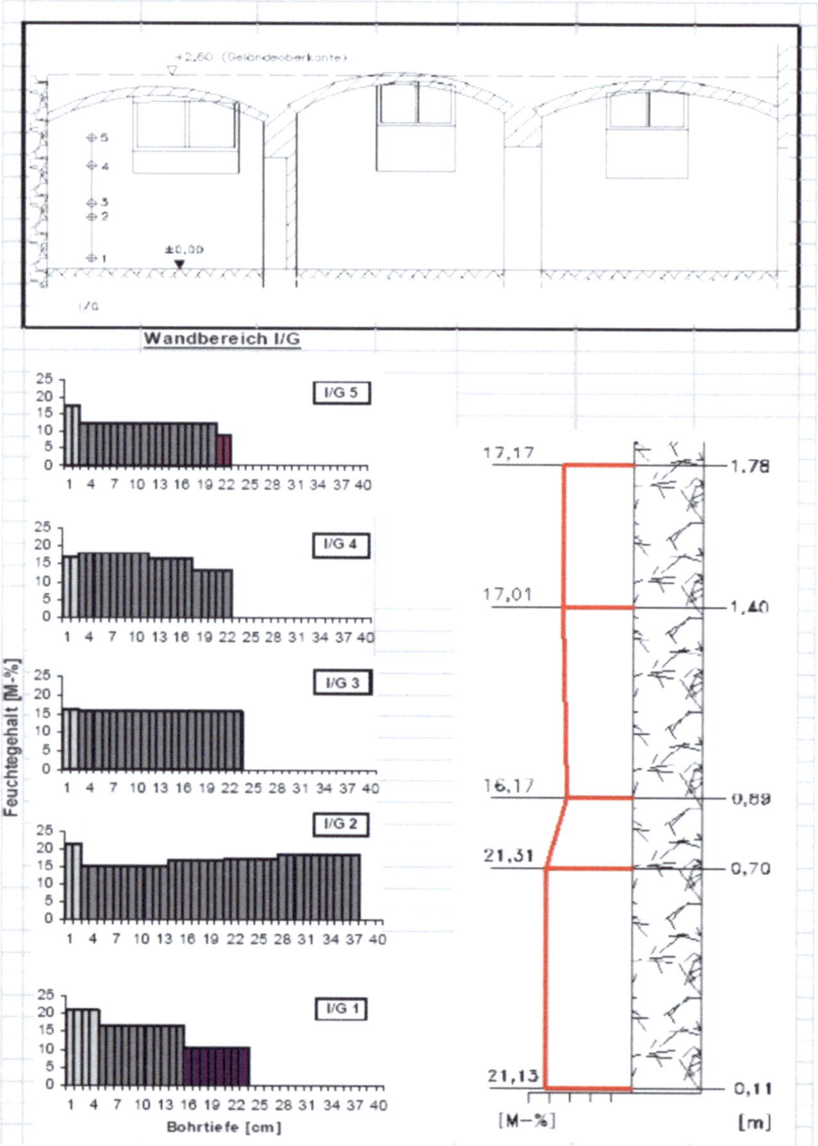

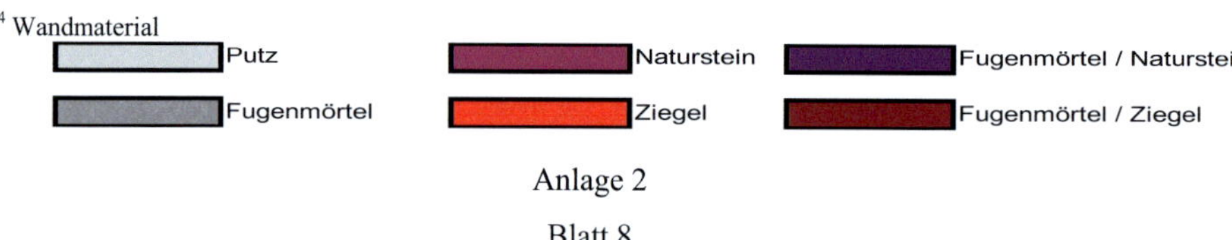

Bild A2-5: Raum 03; Feuchteverteilung; Referenzraum ohne Bauteiltemperierung, linke Probenachse[4]
(Quelle: Löther, 2005)

[4] Wandmaterial

Putz	Naturstein	Fugenmörtel / Naturstein
Fugenmörtel	Ziegel	Fugenmörtel / Ziegel

Anlage 2

Blatt 8

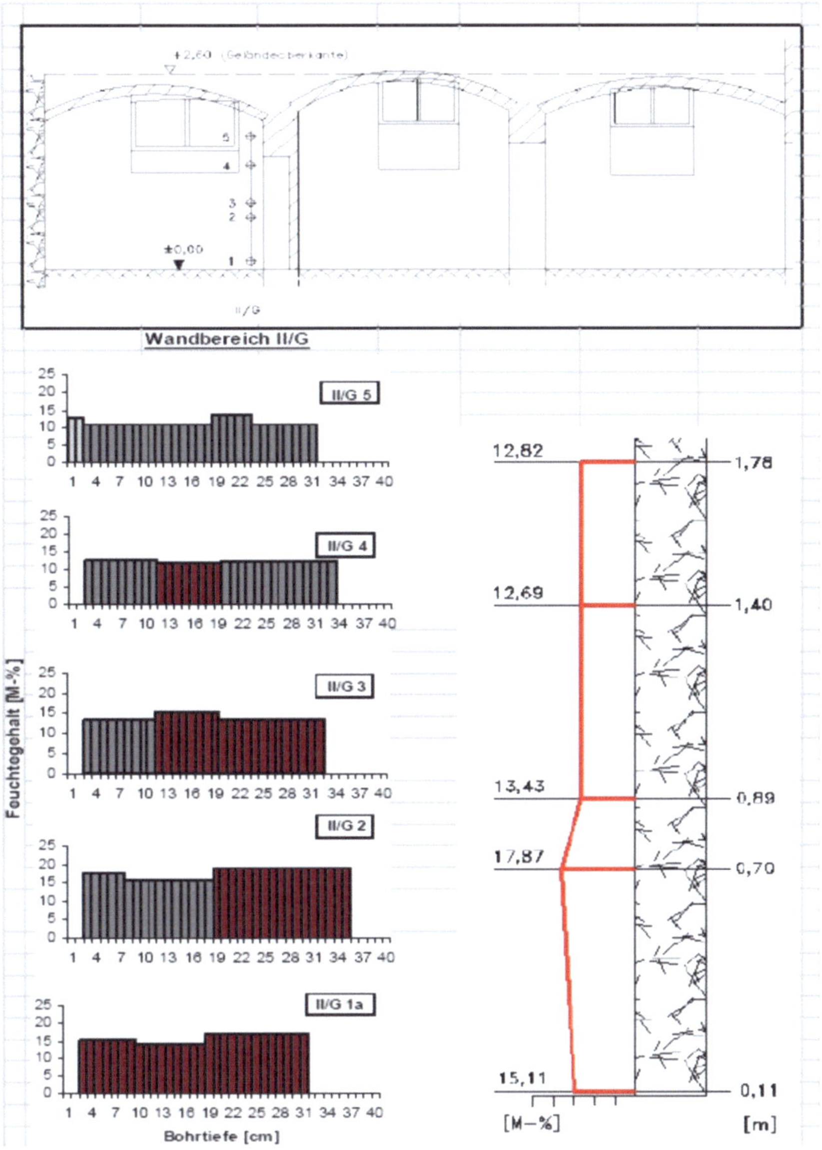

Bild A2-6: Raum 03; Feuchteverteilung; Referenzraum ohne Bauteiltemperierung, rechte Probenachse[5]
(Quelle: Löther, 2005)

---

[5] Wandmaterial

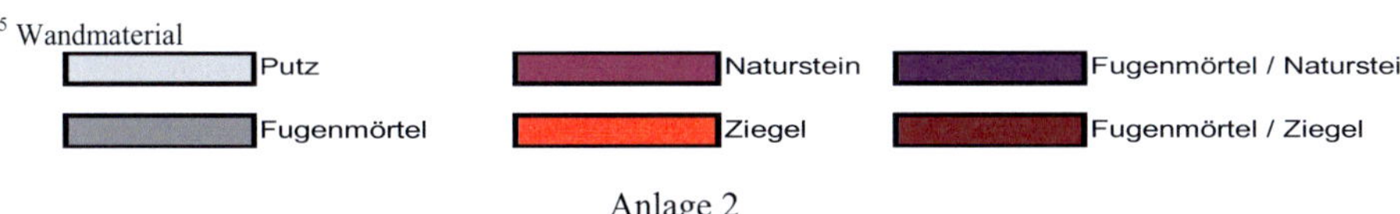

Anlage 2

Blatt 9

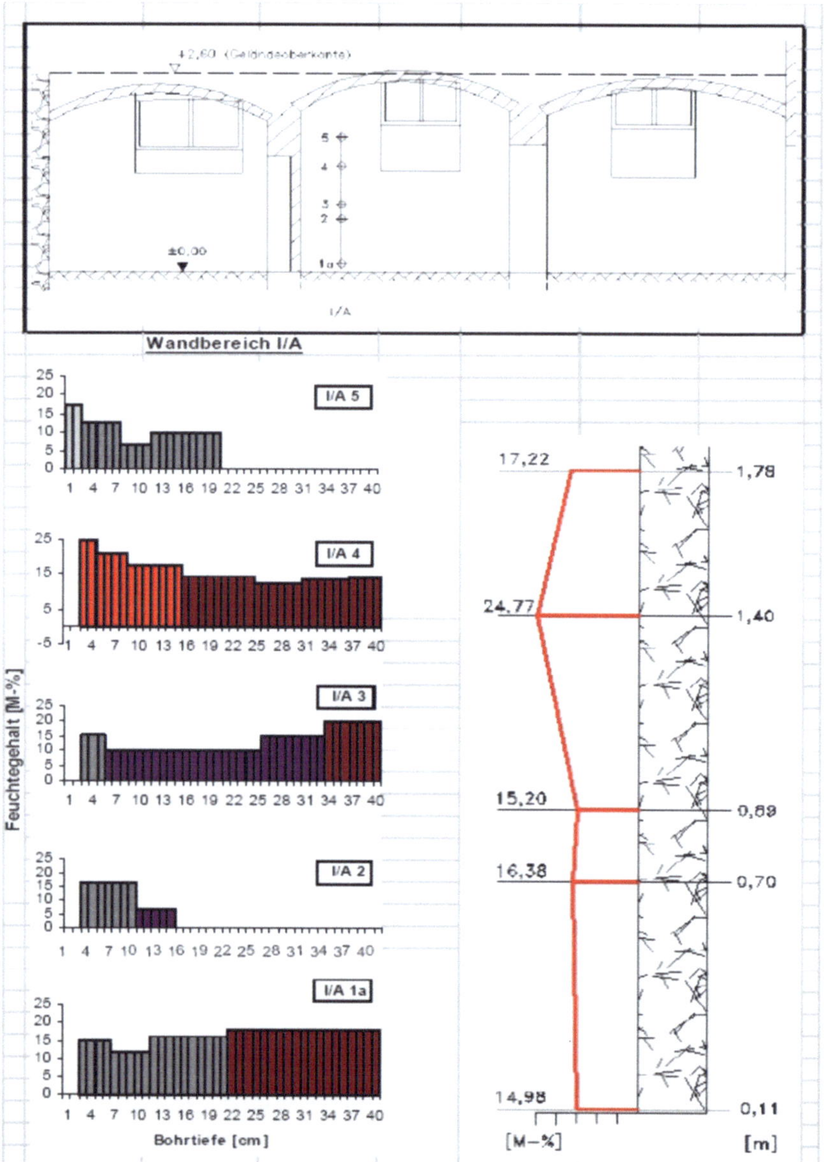

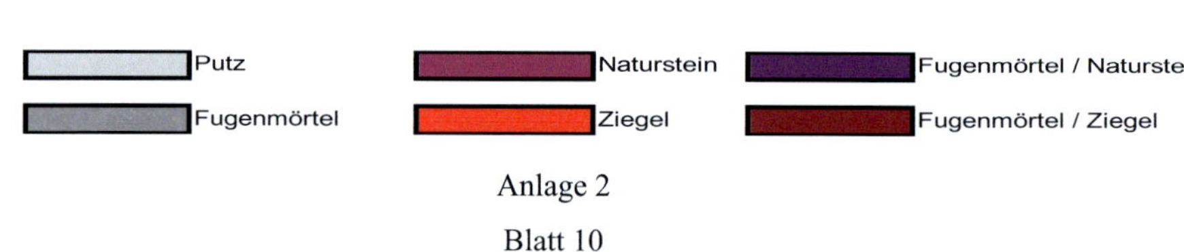

Bild A2-7: Raum 02; Feuchteverteilung; Wandabschnitt für kontinuierlicher Bauteiltemperierung vorgesehen; linke Probenachse [6] (Quelle: Löther, 2005)

[6]

Anlage 2

Blatt 10

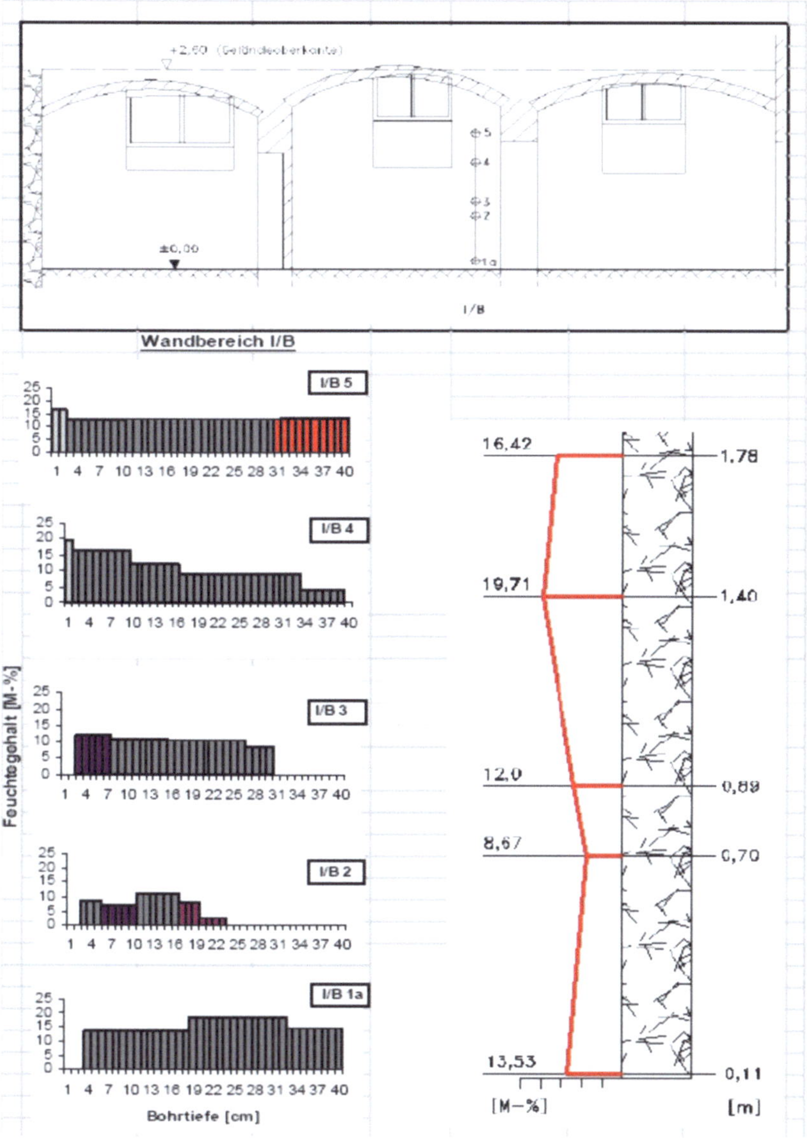

Bild A2-8: Raum 02; Feuchteverteilung; Wandabschnitt für kontinuierlicher Bauteiltemperierung vorgesehen; rechte Probenachse[7] (Quelle: Löther, 2005)

<hr>

[7]

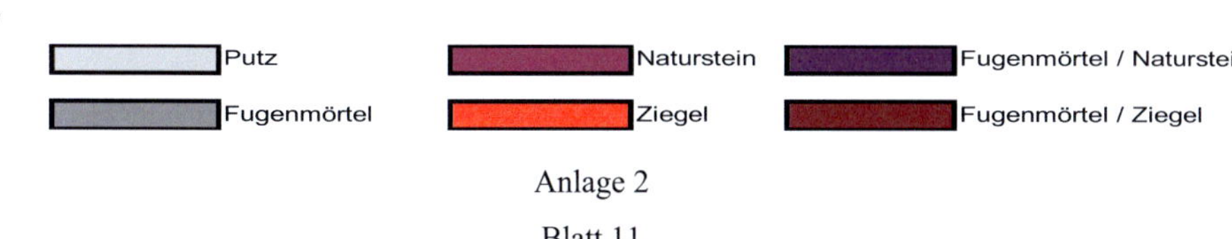

Anlage 2

Blatt 11

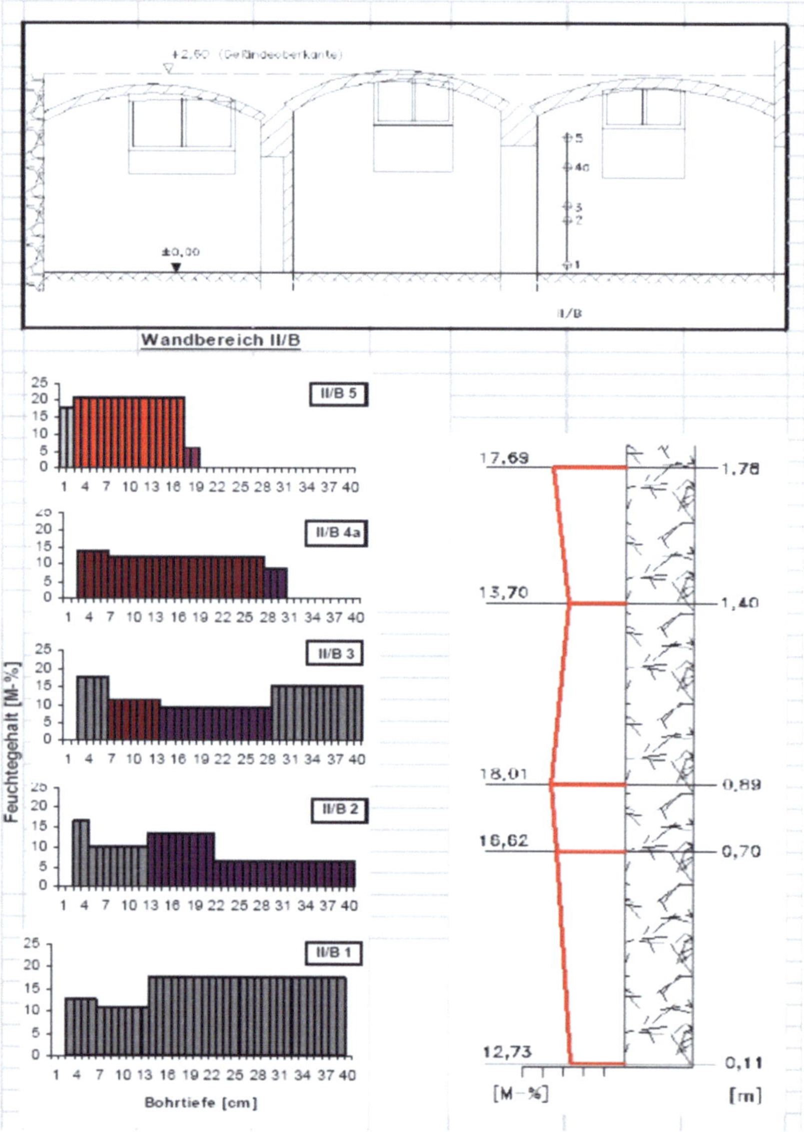

Bild A2-9: Raum 02; Feuchteverteilung; Wandabschnitt für solare Bauteiltemperierung vorgesehen; linke Probenachse[8] (Quelle: Löther, 2005)

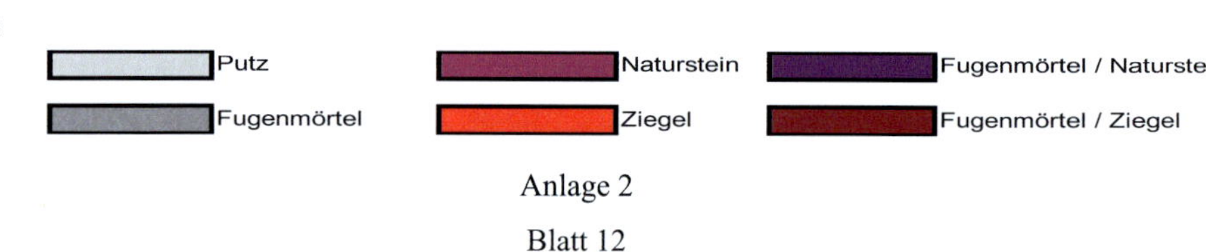

Anlage 2

Blatt 12

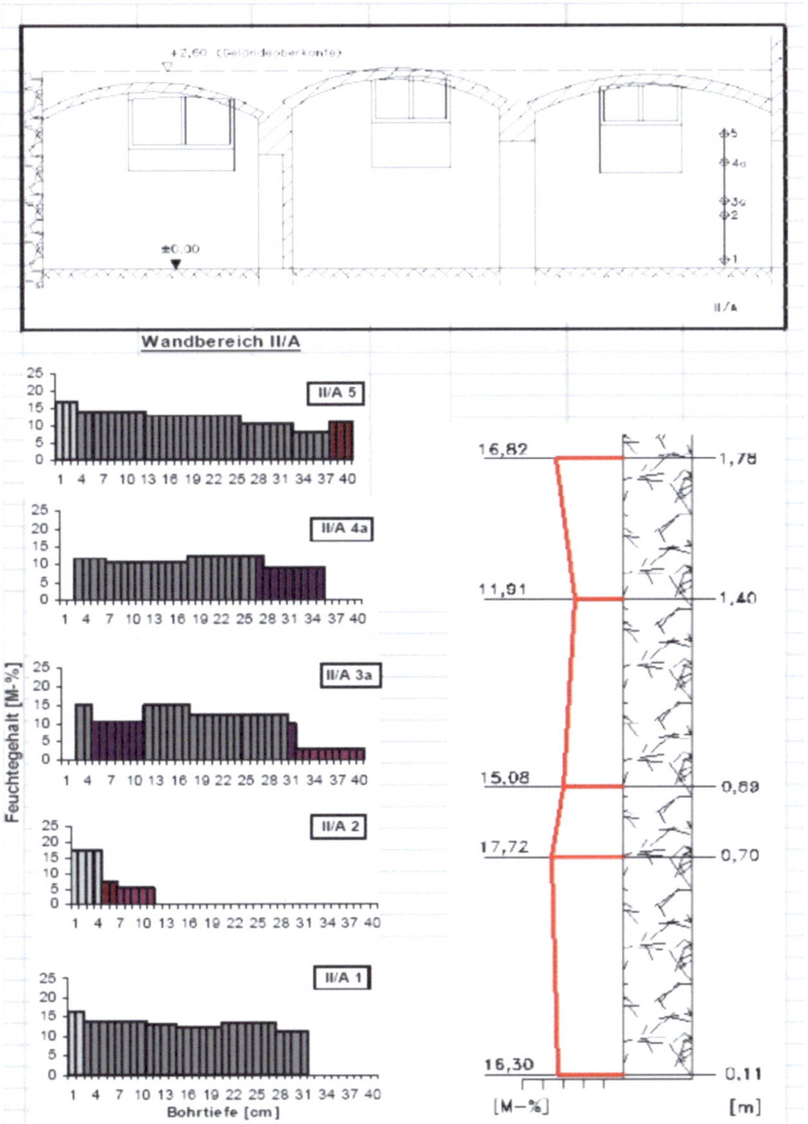

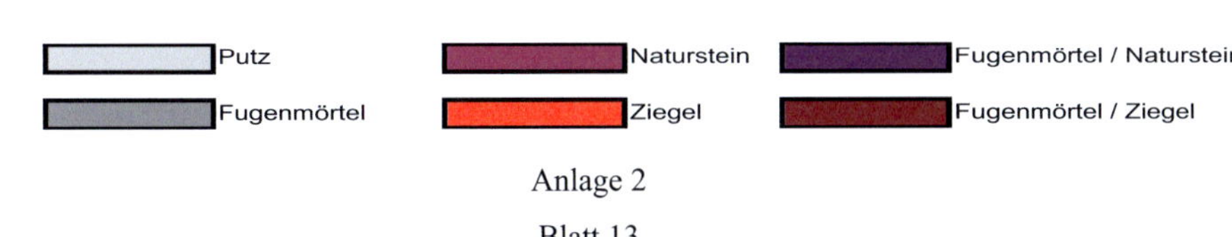

Bild A2-10: Raum 02; Feuchteverteilung; Wandabschnitt für solare Bauteiltemperierung vorgesehen; rechte Probenachse[9] (Quelle: Löther, 2005)

Anlage 2

Blatt 13

Da die Angabe über den Feuchtegehalt kein Materialkennwert ist, bestimmte man zusätzlich die Sättigungsfeuchte der Abschlagproben um so den Durchfeuchtungsgrad ermitteln zu können.

Sättigungsfeuchte:

$$h_w = \frac{m_w - m_{tr}}{m_{tr}} \cdot 100 \qquad \text{[M-\%]}$$

m_w = Masse nach Wasserlagerung

m_{tr} = Masse trocken

Die Proben wurden bis zur Massekonztanz getrocknet und lagerten danach 28 Tage unter Wasser. In Tabelle A2-1 sind der Feuchtegehalt bei Ausbau der Probe, die Sättigungsfeuchte am Ende des Versuches sowie der ermittelte Durchfeuchtungsgrad dargestellt.

Durchfeuchtungsgrad:

$$DFG = \frac{m_f}{h_w} \cdot 100 \qquad \text{[\%]}$$

m_f = Baufeuchte

h_w = Sättigungfeuchte

Tabelle A2-1: Sättigungsfeuchte und Durchfeuchtungsgrad von Abschlagproben (Quelle: Löther, 2003)

Wandbereich	Probe	Probenmaterial	Feuchtegehalt bei Ausbau [M - %]	Sättigungsfeuchte (nach 28 Tagen) [M - %]	Durchfeuchtungsgrad [%]
I/C	2	Ziegel	20,21	19,66	100
II/C	3	Naturstein	13,10	11,57	100
II/C	4	Naturstein	3,86	3,85	100
II/D	2	Fugenmörtel	17,75	19,68[10]	90
II/D	4	Ziegel	13,66	12,67	100
II/D	5	Ziegel	16,54	16,86	98
III/D	1	Ziegel	18,96	19,58	97

---

[10] Der Fugenmörtel konnte nur 21 Tage beprobt werden.

Deutlich erkennbar ist, dass die Werte nach Wasserlagerung den Ausbauwert nicht oder nur sehr gering überschreiten. Das lässt die Schlussfolgerung zu, dass die Wandoberfläche vollständig wassergesättigt war.[11]

Für jede Materialprobe ist außerdem noch ein Diagramm angefertigt worden, anhand dessen man erkennen kann, wie sich der Feuchtegehalt während der Wasserlagerung verändert hat. Als Beispiel ist im Bild A2-11 die Ziegelprobe I/C 2 zu sehen.[12]

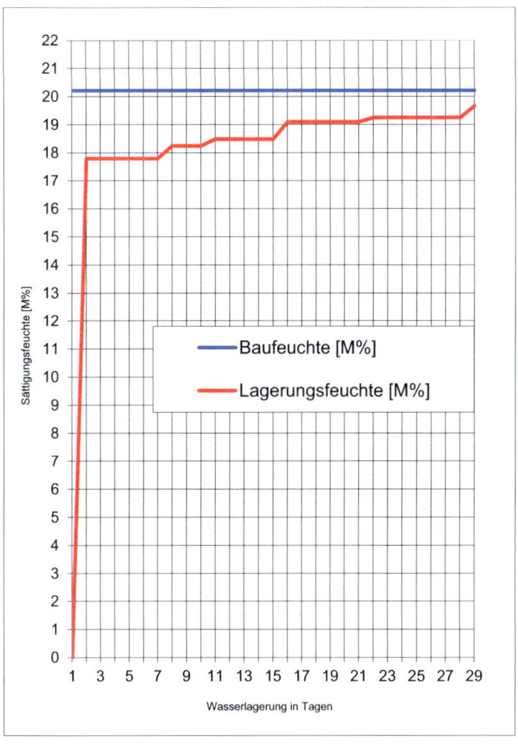

Bild A2-11: Sättigungsfeuchte der Ziegelprobe I/C 2 (Quelle: Löther, 2003)

Ein weiterer ermittelter Wert ist die hygroskopische Feuchte, für deren Bestimmung die Proben bis zur Massekonztanz getrocknet und anschließend 41 Tage bei 90% Luftfeuchtigkeit gelagert wurden. Natürlich spielt hier auch die Salzbelastung durch hygroskopisch wirkende Salze eine große Rolle. Die Tabelle A2-2 stellt einige der Ergebnisse dar.[13]

---

[11] Vollständige Tabelle mit allen Zwischenergebnissen in: Löther, 2003.
[12] Alle Diagramme in: Löther, 2003.
[13] Weitere Ergebnisse in: Löther, 2003.

Anlage 2

Blatt 15

hygroskopische Feuchte:

$$h_{hygr} = \frac{m_f - m_{tr}}{m_{tr}} \cdot 100 \qquad [\text{M-\%}]$$

m_f = Feuchtelagerung

m_{tr} = Masse trocken

Tabelle A2-2: Hygroskopischer Feuchtegehalt von Abschlagproben (Quelle: Löther, 2003)

Wandbereich	Probe	Probenmaterial	Feuchtegehalt [M%]	hygr. Feuchtegehalt [M%]
I/E	1	Ziegel	20,40	**6,13**
I/E	2	Naturstein	5,79	**2,89**
I/E	3	Fugenmörtel	14,37	**11,16**
I/E	4	Ziegel	17,80	**7,63**
I/E	5	Fugenmörtel	17,45	**11,48**

Raumklima:

In der Zeit der Probenentnahme (März/April 2003) wurden stichpunktartig Klimawerte[14] im Keller erfasst, wobei sich im Durchschnitt folgende Werte ergaben:

Raumlufttemperatur: ca. 8°C

Relative Luftfeuchtigkeit: 90 – 95%.

Auswertung Feuchtegehalt

Trotz der gewonnenen Ergebnisse aller Untersuchungen konnte nicht eindeutig geklärt werden, woher die hohe Durchfeuchtung der Kelleraußenwände kommt. Die Ergebnisse der Sättigungsfeuchte haben gezeigt, dass nicht allein das Hochwasser von 2002 diese hohe Durchfeuchtung erzielen konnte, da die Belastung durch drückendes Wasser im Keller nur drei Tage andauerte. Bei der Wasserlagerung von Abschlagproben hat es 28 Tage gedauert, die Baufeuchte annähernd wiederherzustellen.

---

[14] Vollständige Daten in: Löther, 2003.

Am Dach des Inspektorenhauses befindet sich eine funktionierende Dachrinne, jedoch keine vertikale oder horizontale Bauwerksabdichtung. Da die horizontalen Feuchtigkeitsquerschnitte auch eine starke Durchfeuchtung im Wandkern belegen, ist demnach zu vermuten, dass mehrere Faktoren für die hohe Durchfeuchtung des Kellermauerwerks verantwortlich sind. So u.a. eindringendes Sickerwasser und Bodenfeuchte, die Auswirkungen des Hochwassers sowie über längere Zeit einwirkendes Tauwasser an den Wandoberflächen.

Salzbelastung

Mithilfe der Materialproben der Wandoberflächen ermittelte man neben dem Feuchtigkeitswert noch zusätzlich die Salzbelastung. Dabei untersuchte man Bohrproben nach den bekannten Schadsalzen: Sulfat, Nitrat und Chlorid. Die Bestimmung der Konzentration erfolgte bei Sulfat und Chlorid mit einem qualitativen Ionennachweis und bei Nitrat mittels einer halbqualitativen Analyse mit Teststäbchen der Firma Merck. Die Belastung der Außenwände durch Schadsalze hat man dann nach zwei anerkannten Methoden, Arendt und Seele [Vgl. Arendt/Seele, 2000, S. 35] [Tabelle A2-3] sowie der WTA [Merkblatt 4-5-99/D] [Tabelle A2-4] ermittelt und grafisch dargestellt [Bild A2-12].[15]

Tabelle A2-3: Belastungsstufen der Salze nach Arendt/Seele, 2000

Belastungsstufen	Bewertung	Salzmenge mmol Salz/kg Baustoff
Stufe I	Spuren von Salz	0 – 2,5 mmol/kg
Stufe II	Belastung gering	2,5 – 8 mmol/kg
Stufe III	Mittlere Belastung	8 – 25 mmol/kg
Stufe IV	Hohe Belastung	25 – 80 mmol/kg
Stufe V	Extreme Belastung	über 80 mmol/kg

Tabelle A2-4: Bewertung der Salzbelastung nach dem WTA - Merkblatt4-5-99/D

Chloride	< 0,2 M-%	0,2 – 0,5 M-%	> 0,5 M-%
Nitrate	< 0,1 M-%	0,1 – 0,3 M-%	> 0,3 M-%
Sulfate	< 0,5 M-%	0,5 – 1,5 M-%	> 1,5 M-%
Bewertung	Belastung gering	Belastung mittel	Belastung hoch

---

[15] Alle Messergebnisse in: Löther, 2003.

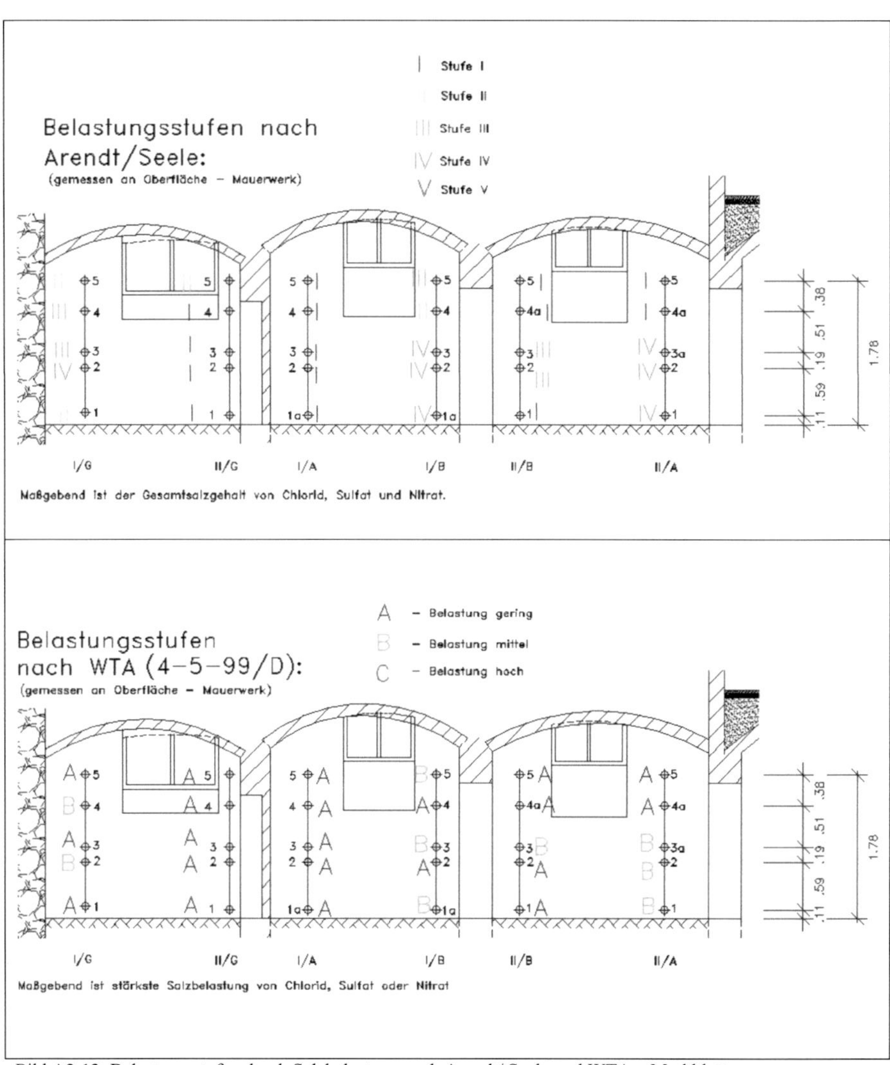

Bild A2-12: Belastungsstufen durch Salzbelastung nach Arendt/ Seele und WTA – Merkblatt
(Quelle: Löther, 2005)

Auswertung Salzbelastung

Die Ergebnisse der Salzuntersuchung zeigen, dass nicht alle Wandfelder gleichstark mit Schadsalzen belastet sind. Es wurden einzelne Schwerpunkte lokalisiert und festgestellt, dass Nitrat in der größten Konzentration auftritt. Sulfate und Chloride wurden meist nur als Spuren festgestellt. Es gilt zu bedenken, dass nur das Fugenmaterial und wenige Putzproben aus höheren Lagen beprobt werden konnten. Daher ist zu vermuten, dass der Salzgehalt im

Anlage 2

Blatt 18

ehemaligen Putz noch höher war, da sich dort die Verdunstungszone befand und sich somit die Salze hier anreichern konnten.

Vergleicht man die Belastungsstufen nach Arendt [Tabelle A2-3] und WTA [Tabelle A2-4], fällt auf, dass bei Arendt erhebliche Abweichungen auf einer Probenachse zu finden sind, wohingegen die Beurteilung nach WTA ein einheitlicheres Bild ergibt. Das resultiert einerseits aus der unterschiedlichen Anzahl von Belastungsstufen und andererseits aus unterschiedlichen Berechnungsansätzen. Arendt berechnet den Gesamtsalzgehalt aller beteiligten Schadsalze, im WTA – Merkblatt geht man hingegen von der höchsten Einzellbelastung eines Schadsalzes aus.

Neuer Wandputz

Die Bilder der Salzbelastung dienten im Inspektorenhaus dazu, einen auf den Untergrund abgestimmten Kalkputz zu entwickeln und aufzubringen. Erarbeitet wurde dieser von Mitarbeitern des Bildungszentrums des Fördervereins für Handwerk und Denkmalpflege Schloss Trebsen e. V. Bei der Neuverputzung verwendete man zwei unterschiedliche Putzmischungen [Tabelle A2-5]. Einerseits einen Kalkputz, der eigentlich auf versalzenem Untergrund nicht verarbeitet wird[16], und andererseits einer in Anlehnung an das WTA – Merkblatt für Sanierputze, jedoch ohne ausreichende Praxiserfahrung. Alle Versuchswände bekamen auf die linke Wandhälfte den Spezialputz und auf die rechte Hälfte den Kalkputz.

Tabelle: A2-5: Innenputz im Bereich der untersuchten Wandabschnitte (Quelle: Freytag, 2005)

	Spezialputz für versalzene Untergründe	Kalkputz
Grundputz	Salzspeicherputz PPQ- 90280 der Fa. Bayosan Schichtdicke 10-15 mm	P 1b (Sumpfkalk, hydraulischer Kalk, Sand 0-4 mm) Schichtdicke 10-15 mm
Oberputz	Baustellenmischung: Sumpfkalk, hydraulischer Kalk, Sand 0-2 mm min. Leichzuschlag (Cirosil) Schichtdicke 10 mm	Baustellenmischung: Sumpfkalk, hydraulischer Kalk Sand 0-2 mm Schichtdicke 10 mm

---

[16] Hintergrund: Befürworter der Temperierung sprechen dieser die Eigenschaft zu, Salzschäden an Putzen zu verhindern.

2.2 Versuchskonzept

Das Versuchskonzept, die technische Gebäudeausrüstung und die Messwerterfassung werden an dieser Stelle nur kurz vorgestellt. Es wird auf die ausführliche Beschreibung im DBU - Forschungsbericht verwiesen [Vgl. Freytag, 2005].

Aufgrund der Ergebnisse der Nullmessungen sind Wandbereiche im Raum 02 und 03 für die Untersuchungen ausgewählt worden. Diese zeigt Bild A2-13.

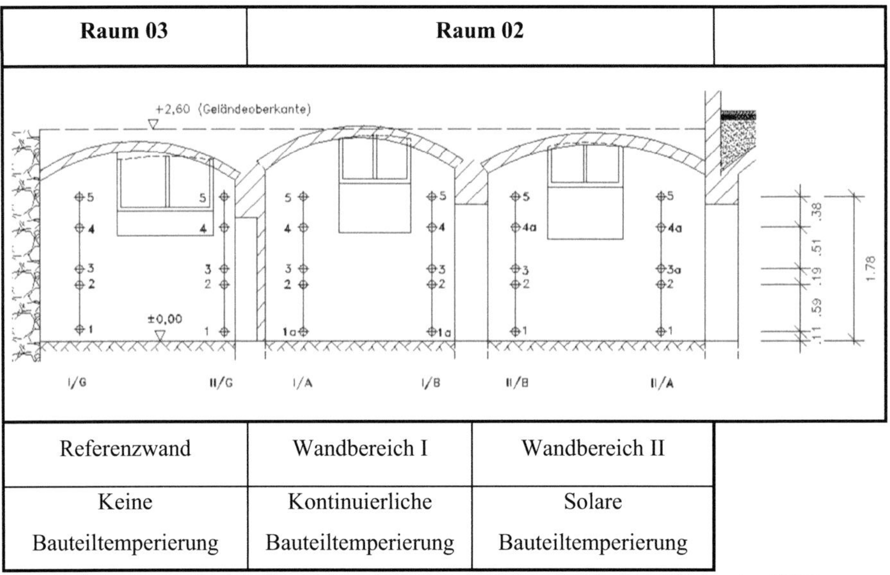

Bild A2-13: Anordnung der Wandbereiche I und II und der Referenzwand (Quelle: Löther/Freytag, 2005)

Technische Gebäudeausrüstung

<u>Raum 03:</u> Dieser Raum dient als Referenzraum hinsichtlich des Raumklimas und der Wandoberflächentemperaturen. Dieser Raum wird ständig über ein Kellerfenster belüftet.

<u>Raum 02:</u> Die Temperierung am Wandbereich I wird über einen Scheitholzkessel in Kombination mit einer Solaranlage kontinuierlich betrieben.

Die Temperierung am Wandabschnitt II erfolgt ausschließlich solar und somit diskontinuierlich.

Über drei ständig geöffnete Kellerfenster wird auch dieser Raum ständig belüftet.

Temperieranlage: Die Temperierleitungen bestehen aus kunststoffummanteltem Kupferrohr und wurden in Wandabschnitt I und II mit unmittelbarem Kontakt zum Innenputz verlegt. Sie befinden sich in einem Sandbett unter dem Ziegelpflaster und damit ca. 7 cm unter der Fußbodenoberkante [Bild A2-14]. Um die Schwankung der Energiezufuhr auszugleichen wurden die Rohre so tief verlegt[17], dass die thermische Speicherfähigkeit des Mauerwerkes ausgenutzt wurde. [Vgl. Freytag, 2005]

Bild A2-14: Anordnung der Temperierleitung (Quelle: Freytag, 2005)

Messwerterfassung

Mit Hilfe eines Datenloggers (ALMEMO 2590-9) konnten kontinuierlich aller 10 Minuten die Messwerte, die in Tabelle A2-6 aufgeführt sind, erfasst werden. Bild A2-15 verdeutlicht die Anordnung der Messtechnik im Raum 02.

---

[17] Die Einbautiefe betrug ca. 8-9cm unter Oberkante Fußboden.

Tabelle A2-6: Kontinuierlich erfasste Messwerte (Quelle: Freytag, 2005)

Kenngröße		Messtechnik	Bemerkungen
Außenklima	Globalstrahlung	Globalstrahlungssensor FLA613GS	
	Außenlufttemperatur	Feuchte-/Temperatur-Fühler FHA646Ag	Anordnung siehe Bild A2-15
	Relative Luftfeuchte		
Raumklima in den Kellerräumen	Raumlufttemperatur	Kapazitiver Feuchtefühler FHA646R	Anordnung siehe Bild A2-15
	Relative Raumluftfeuchte		
Solaranlage	Austrittstemperatur Kollektor	Oberflächentemperatur - messung am Vorlauf mittels Thermodraht	
	Laufzeit der Umwälzpumpe	Effektivwert-Modul für Wechselstrom ZA 9904AB2	Anhand der gemessenen Stromstärke können Pumpenlaufzeit und eingestellte Drehzahlstufe erfasst werden
	Eingetragene Wärmemenge	Wärmemengemesser	Nicht auf den Datenlogger geschaltet, sondern manuelle Ablesung
	Volumenstrom	Nicht auf den Datenlogger geschaltet; Volumenstrom kann nur mittels Stoppuhr ermittelt werden	
Raumseitige Wandoberflächentemperaturen		Messung mittels Thermoelementen	In jedem der drei Wandabschnitte in Höhe OFF. 40 cm über OFF und 80 cm über OFF Anordnung siehe Bild A2-15
Oberflächentemperaturen der Temperierleitungen		Messung mittels Thermoelementen	Messung in der Mitte des zu temperierenden Wandabschnittes an der vollständig eingebauten Leitung sowie am Ende der solaren Temperierleitung im Keller

Anlage 2

Blatt 22

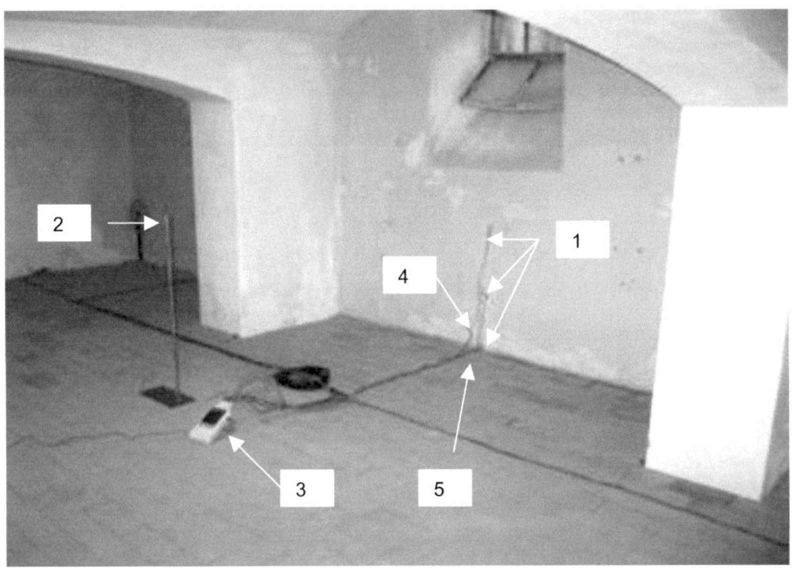

1	Messung Wandoberflächentemperatur (im Wandbereich mit kontinuierlicher Bauteiltemperierung sowie in Raum 03 analoge Anordnung)
2	Erfassung Raumklima (in Raum 03 analoge Anordnung)
3	Datenlogger
4	Fühler der Regelung der Solaranlage zur Erfassung der Wandtemperatur (Solange die Wandtemperatur kleiner als die Austrittstemperatur des Kollektors ist, wird die Solaranlage betrieben)
5	Messung der Oberflächentemperatur der Temperierleitung

Bild A2-15:   Raum 02; Anordnung der Messtechnik (Quelle: Freytag, 2005)

Des Weiteren sind sporadische Messungen durchgeführt worden, um die Entwicklung des Feuchtegehaltes an der Wandoberfläche der Versuchswände zu verfolgen. Dazu wurden zwei verschiedene Verfahren angewandt:

- Kapazitive Messung
- Gravimetrische Messung.

Nach circa einem Jahr Standzeit des neuen Wandputzes wurde an ausgewählten Stellen der Salzgehalt bestimmt.

2.3   Messzeitraum April bis Juli 2004

Im folgenden Abschnitt werden einige Messergebnisse der Bauteiltemperierung in den Kellerräumen kurz vorgestellt.

Lufttemperatur: Mittels der Messungen stellte man fest, dass die Raumlufttemperatur unabhängig von der Bauteiltemperierung von der Außenlufttemperatur abhängig ist [Bild A2-16]. Die Schwankungen der Raumlufttemperatur fallen allerdings deutlich geringer aus als bei der Außenlufttemperatur. Im Raum 02 mit Bauteiltemperierung war die Raumlufttemperatur ca. um 1K höher als im Raum 03 ohne Bauteiltemperierung. [Vgl. Freytag, 2005]

Relative Luftfeuchte: Im Versuchszeitraum war keine Abhängigkeit der relativen Raumluftfeuchte von der relativen Außenluftfeuchte zu verzeichnen [Bild A2-17]. Die gelegentlichen Tiefstwerte bei der Außenluft waren in den Kellerräumen nicht nachzuweisen. In der Tendenz ist die relative Raumluftfeuchte im Raum 02 um ca. 4% niedriger als im Raum 03. [Vgl. Freytag, 2005]

Absolute Luftfeuchte: Ein Anstieg der absoluten Luftfeuchte der Außenluft hat ebenfalls einen Anstieg der absoluten Luftfeuchte in den Kellerräumen zur Folge. Die Werte unterscheiden sich in den Kellerräumen kaum [Bild A2-18]. [Vgl. Freytag, 2005]

Wandoberflächentemperaturen: Messungen der Wandoberflächentemperaturen haben ergeben, dass unabhängig, ob eine Bauteiltemperierung vorhanden ist oder nicht, ein Anstieg vom Frühjahr zum Sommer erkennbar ist.
Der Einfluss der Bauteiltemperierung auf die Wandoberflächentemperierung ist bereits bei einer Höhe von 40 cm über OFF nicht mehr feststellbar und damit lokal auf den Sockelbereich beschränkt. [Bild A2-19 bis A2-22] [Vgl. Freytag, 2005]

Tauwassergefahr: Besonders ausgeprägt ist die Gefahr der Tauwasserbildung im untemperierten Wandbereich des Referenzraumes (Raum 03), besonders in den Sommermonaten. Im temperierten Raum (Raum 02) ist die Gefahr generell geringer als im Raum 03. Jedoch ist auch hier eine Zunahme der Gefahr in den Monaten Juni und Juli zu verzeichnen. Ein Unterschied zwischen konstanter und solarer Temperierung ist kaum festzustellen. [Vgl. Freytag, 2005]

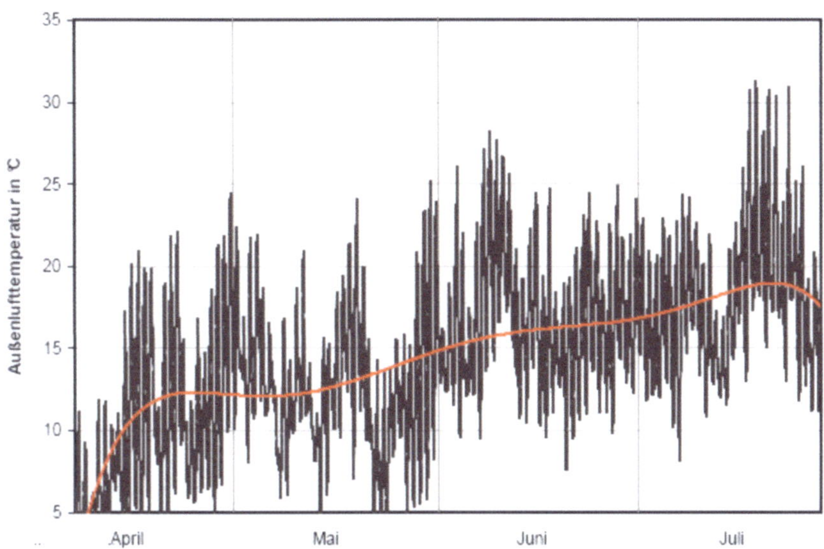

a)   Außenlufttemperatur (rot: Trendlinie)

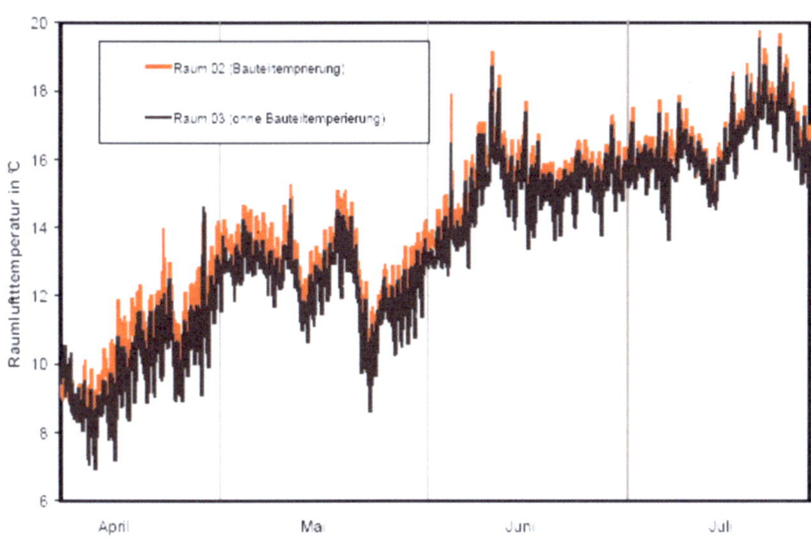

b)   Raumlufttemperaturen

Bild A2-16:   Außen- und Raumlufttemperaturen (Quelle: Freytag, 2005)

Anlage 2

Blatt 25

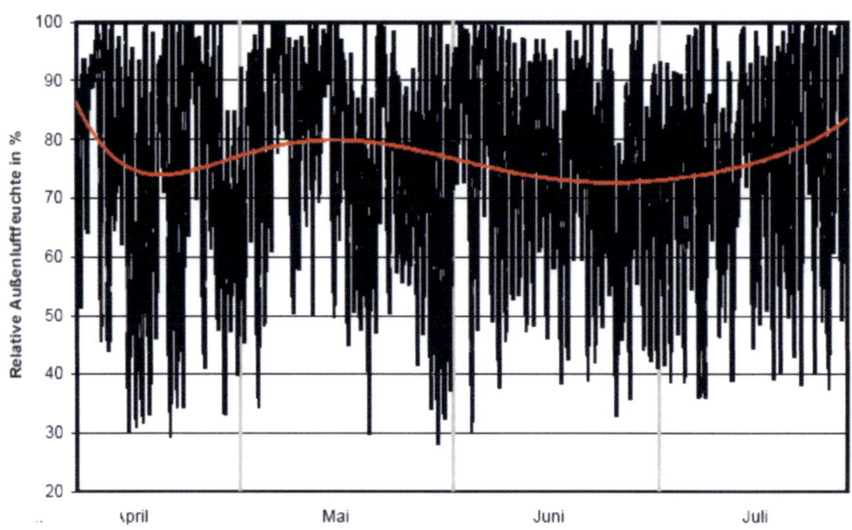

a)   Relative Außenluftfeuchte (rot: Trendlinie)

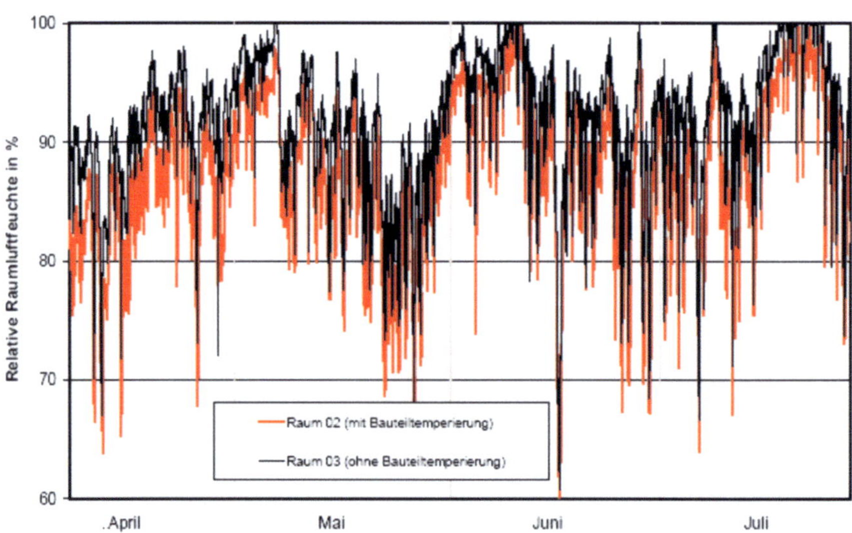

b)   Relative Raumluftfeuchten

Bild A2-17:   Relative Außen- und Raumluftfeuchten (Quelle: Freytag, 2005)

Anlage 2

Blatt 26

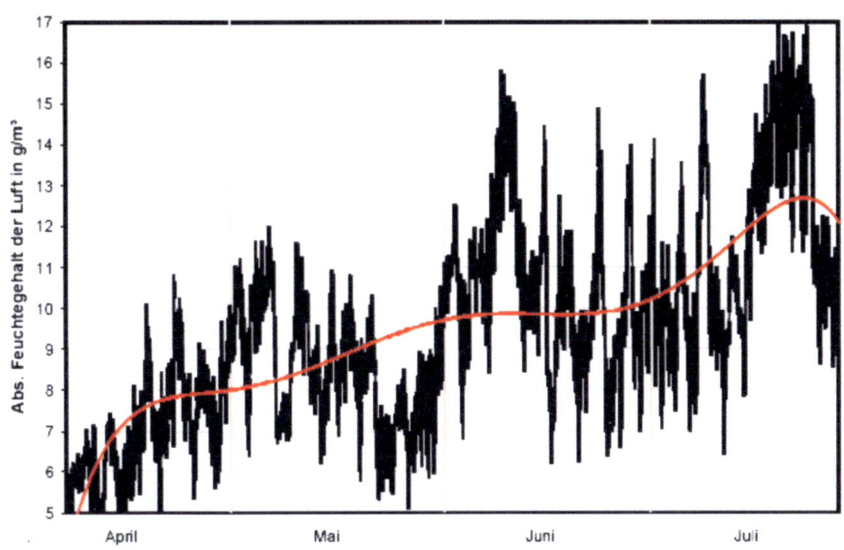

a)   Absoluter Feuchtegehalt der Außenluft (rot: Trendlinie)

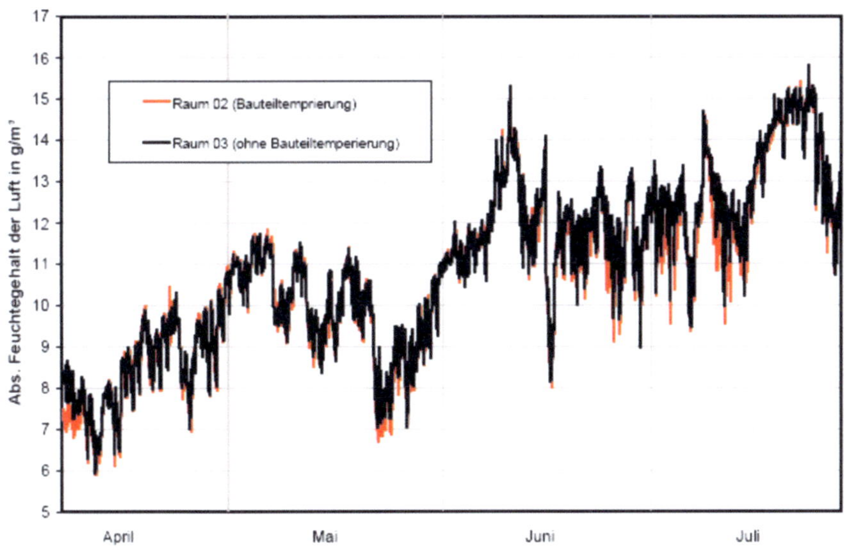

b)   Absoluter Feuchtegehalt der Raumluft

Bild A2-18:   Absoluter Feuchtegehalt der Raumluft (Quelle: Freytag, 2005)

Anlage 2

Blatt 27

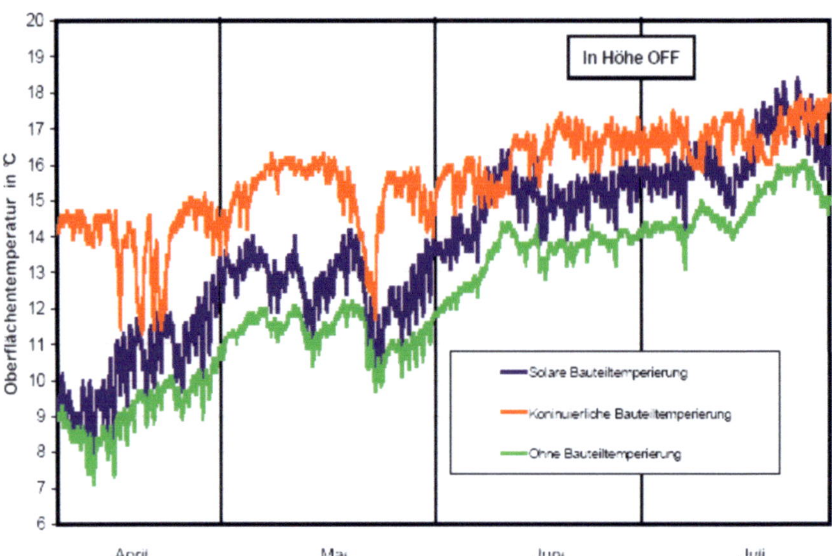

Bild A1-19:   Raumseitige Wandoberflächentemperaturen in Höhe Oberfläche Fußboden (Quelle: Freytag, 2005)

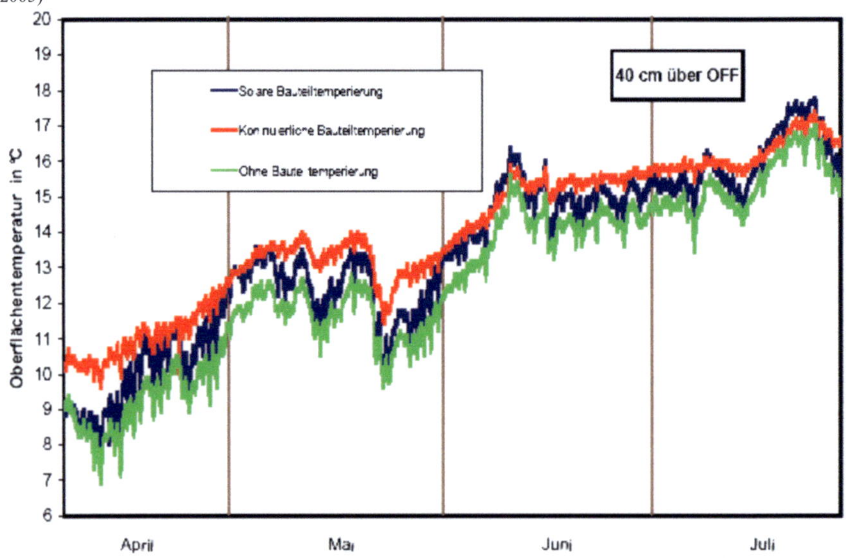

Bild A2-20: Raumseitige Wandoberflächentemperaturen 40 cm über Oberfläche Fußboden (Quelle: Freytag, 2005)

Anlage 2

Blatt 28

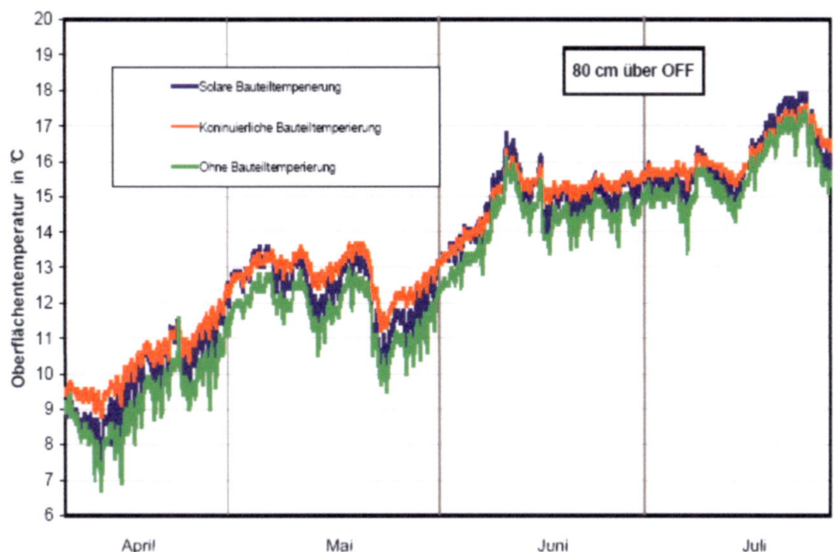

Bild A2-21: Raumseitige Wandoberflächentemperaturen 80 cm über Oberfläche Fußboden (Quelle: Freytag, 2005)

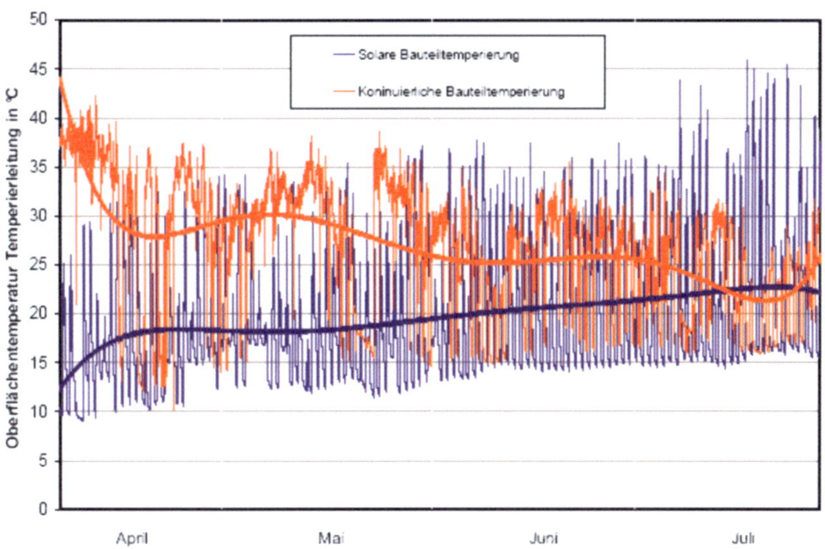

Bild A2-22: Oberflächentemperaturen der Temperierleitungen (gemessen in der Mitte der zu temperierenden Wandabschnitte (Quelle: Freytag, 2005)

Anlage 2

Blatt 29

2.4   Messzeitraum November 2004 bis Februar 2005

Im Mittelpunkt dieses Messzeitraumes stand die Beantwortung der Frage, ob die Bauteiltemperierung zur lokalen Erwärmung einer Baukonstruktion herangezogen werden kann. [Vgl. Freytag, 2005]

Als nachteilig stellte sich bei der Versuchdurchführung die manuelle Beschickung des Scheitholzkessels heraus. Dadurch konnte keine konstante Vorlauftemperatur eingehalten werden. So erfolgte in den Wintermonaten nicht der gewünschte kontinuierliche Betrieb der Temperieranlage, mit den daraus resultierenden negativen Ergebnissen. [Vgl. Freytag, 2005]

Wandoberflächentemperaturen: Durch den Ausfall des kontinuierlich beheizten Heizkreises, aufgrund der manuellen Bedienung des Kessels, bezieht sich die Untersuchung nur auf den solar erwärmten Wandbereich.

Ab Mitte Januar war ein deutlicher Temperaturabfall im untemperierten Wandbereich feststellbar [Bild A2-23]. Im solar erwärmten Bereich ist dieser Abfall wesentlich geringer ausgefallen. [Vgl. Freytag, 2005]

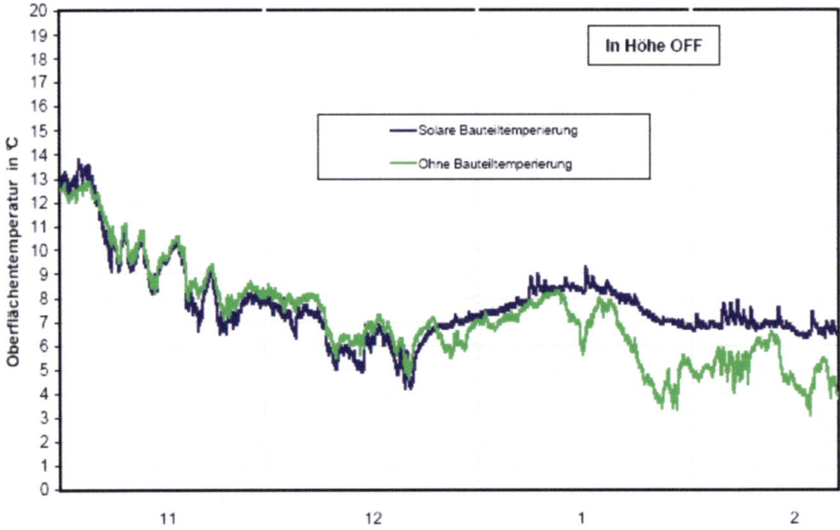

Bild A2-23: Verlauf der Wandoberflächentemperaturen in der Höhe der Oberfläche des Fußbodens im Zeitraum November 2004 bis Februar 2005. (Quelle: Freytag, 2005)

2.5 Ergebnisse der Bauteiltemperierung im Keller des Inspektorenhauses

Feuchtegehalt Wandoberfläche

Für die Feuchtebestimmung verwendete man drei kapazitive Feuchtesonden unterschiedlicher Hersteller:

- GANN: Aktiv-Elektrode B 50
- AHLBORN: Materialfeuchtesonde FH A696-MF
- Protimeter.

Während die Sonde der Fa. Ahlborn den Feuchtegehalt in Masse-Prozent ausweist, ist die Sonde der Fa. Gann lediglich für relative Messungen geeignet, d. h., es wird der Unterschied zwischen dem feuchten und dem trockenen Baustoff angezeigt. [Vgl. Freytag, 2005] Das Protimeter liefert keine direkten Angaben über eine Feuchtebelastung. Die Einschätzung erfolgt über einen Farbcode: grün – lufttrocken, keine Schäden durch Feuchte möglich, gelb – Feuchteschäden möglich, rot – Feuchteschäden unumgänglich. [Vgl. Arendt, 2000, S. 32] Ergänzend wurde im Mai 2005 eine gravimetrische Feuchtebestimmung vorgenommen.

In den Bildern A2-24 bis A2-34 ist die Entwicklung der Feuchte an den Wandoberflächen in einem Messzeitraum von April 2004 bis Mai 2005, gemessen mit unterschiedlichen Messfühlern dargestellt. Zusätzlich zu den kapazitiven Messungen erfolgte im Mai 2005 eine gravimetrische Bestimmung der Feuchte, deren Ergebnis wird in Bild A2-35 gezeigt.

Salz- und Putzschäden

Während des Untersuchungszeitraumes (April 2004 bis Mai 2005) führte man eine visuelle Beurteilung der Veränderung des Wandputzes durch. Gleichzeitig wurden ebenfalls sichtbare Salzausblühungen erfasst. Der Verlauf dieser optischen Untersuchung ist in den Bildern A2-36 bis A2-39 dokumentiert.

Auswertung

In Tabelle A2-7 sind die Messergebnisse der Sonden miteinander hinsichtlich chronologischer Gesichtspunkte und unterschiedlicher Wandabschnitte vergleichend dargestellt.

Die auftretenden Unterschiede bei den Bestimmungen der Putzfeuchte anhand kapazitiver Messverfahren werden deutlich. Stark beeinflusst werden die Ergebnisse v.a. durch einen unterschiedlichen Salzgehalt der Putze.

Anlage 2

Blatt 31

Deutlich wird auch eine starke Verfärbung der zwei verwendeten Putzarten. Eine Salzanalyse ergab, dass die Verfärbungen auf Sulfatbelastung zurückzuführen ist. So entstand eine Gelbfärbung bestimmter Putzbereiche. Im Bereich der solaren Bauteiltemperierung (diskontinuierliche Temperierung) kam es zu einer Salzausblühung im Sockelbereich (Bild A2-36 bis A2-39).

Aufgrund der durchgeführten Messungen konnte festgestellt werden, dass zwischen dem Feuchtegehalt des Putzes und dem thermischen Wirkbereich der Bauteiltemperierung kein Zusammenhang besteht. Des Weiteren wurde durch den Einsatz einer Bauteiltemperierung die Gefahr von Salzausblühungen auf der Putzoberfläche deutlich erhöht. [Vgl. Freytag, 2005, Anlage 2, Blatt 51] Thermische Schwankungen durch die Solaranlage über den Tagesverlauf konnten jedoch durch die 8 bis 9 cm tief verlegten Rohre abgepuffert werden.

Somit ergibt sich als Ergebnis für die Bauteiltemperierung im Inspektorenhaus:
- sehr geringer Einfluss der Bauteiltemperierung auf den Feuchtegehalt des Putzes
- Salzausblühungen im Sockelbereich bei diskontinuierlicher Temperierung
- die thermische Speicherfähigkeit des Mauerwerkes wurde angeregt

Eine genaue Analyse des Putzes war nicht Gegenstand des Forschungsthemas der DBU. Diese soll durch Mitarbeiter des Bildungszentrums „Förderverein für Handwerk und Denkmalpflege Schloss Trebsen e.V." erfolgen.

Auf eine Bestimmung des Feuchtegehaltes über den Wandquerschnitt analog der Praktikumsarbeit Löther wurde verzichtet, da die Entwicklung der Oberflächenfeuchte des Putzes dies zur Zeit nicht rechtfertigt.

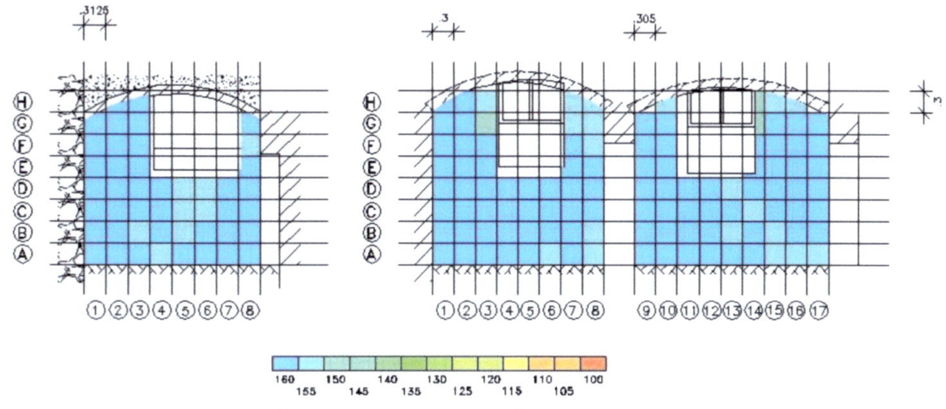

Bild A2-24: Putzfeuchte; Messung am 12.04.2004 (Quelle: Löther, 2005)

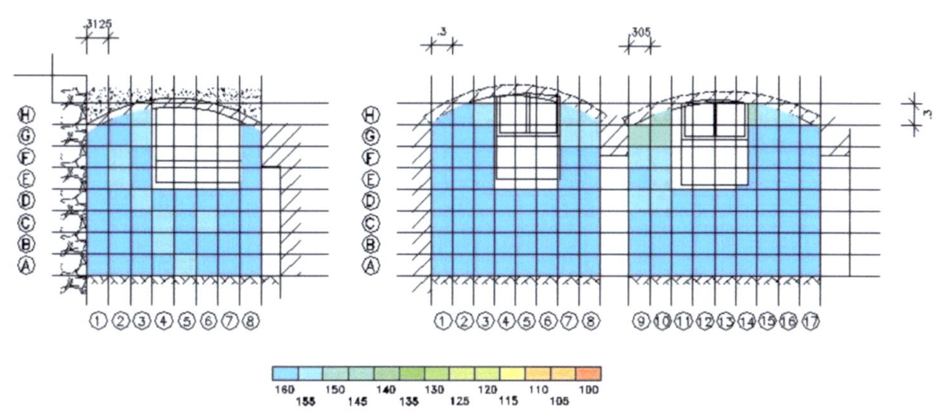

Bild A2-25: Putzfeuchte; Messung am 27.09.2004 (Quelle: Löther, 2005)

Anlage 2

Blatt 33

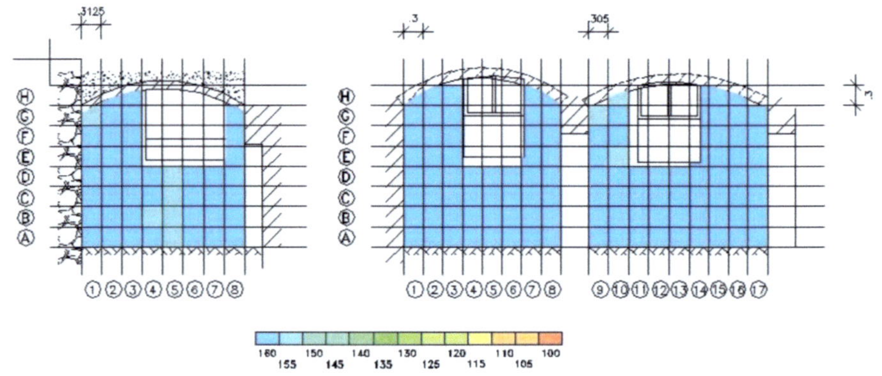

Bild A2-26: Putzfeuchte; Messung am 13.12.2004 (Quelle: Löther, 2005)

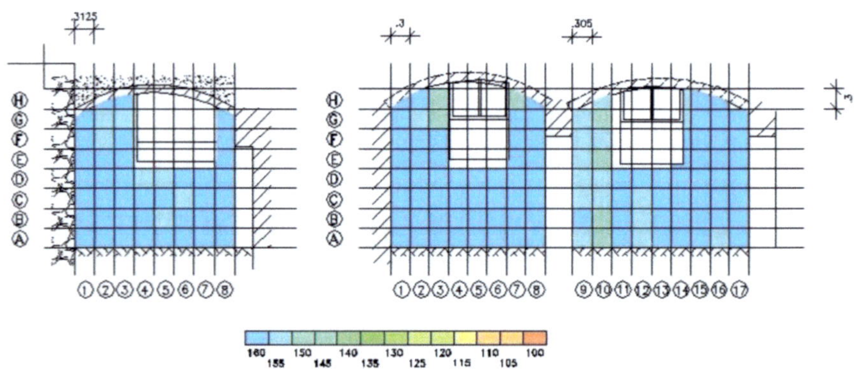

Bild A2-27: Putzfeuchte; Messung am 10.05.2005 (Quelle: Löther, 2005)

Anlage 2

Blatt 34

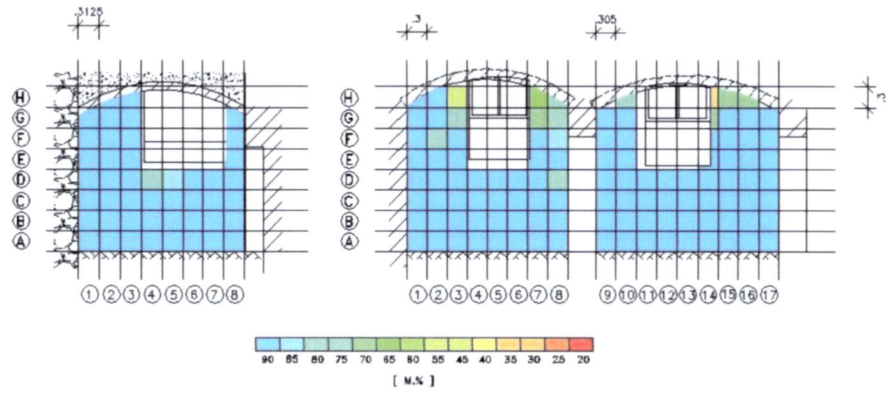

Oberflächenfeuchte in M.% (Almemo 2590-9)

Bild A2- 28: Putzfeuchte; Messung am 12.04.2004 (Quelle: Löther, 2005)

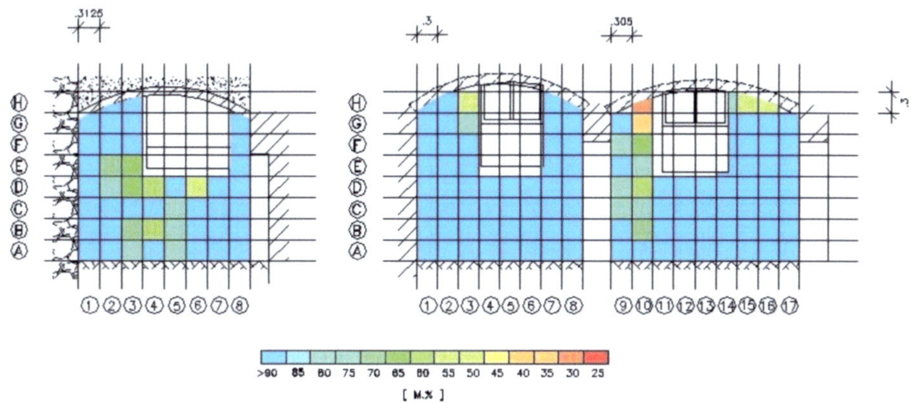

Oberflächenfeuchte in M.% Almemo 2290-8

Bild A2-29: Putzfeuchte; Messung am 27.09.2004 (Quelle: Löther, 2005)

Anlage 2

Blatt 35

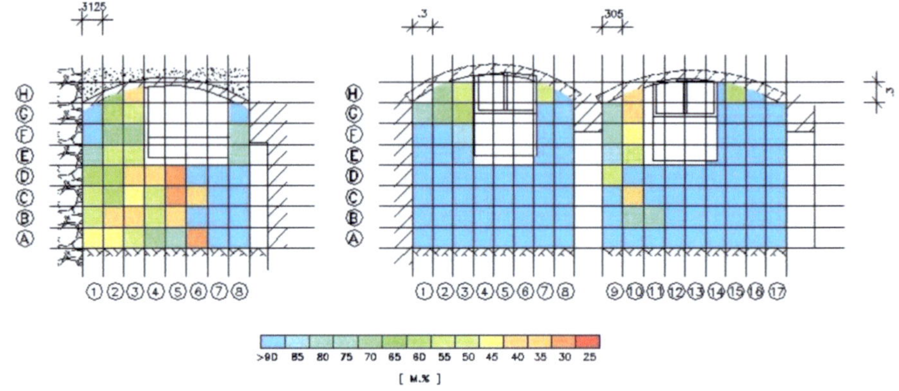

Bild A2-30: Putzfeuchte; Messung am 13.12.2004 (Quelle: Löther, 2005)

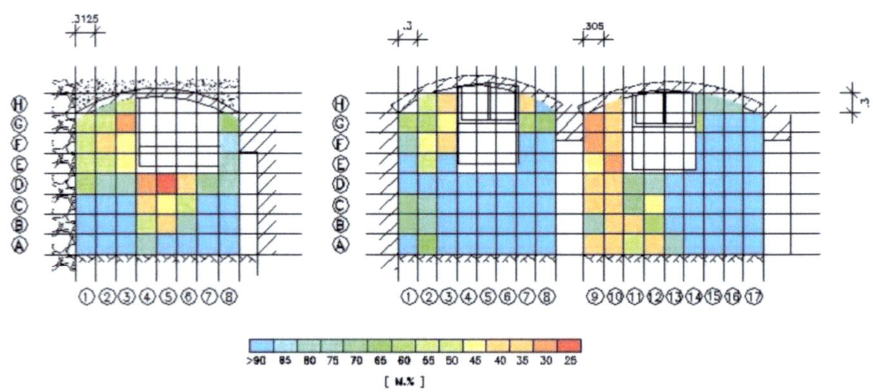

Bild A2-31: Putzfeuchte; Messung am 10.05.2005 (Quelle: Löther, 2005)

Anlage 2

Blatt 36

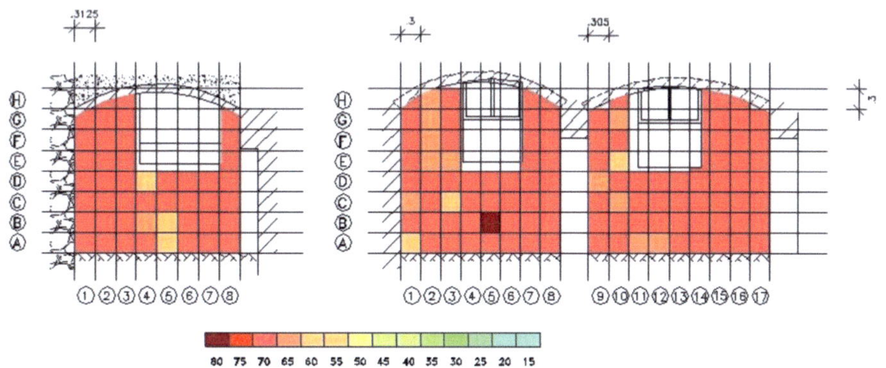

Protimeter

Bild 2-32: Putzfeuchte; Messung am 27.09.2004 (Quelle: Löther, 2005)

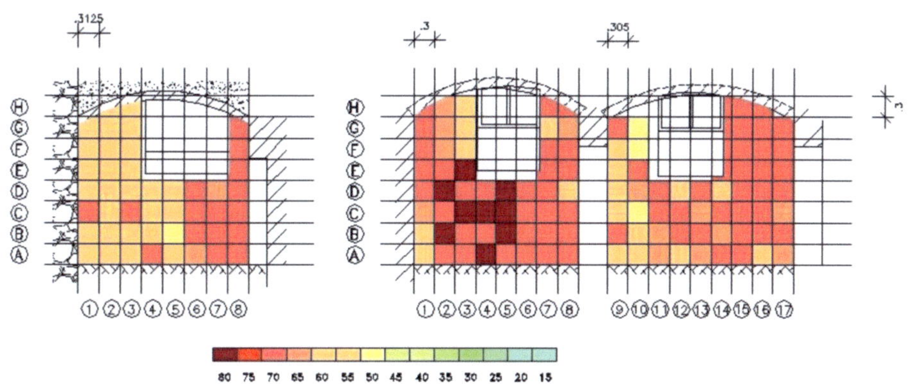

Protimeter

Bild A2-33: Putzfeuchte; Messung am 13.12.2004 (Quelle: Löther, 2005)

Anlage 2

Blatt 37

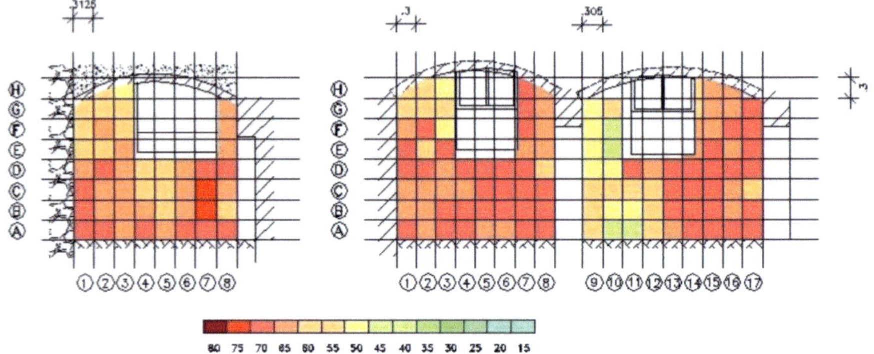

Bild A2-34: Messung am 10.05.2005 (Quelle: Löther, 2005)

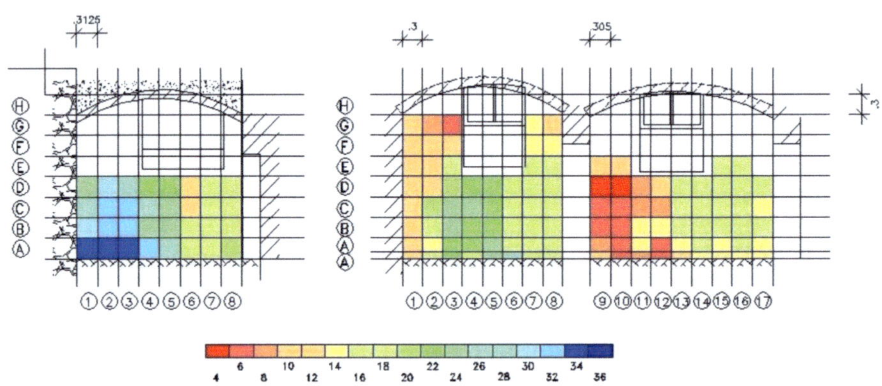

Bild A2-35: Putzfeuchte; Messung am 10.5.2005 (Quelle: Löther, 2005)

Anlage 2

Blatt 38

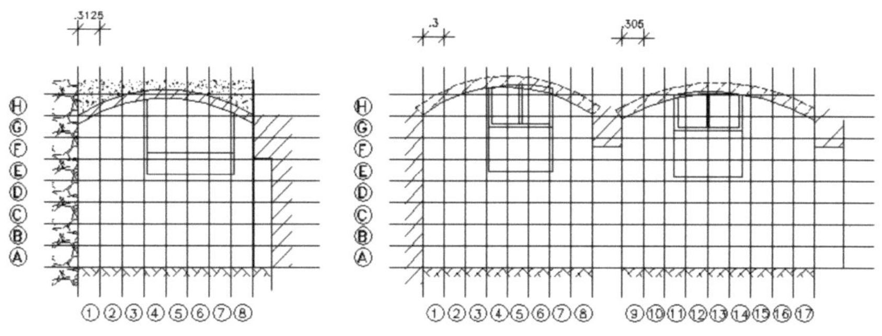

Bild A2-36: Putz- und Salzschäden, Stand 12.07.2004 (Quelle: Löther, 2005)

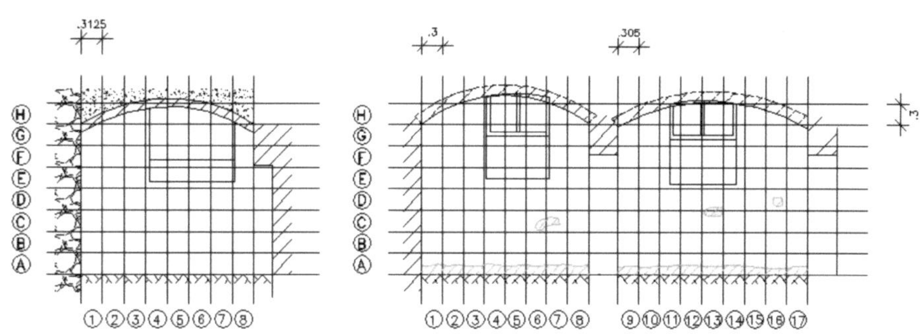

Bild A2-37: Putz- und Salzschäden, Stand 27.09.2004 (Quelle: Löther, 2005)

Anlage 2

Blatt 39

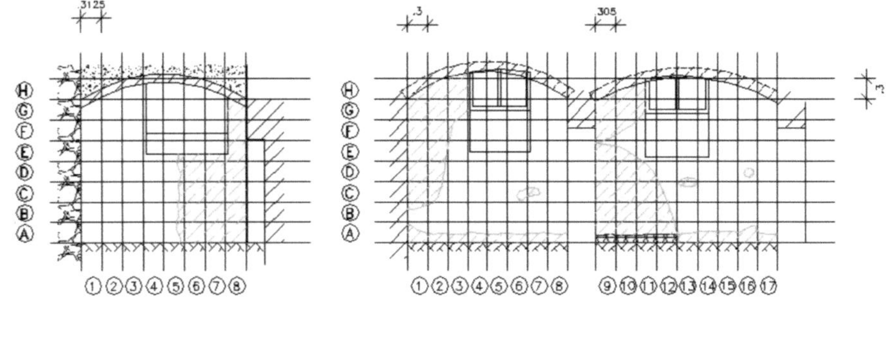

Bild A2-38: Putz- und Salzschäden, Stand 13.12.2004 (Quelle: Löther, 2005)

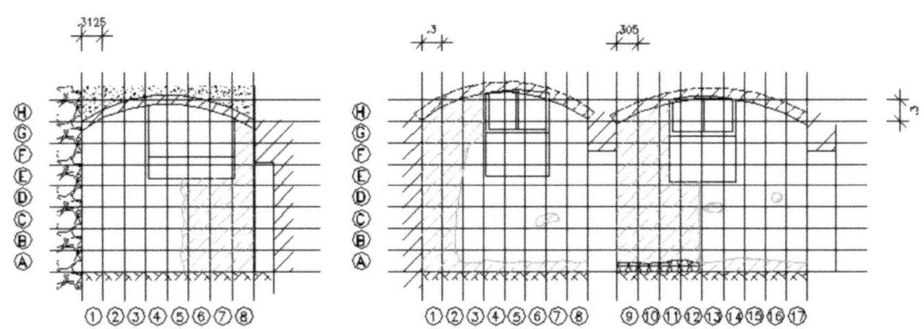

Bild A2-39: Putz- und Salzschäden, Stand 10.05.2005 (Quelle: Löther, 2005)

Anlage 2

Blatt 40

Tabelle A2-7: Ergebnisse der Bestimmung des Feuchtegehaltes des Putzes (Quelle: Freytag, 2005)

		Wandabschnitt		
		Ohne Bauteiltemperierung	Mit konstanter Bauteiltemperierung	Mit solarer Bauteiltemperierung
April 2004	Gann	Keine Unterschiede im Feuchtegehalt des Putzes		
	Ahlborn	Keine Unterschiede im Feuchtegehalt des Putzes		
Sept. 2004	Gann	Keine nennenswerten Unterschiede im Feuchtegehalt des Putzes, keine Trocknungserscheinungen		
	Ahlborn	Keine nennenswerten Unterschiede im Feuchtegehalt des Putzes, keine Trocknungserscheinungen		
	Protimeter	Keine nennenswerten Unterschiede im Feuchtegehalt des Putzes, keine Trocknungserscheinungen		
Dez. 2004	Gann	Keine nennenswerten Unterschiede im Feuchtegehalt des Putzes, keine Trocknungserscheinungen		
	Ahlborn	Trocknungserscheinungen in linker Wandhälfte	Keine nennenswerten Unterschiede im Feuchtegehalt des Putzes, keine Trocknungserscheinungen, Feuchtegehalt des Putzes größer als im Wandabschnitt ohne Temperierung	
	Protimeter	Trocknungserscheinungen in linker Wandhälfte	Feuchtegehalt des Putzes größer als im Wandabschnitt ohne Temperierung	
Mai 2005	Gann	Keine nennenswerten Unterschiede im Feuchtegehalt des Putzes, keine Trocknungserscheinungen		
	Ahlborn	Lokale Trocknungserscheinungen (nur im Wandabschnitt mit solarer Bauteiltemperierung in unmittelbarer Nähe der Temperierleitung) kein unmittelbarer Zusammenhang zwischen Putzfeuchte und Temperierung erkennbar		
	Protimeter	Lokale Trocknungserscheinungen	Lokale Trocknungserscheinungen	Linke Wandhälfte höhere Putzfeuchte als rechte
	Gravimetrisch	Linke Wandhälfte höhere Putzfeuchte als rechte	Geringere Putzfeuchte als im nicht temperierten Wandabschnitt	Geringere Putzfeuchte als im konstant temperierten Wandabschnitt

Deutlich werden bei dieser Auswertung die unterschiedlichen Ergebnisse der einzelnen Messgeräte. Zurückzuführen ist dies auf unterschiedliche Messmethodik, Anzeigeformen (z.B.: M-%, Farbskala) und das Vorhandensein von Salzen an der Putzoberfläche. Die einzig sichere Analyse zum Feuchtegehalt ist die gravimetrische Untersuchung von Bohrmehl.

Anlage 2

Blatt 41

2.6 Stellungnahme des BLfD

Im vorliegenden Kapitel wird eine Stellungnahme des BLfD bezüglich des Versuches im Inspektorenhaus des Rittergutes Trebsen veröffentlicht. Sie wurde nach einer Anfrage des Autors angefertigt um Fragen bezüglich der eingetretenen Effekte der Bauteiltemperierung im Inspektorenhaus zu klären. Im Folgenden wird sie unkommentiert wiedergegeben.

BAYERISCHES LANDESAMT FÜR DENKMALPFLEGE Alter Hof 2
LANDESSTELLE FÜR DIE NICHTSTAATLICHEN MUSEEN **80331 MÜNCHEN**
  Henning Großeschmidt, Ltd. Restaurator
  Telefon: 089/210 140-23
  Telefax: 089/210 140-40
  E-mail: henning.grosseschmidt@blfd.bayern.de

Landesstelle für die nichtstaatlichen Museen ▪ Alter Hof 2 ▪ 80331 Datum: 12. August 2005 München

Schloß Trebsen, Kellerraum des Inspektorenhauses
Versuchsaufbau zur „Bauteiltemperierung"

Stellungnahme

1. Kurzfassung

Im Kellergeschoss des Inspektorenhauses von Schloß Trebsen wird seit 1,5 Jahren auf ungeeignete Weise versucht, an einer Außenwand mit einem Sockelheizrohr den Ausfall von Sommerkondensat zu verhindern (Fehler: wesentlich zu starke Rohrüberdeckung, so daß der Warmluftauftrieb als Voraussetzung für die Einwirkung auf die Wandoberfläche entfällt, Behandlung nur eines einzelnen Wand*abschnitts*, trotz Wärmebedarf an allen Wänden, wesentlich zu geringe Vorlauftemperatur). Die gewünschte Wirkung hätte sich nach wenigen Wochen als Nebeneffekt einer sog. Temperieranlage ergeben, wenn die Regeln der Urheberin der Temperiermethode, der *Landesstelle für die nichtstaatlichen Museen in Bayern beim*

Anlage 2

Blatt 42

Bayerischen Landesamt für Denkmalpflege (kurz: BLfD) eingehalten worden wären. Bei gleichem Energiebedarf, geringerer Rohrlänge (s. 1.1) und geringerem Aufwand (keine Rohrdämmung) wäre darüber hinaus ein nutzbarer Raum entstanden.

1.1 Abweichungen von den Regeln der Temperierung (BLfD) im Fall Trebsen:

Temperierung BLfD	**Trebsen, Versuchsraum**
Wärmeangebot an *allen* Wänden, die einen Wärmebedarf haben (Mindest-Installation: Einrohr-Ringleitung, in Wandkontakt umlaufend direkt oberhalb Fertigfußboden, in Anstrich oder Mörtel)	1 Wand behandelt auf 2/3 Länge
Stärke der mineralischen *Abdeckung* der Heizrohre *max. 20 mm* Ziel: hohe Temperatur der Abdeckung zur Bildung des Auftriebs	Rohr 96 mm unter OK Fußboden kein Auftrieb möglich
Anfangsphase mit hoher Vorlauftemperatur (*min. 50 °C*)	Anfangsphase mit max. Vorlauf 30 °C
Dauerbetrieb bei Rücklauftemperatur von min. 25 °C (= Vorlauf von min. 30 °C)	Dauerbetrieb ohne Anfangsphase, wiederkehrender Abfall auf $\leq$ 17 °C bei max. Vorlauf von selten > 30 °C

2. Darstellung der Zusammenhänge

Die beiden als „Bauteiltemperierung" bezeichneten Heizrohrinstallationen in einem Kellerraum des Inspektorenhauses erreichen trotz Langzeitbetrieb nicht einmal das bei Temperieranlagen selbstverständliche Mindestziel: Es kam nicht nur nicht zur Abtrocknung der Wandoberfläche, sondern es traten sogar Ausblühungen am Wandsockel auf. Ursache ist die Nichtbeachtung der wichtigsten Prinzipien der Temperiermethode, auf die das BLfD seit 1990 in seinen Veröffentlichungen hinweist. Außerdem wurden vor Jahren gerade diese Punkte in einer Tagung zum Thema Temperierung ausführlich diskutiert, die in den temperierten Seminarräumen des Schlosses stattfand. Anlaß war der Vortrag von Architekt Pinkert, in dem er die Sanierung und Beheizung eines Rokokohauses der Dresdner Neustadt (Königstr.) vorstellte. Der gelungenen Feuchtesanierung stand eine stellenweise zu geringe Heizleistung gegenüber, die teils durch von vornherein zu tief verlegte Heizrohre (der Vorlauf lag neben dem Dielenbelag), teils durch vom Nutzer später montierte Fußleisten verursacht war.

Anlage 2

Blatt 43

Im Trebsener Versuchsraum ist das Ausbleiben der Abtrocknung der Bauteil-Oberfläche Folge davon, daß sich kein Auftrieb bilden konnte, da die Temperatur der Wandbodenecke kaum über Raumtemperatur lag. Die Ausblühungen an der Wand über der Bodenebene resultieren daraus, daß die Distanz zwischen Rohroberfläche und raumseitiger Wandoberfläche nicht max. 2 cm, sondern 9,4 cm beträgt und diese Strecke nicht aus neuem Mörtel *ohne* Bodensalze, sondern fast ganz aus altem Mauerwerk *mit* Schadsalzen besteht. Dank der radialen Wärmeausbreitung durch Wärmeleitung verdrängt der raumwärts gerichtete Teil des Wärmeflusses, hier also der senkrecht nach oben gerichtete, eine größere Menge an Feuchtigkeit als bei richtiger Lage des Rohres und entsprechen geringer Neuputzabdeckung. Die hierdurch zur Oberfläche bewegten Ionen kristallisieren dort bei Verdunstung des Elektrolyten aus.

2.1 Korrektur der Installationsfehler

Nachträglich am einfachsten wäre der Installationsfehler dadurch zu korrigieren, daß ausgehend von der Eintrittsstelle der jetzigen Installation eine Ringleitung (Cu-blank, Ø 18 mm) an allen Wandsockeln von Raum 0.2 verlegt wird (alle Rohre in Wandkontakt direkt über OKFFB, bei Türen bzw. Durchgängen ungedämmt in Fuge des Bodenbelags oder darunter). Die sichtbaren Strecken werden mit keilförmig abgezogenem Mörtel abgedeckt (max. Stärke über dem zur Schrägen weisenden Rohrscheitel 2 cm). Die Regelung erfolgt über einen Rücklauftemperatur-Begrenzer (RTL) am Ende des Rücklaufs an der Durchtrittstelle der Zuleitungen.

Zur Vorbeugung von Zwängspannungen der Ringleitung ist in den Raumecken hinter den Bögen an beiden Schenkeln auf 20 cm Länge Toleranz von ca. 20 mm zu schaffen (Ausdehnungskoeffizient von Cu nur 0,017 mm pro Meter Rohr und Grad Temperaturanstieg). Bei betriebsbereiter Anlage werden nun an alle Bögen Mörtelbatzen angegeben und das Ventil geöffnet. Ein Vorlauf von ca. 50 °C sollte nun solange fließen, bis der Rücklauf am Ende min. 45 °C hat (ca. 15 Min.). In die Hohlräume, die durch die Rohrauslängung in den Batzen geschaffen wurden, können die Bögen beim Normalbetrieb hineingleiten, so daß keine Putzschäden auftreten können.

Eine raschere Wirkung träte bei stärkerer Versorgung der Außenwand ein. Das Normal-Konzept für eine Kellertemperierung lautet: Außenwandsockel 2 Rohre, Trennwände 1 Rohr. Bei Einzelraumbehandlung würde dies erreicht, wenn die an der Trennwand zu Raum 03 über Fertigfußboden zur Außenwand geführte Vorlaufleitung auf ganzer Länge der AW 2 mal geschleift wird („hin, zurück, hin", so daß an der Außenwand 3 Heizrohre übereinander liegen, befestigt mit Lochband) und der Rücklauf an den beiden übrigen Trennwandsockeln als Ringleitung zurückläuft (RTL am Ende). Die Einzelleitungen an den Trennwänden und die erste Außenwandleitung könnten evtl. in die Fuge zwischen Rohwand und Seitenkante des Bodenbelages eingemörtelt werden. Die beiden anderen AW-Leitungen können mit einem Mörtelprofil abgedeckt werden, hergestellt mit Hilfe einer gegen Ziegel gestellten Brettschalung (lichte Weite 40 mm).

Analog gilt für die Bögen der AW-Leitungen, daß bei der Montage 20 mm Abstand zur Trennwand einzuhalten ist. Damit der Mörtelsockel bei unverputzter Wand nicht zu hoch wird, werden für die Bögen entweder Lötfittings verwendet oder die Bögen werden über den Halbkreis hinaus und danach so gebogen, daß die Rohrschenkel parallel laufen. Geschieht dies gegenläufig, so ist der lichte Abstand der Rohre – wie beim Fitting – 2,5 cm, so daß die Sockelhöhe (3x18)+(2x25)+25=12 – 14 cm hoch wird. Bleibt die Wand unverputzt, so müssen die Fugen auf min. 20 mm Tiefe ausgeschabt und neuverfugt werden – soweit der Fugenmörtel mürbe ist.

2.2 Korrektur der Fehler in der Betriebsweise

Der Fehler in der Betriebsweise wäre korrigierbar durch Verbesserung des Wärmeangebots in der Anfangsphase und Vergleichmäßigung des Wärmeangebots im Dauerbetrieb:

- Anfangsphase: Erhöhung der Mindest-Vorlauftemperatur. Angesichts des vernachlässigbaren Anfangseffekts muß nach Umbau der Anlage für 3 – 4 Wochen eine *kontinuierliche* Vorlauftemperatur von *min. 45 °C* sichergestellt werden. Der RTL ist daher zunächst voll geöffnet.
- Dauerbetrieb: Gewährleistung einer Mindest-Rücklauftemperatur von 30 °C (RTL entsprechend zurückstellen). Dies erfolgt nach Feststellung einer Trocknungswirkung an der Wandoberfläche, einhergehend mit der Erhöhung der Oberflächentemperatur, die die Sommerkondensation sicher ausschaltet. Das Ziel nach erfolgter Trocknung

der Oberflächen der Umfassungswände ist eine Mindesttemperatur an den Wandsockeln von 21 °C, wofür z. Zt. bei richtiger Überdeckung (max. 20 mm) nach der Trocknungsphase eine Vorlauftemperatur von 24 °C ausreicht (s. Beispiel „Alter Hof" in München mit 2 hochwertigen Ausstellungsräumen im UG des Burgstocks und 4 Gasträumen im UG des Zwingerstocks: alle Räume haben 20 °C).

Angesichts der z. Zt. extrem diskontinuierlichen Wärmezulieferung sollte der Pufferspeicher der Solaranlage z. B. durch ein el. Heizschwert ergänzt werden, das bis zum Erreichen des Anfangseffekts die Mindestvorlauftemperatur nicht unter 40 °C absinken läßt.

2.3 Begriffsklärung

Die Versuchsanordnung reiht sich ein in eine lange Reihe untauglicher Versuche, mit Installationen, die meist mit „Bauteiltemperierung" benannt sind, nur Teilfunktionen der Temperiermethode herzustellen oder gar die Methode insgesamt zu widerlegen. Trotz der seit 1990 vorhandenen klärenden Veröffentlichungen des BLfD sind die Anlagen meist so konstruiert, daß sie die Gesamtwirkung der vom BLfD betreuten Temperieranlagen nicht erreichen können. Zuweilen sind die Abweichungen vom Grundkonzept – wie im Trebsener Versuchsraum – so gravierend, daß nicht einmal die gestellten Teilaufgaben (z.B. Feuchteschutz der Bauteile) erfüllt werden können, geschweige denn ein Raumheizeffekt eintritt. Sucht man Gründe für die Mißachtung der Vorgaben des amtlichen Urhebers (BLfD), so können in manchen Fällen branchenwirtschaftliche Erwägungen nicht ausgeschlossen werden, angesichts der erheblichen Einsparungen, die in den Bereichen Sanierung, Heizung und Klimatisierung bei Beachtung der Vorgaben eintreten würden. Manchen Fehlschlägen aber liegt einfach eine irrige Vorstellung von der Physik von Wärme und Wärmeleitung in mineralischen Baustoffen zu Grunde. Einen Hinweis darauf erhält man bei der Betrachtung des Unterschieds zwischen den Begriffen „Die Temperierung" und „Bauteiltemperierung":

- Die Bezeichnung **„Die Temperierung"** wurde von der Landesstelle (damals noch dem Bayerischen Nationalmuseum zugeordnet) 1982 im Museumsbereich eingeführt, um eine alternative, auf ganze Gebäude zielende Heizmethode mit konservatorisch/ bauphysikalisch günstigen Nebenwirkungen von den üblichen nur der Raum- erwärmung dienenden Wärmeverteilungsverfahren zu unterscheiden. Entsprechend dem Vorbild der römischen Hypokausten-Wandheizung erfolgt die Beheizung von Räumen weder durch großflächige Abstrahlung von freizuhaltenden Wand-Teilflächen (Heizrohrregister), noch über die Aufheizung und Umwälzung der Raumluft, ferner nicht „nach Bedarf", also diskontinuierlich und kurzfristig, sondern dadurch, daß der Wärmebedarf der einzelnen Wärmeverlustflächen (Außenbauteile des Gebäudes) ständig und direkt an ihnen selbst gedeckt wird. Dazu ist nicht die Aufheizung der *Massen* der Außenbauteile, sondern nur ihrer *Oberflächen* erforderlich. Diese Flächenwirkung erfolgt durch den Warmluftauftrieb, der sich als Folge des Wärmestaus im Rohrbereich an der Oberfläche der Rohrabdeckung bildet, wenn diese über Rohrscheitel nicht stärker als 20 mm ist.

- Auf den Begriff **„Bauteiltemperierung"** verständigten sich Ende der 1980er Jahre einige bayerische Ingenieure. In dieser Zeit begann die Landesstelle damit, Temperieranlagen nicht mehr mit Wandschalen und Sockelheizleisten realisieren zu lassen, sondern mit einfachen Heizrohrschleifen an den Wandsockeln. Die Vereinfachung war so erheblich, daß eine stärkere Nachfrage aus dem Wohnungssektor einsetzte. Dafür suchten die Ingenieure einen „griffigeren" Begriff. Sie wollten damit auf den zweifellos wichtigsten Unterschied zu den konventionellen Heizmethoden hinweisen, nämlich daß zur Raumbeheizung nicht die Raumluft, sondern die Oberflächen der Bauteile erwärmt werden.

Die Landesstelle warnte damals nachdrücklich vor dieser Wortprägung, da darunter auch die Erwärmung der Gesamtmasse eines Bauteils über Wärme*leitung* verstanden werden kann. Daß diese Einschätzung richtig war, zeigte sich auch bald daran, daß bei Projekten, die ohne Abstimmung mit dem BLfD entstanden, Heizrohre in zu tiefe Wandschlitze eingeputzt oder – wie hier - in Bodenaufbauten versenkt wurden, in der Absicht, die gesamte vom Rohr abgegebene Wärme über Wärmeleitung an die Masse des Bauteils zu übertragen.

Statt dessen aber entsteht bald nach dem Einschalten ein Wärmestau, wie die Abnahme der „Spreizung" zeigt (bei fester Vorlauftemperatur steigt die Rücklauftemperatur stetig an). Die Ausdehnung des Wärmestaus entspricht – soweit es sich um höhere Temperaturen handelt – etwa dem Durchmesser einer Faust. Dies kann man aus

Thermographien von den Raumseiten temperierter Wände bei Putzüberdeckung $\leq$ 20 mm schließen, die die Schnittfläche der zylindrischen Isothermen abbilden. Ursache ist die geringe Wärmeleitfähigkeit mineralischer Stoffe. Bereits im stationären Wärmefluß – den es beim realen Bauteil aber nicht gibt – halbiert sich z. B. Lambda von Ziegel mit hohem Rohgewicht von λ_R=0,8 W/mK auf $\lambda_{trocken}$=0,4 W/mK. Bei Beton wäre der Effekt noch viel stärker, da die Ursache des Effektes (neben der für alle mineralischen Baustoffe gültigen Anisotropie der Wärmeausbreitung) bei porenhaltigen Stoffen die Verdrängung der „praktischen Feuchte" ist, die bei Ziegel ca. 1,5 M-%, bei Beton aber 5 – 10 M-% beträgt.

Um also an die Masse eines mineralischen Bauteils über Wärmeleitung Wärme zu übertragen, ist eine wesentlich größere Heizkapazität nötig, die über die gesamte Ausdehnung der Mittelebene verteilt ist (s. die in die Bauteile integrierten Rohrregister der „Betonkernaktivierung"). Da aber zur Raumbeheizung und/oder zum Kondensatschutz lediglich die raumseitige Bauteiloberfläche warm sein muß, genügt es, eine streifenförmige Zone mit höherer Temperatur auf ganzer Länge des Bauteilsockels (für höhere Raumtemperaturen auch längs der Brüstungsebene) herzustellen, da der von dieser (diesen) Zone(n) gebildete Auftrieb (Coanda-Effekt) im Dauerbetrieb eine ausreichende Wärmemenge an die Bauteil-Oberfläche abgibt.

3 Schwarzküche im Schloss Trebsen

Die Schwarzküche [Bild 2-40] befindet sich im Nordflügel des Schlosses Trebsen und ist teilweise unterkellert. Das Dach dieses Schlossteils wurde 1946/47zerstört und danach nicht wieder aufgebaut. Erst 1992 erfolgten erste Sicherungsmaßnahmen und in den Jahren 1994/95 begann man mit dem Wiederaufbau des Daches. Die Außenwände bestehen aus unterschiedlichen Materialien, auf der Außenseite zum größten Teil aus Rochlitzer Quarzporphyr, auf der Innenseite aus Ziegelstein. Wie Bild A2-41 zeigt, ist ein Teil des Schlosses auf gewachsenen Fels gegründet. Vertikale oder horizontale Bauwerksabdichtungen konnten nicht nachgewiesen werden. Der Fugenmörtel im Innen- und Außenbereich wies große Fehlstellen auf. 2001 ist eine Temperieranlage mit dem Ziel eingebaut worden, die Außenwände zu trocknen und eine Raumtemperierung zu erzielen. [Vgl. Schönfeld, 2002, S. 35]. In Bild A2-42 ist das Fußbodenniveau im Vergleich zum Gelände dargestellt.

Es bot sich in dieser Diplomarbeit eine Nachuntersuchung an, um die Wirksamkeit der Temperierung zu überprüfen sowie die Ergebnisse aus Schönfelds Arbeit zu aktualisieren.

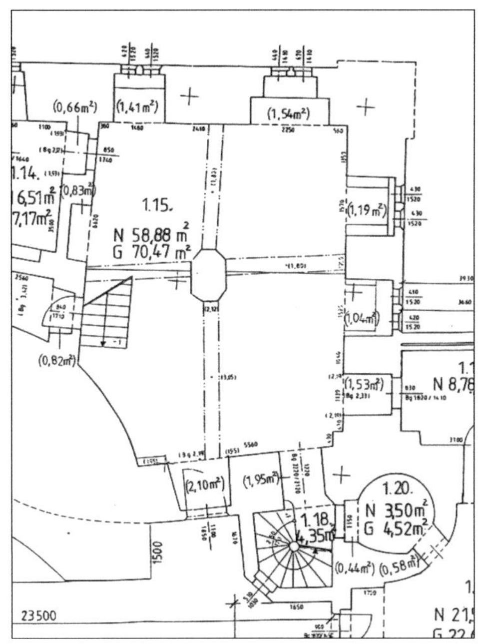

Bild A2-40: Grundriss Schwarzküche (Quelle: Löther, 2005)

Bild A2-41: Gewachsener Fels im Nahbereich der Schwarzküche (Quelle: Löther, 2005)

Bild A2-42: Außenansicht Bereich Schwarzküche mit Fußbodenniveau (Quelle: Löther, 2005)

3.1   Nullmessungen

Vor Inbetriebnahme der Temperieranlage wurden bei einer Diplomarbeit 2001/2002 [Vgl. Schönfeld, 2002] die hier z.T. vorgestellten Messergebnisse gewonnen und ausgewertet. Wie im Keller des Inspektorenhauses bestimmte man auch hier sowohl den Feuchtegehalt als auch den Salzgehalt. Es wurden drei Probenbereiche festgelegt, in zwei Fensternischen der Außenwände sowie an einer Innenwand. An jedem dieser Bereiche hat man mehrere Probenachsen angelegt, wo jeweils an drei Entnahmestellen aus unterschiedlichen Bohrtiefen Bohrmehl entnommen wurde. Diese Proben sind anschließend in der HTWK – Leipzig ausgewertet worden und werden im Folgenden an einem Beispiel vorgestellt.

Feuchtegehalt

Als Beispiel wird die Entnahmestelle 13 des Probenbereichs 13 – 15 an der Innenwand erläutert. Hier zeigte sich der größte Feuchtegehalt bei der Probenentnahme. In Tabelle A2-7 sind Feuchtesätze einer Bohrung 13 cm über dem Fußboden dargestellt. Die Proben wurden 2001 entnommen. Allerdings versäumte man den Durchfeuchtungsgrad der Festproben zu bestimmen.

Tabelle A2-7: Baufeuchte der Bohrprobe 13 der Außenwand (Quelle: Schönfeld, 2002)

Wandbereich	Bohrprobe	Messtiefe [cm]	Bohrmaterial	Feuchtegehalt [M.%]
/	13.1	0-2,5	Naturstein	**1,82**
I / A	13.2	2,5-7,5	Naturstein	**1,77**
I / A	13.3	7,5-14	Naturstein	**2,52**
I / A	13.4	14-20	Mörtel	**4,92**
I / A	13.5	20-25	Mörtel	**5,16**
I / A	13.6	25-33	Mörtel	**5,21**
I / A	13.7	33-42	Naturstein	**3,45**
I / A	13.8	42-57	Naturstein	**6,31**

Nach Auswertung aller Probenachsen stellten sich bei allen Materialien Werte des Feuchtegehaltes zwischen 0,3 und 6,31 M- % ein. Die Höchsten Werte lagen zwischen 4 bis 6 M- % und befanden sich in tieferen Wandquerschnitten zwischen 30 cm und 50 cm[18]. Der durchschnittliche Feuchtegehalt der einzelnen Baustoffe ergab folgende Werte: [Vgl. Schönfeld, 2002]

Ziegel   2,32 M %

Mörtel   4,03 M %

---

[18] Die Wandstärke der untersuchten Wände beträgt ca. 0,70 – 1,60 m.

Naturstein   3,07 M %

Zeitgleich zu der Probenentnahme wurde auch das Raumklima in der Schwarzküche gemessen. Am 03.01.2002 ergaben sich folgende Werte: [Vgl. Schönfeld, 2002]

Temperatur: innen 14°C   außen -4°C
relative Luftfeuchte: innen 31 %   außen 60 %

Salzbelastung

Bei der Salzuntersuchung hat man das Bohrmehl nach Anionen von Sulfat, Chlorid und Nitrat untersucht. Die Analyse der Konzentration fand mit Hilfe von Merck Teststäbchen statt und wurde nach WTA – Belastungsstufen [WTA 4-5-99/D] dargestellt. Es zeigten sich für die Untersuchungsbereiche folgende Konzentrationen:

Sulfat   < 0,20 M-%   Belastungsstufe gering
Chlorid   < 0,50 M-%   Belastungsstufe mittel
Nitrat   < 0,25 M-%   Belastungsstufe mittel [Vgl. Schönfeld, 2002]

3.2   Nachmessungen

Im Juni/Juli 2005 wurde in der Schwarzküche eine Nachmessung durchgeführt. Seit den Nullmessungen erfolgten einige bauliche Veränderungen, und zur umfangreichsten zählt die Unterteilung der Schwarzküche in mehrere Räume. Wie Bild A2-43 verdeutlicht, sind große Teile der Wände mittlerweile verputzt worden. Da diese Räume gegenwärtig als Lebensmittellager genutzt werden, war es nicht möglich, den gleichen Probenumfang der Nullmessung zu wiederholen. Daher sind nur zerstörungsfreie Messungen mit dem Protimeter[19] und visuelle Beobachtungen erfolgt.

Bei einer ersten Begehung konnten keine schadhaften Stellen, wie Salzausblühungen oder Feuchteflecken im Sockelbereich oder in Wandecken festgestellt werden. Jedoch war in

---

[19] Dieses Gerät liefert keine direkten Angaben über eine Feuchtebelastung. Einschätzung erfolgt über einen Farbcode: grün – lufttrocken, keine Schäden durch Feuchte möglich, gelb – Feuchteschäden möglich, rot – Feuchteschäden unumgänglich. [Vgl. Arendt/ Seele, 2000, S. 32]

diesen Räumen eine äußerst hohe Raumtemperatur (über 20°C) festzustellen, die auf den Betrieb mehrerer Kühlschränke zurückgeführt werden konnte [Bild A2-44]. Die Temperierung war zu diesem Zeitpunkt nicht in Betrieb.

Bild A2-43: Ansicht Schwarzküche (Zustand Juni 2005) (Quelle: Löther, 2005)

Bild A2-44: Kühlschränke in der Schwarzküche (Zustand Juni 2005) (Quelle: Löther, 2005)

Mit Hilfe des Protimeter wurden die Wände untersucht. Allerdings konnten nur Werte zwischen 10 und 14 Punkten abgelesen werden, was dem Resultat einer trockenen Wand entspricht. Da die Standzeit des neuen Putzes bereits drei Jahre betrug und es keinen feststellbaren Feuchtetransport in den Wänden gibt, kann man davon ausgehen, dass es zu keiner neuen Belastung des Putzes durch Schadsalze gekommen ist.

3.3   Auswertung

Die Werte der Wanddurchfeuchtung zeigten bei der Nullmessung keine besondere Höhe an, wenn man bedenkt, dass dieser Bereich des Schlosses fast 50 Jahre durch Regen durchnässt wurde. In den Jahren nach der Dachsanierung ist es bereits zu einer starken Austrocknung der Außenwände gekommen. Dies belegen auch die durchgeführten Messungen im Jahr 2002, die höhere Feuchtewerte allein im Wandinneren nachweisen konnten.

Da dieser Schlossbereich vermutlich auf gewachsenem Fels gegründet ist und das Fußbodenniveau deutlich über dem des Geländes liegt [Bild A2-42], wird es auch zu keiner neuen Durchfeuchtung durch aufsteigende Feuchtigkeit kommen. Ob die Annahme, dass die Gründung auf gewachsenem Fels erfolgte berechtigt ist, kann nur anhand eines Gutachtens des Gründungsbereiches festgestellt werden.

Aufgrund der Tatsache, dass die Werte an der Wandoberfläche bei der Nullmessung einen Feuchtegehalt von über 2 M-% aufweisen, ist auch auf das Vorhandensein von Nitrat als ein Schadsalz zurückzuführen. Da Nitrat schon bei einer relativen Feuchtigkeit von 50% hygroskopisch reagiert, kann beim Überschreiten dieser 50% eine Feuchtebelastung an der Wandoberfläche entstehen, die dann auch in das Bauteil hineinwandert. Die Nachuntersuchung 2005 ergab, dass keine Ausblühungen durch Schadsalze auf den neu verputzten Wandflächen festgestellt werden konnten. Des Weiteren haben Messungen mit dem Protimeter keine unterschiedlichen Werte zwischen temperierten und nicht temperierten Bereichen ergeben. Der Feuchtegehalt lag bei allen Flächen zwischen 10 und 14 Punkten und damit im grünen – dem nicht kritischen Bereich. Bei der Begehung im Juni/Juli 2005 fiel insbesondere die relativ hohe Raumtemperatur in der Schwarzküche auf. Der Bereich der Gasträume war im Vergleich dazu wesentlich kühler. Die Temperierung war zu diesem

Zeitpunkt außer Betrieb, aber wie das Bild A2-44 bereits gezeigt hat, ist dieser Umstand durch die Abwärme einiger Kühlschränke in der Schwarzküche bedingt.

Aufgrund einer fehlenden umfangreichen Nachuntersuchung des Feuchtegehaltes der Außenwände in der Schwarzküche, bleibt eine Stellungnahme über die Wirkung der Temperierung in Bezug zur Wandtrocknung aus. Zu bedenken bleibt jedoch, dass bereits vor Inbetriebnahme der Temperierung die Außenwände bereits sehr stark getrocknet waren, wie die Nullmessung beweisen.

Fraglich bleibt demzufolge, ob die Temperierung in der Schwarzküche bei dem derzeitigen baulichen Zustand und der jetzigen Raumnutzung einen Einfluss auf die Trocknung der Außenwände hat. Durch die Erneuerung der Dächer und der Lage auf einer Felskuppe ist es kaum möglich, dass neue Feuchte in das Mauerwerk eingetragen werden kann. Eine Belastung durch hygroskopisch wirkende Schadsalze war ebenso nicht feststellbar. Die Abwärme der Kühlschränke reicht völlig aus, um die Raumlufttemperatur anzuheben, die thermische Speicherfähigkeit des Mauerwerkes anzuregen und somit die Gefahr von Tauwasserausfall zu verhindern auch ohne die Temperierung zu betreiben.

Bei einem Gespräch mit Bielefeldt[20] teilte dieser mit, dass die Schwarzküche in Zukunft als historische Küche wieder belebt werden soll um Schaukochen durchführen zu können. Dazu müssen die derzeitigen Einbauten entfernt und eine letzte Sanierung durchgeführt werden.

Nach diesen Baumaßnahmen ist die Temperierung erneut zu bewerten, da dann die Bedingungen vorhanden sind, für die die Temperierung ausgelegt ist worden ist und externe Wärmequellen (Kühlschränke) nicht mehr vorhanden sind.

---

[20] Gespräch mit Bielefeldt (Geschäftführer des Fördervereins für Handwerk und Denkmalpflege – Schloss Trebsen –) am 12.08.2005 in Trebsen.

## 4.	Ausstellungsräume im Schloss Trebsen

Die Ausstellungsräume [Bild A2-45] befinden sich im Erdgeschoss des Westflügels im Schloss Trebsen. Um diese als Seminar- und Ausstellungsräume nutzen zu können, wurde 1994/95 eine Temperieranlage eingebaut. Vor der Sanierung wurden die Räume von der Feuerwehr genutzt. Die Wände waren großflächig mit Zementputz versehen und zeigten deutliche Feuchteschäden. Dadurch war es möglich ohne historisch wertvolle Putze zu zerstören im Sockelbereich eine Temperierung installieren zu können. Ein Ausschnitt aus dem Verlegeplan der Temperieranlage zeigt Bild A2-46.

Bei einem Konsultationstermin im Schloss wurden in allen drei Ausstellungsräumen beim Abklopfen der verputzten Wände sehr große Hohlstellen des Putzes festgestellt. Diese erreichen eine maximale Höhe von ca. 1,00 m über den Sockelheizrohren der Temperierung und dem Fußboden. Es stellt sich die Frage, ob diese Putzablösungen auf die Temperierung zurückzuführen ist, da Schadsalz in den Wänden beim Austrocknen auskristallisiert sein könnten. Ob dies im Bereich des Putzes geschehen ist, sollte eine Öffnung zweier hohler Putzstellen klären.

Bild A2-45: Ausstellungsraum im Schloss Trebsen (Zustand Juni 2005)
(Quelle: Löther, 2005)

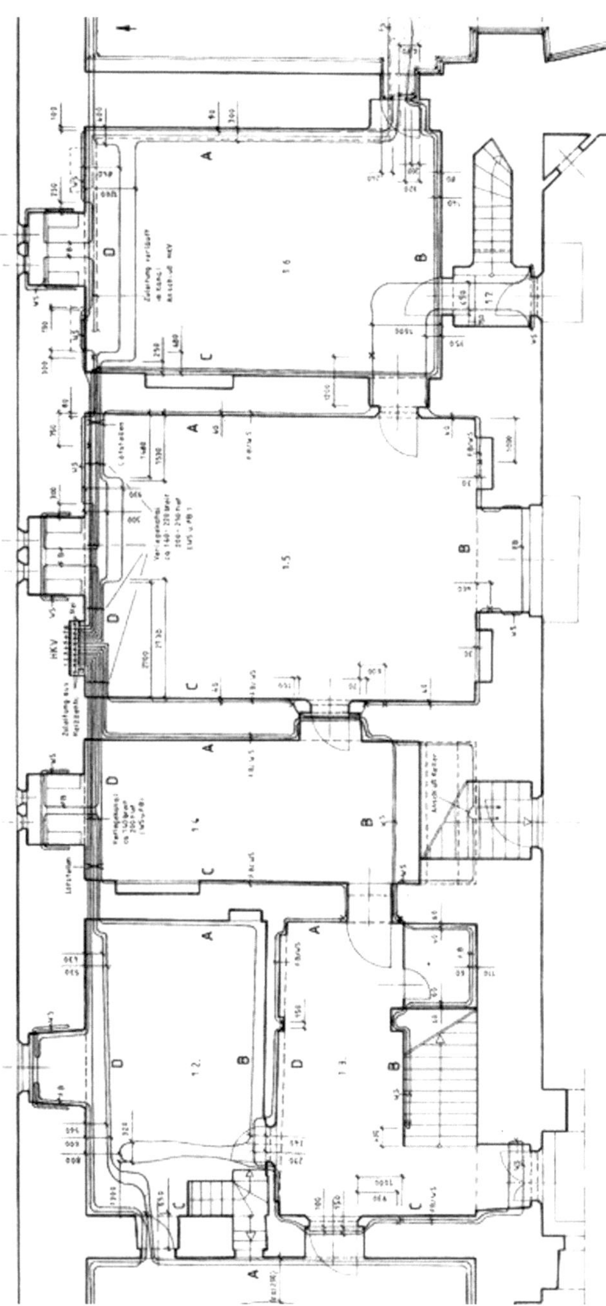

Bild A2-46: Verlegeplan Temperieranlage Ausstellungsräume Schloss Trebsen (Quelle, Löther, 2005)

Anlage 2

4.1   Untersuchungen

Bei der Untersuchung [21] der Ausstellungsräume wurden zwei Hohlstellen gewählt, die jeweils links und rechts neben einem Tor zum Hof gelegen sind. Sie stellen die Probenbereiche I und II dar [Bild A2-47]. Die Leibungen werden durch eine Rohrschleife temperiert. Folgende Untersuchungen sind durchgeführt worden: visuelle Begutachtung der Wandbereiche, Ermittlung des Feuchte- und Salzgehaltes von Putzproben, Messung der relativen und absoluten Luftfeuchte und der Temperatur im Raum sowie in einem Bohrloch.

Bei der visuellen Begutachtung stellte man im Sockelbereich der linken Leibung (Probenbereich II) Putzzerstörungen und Salzausblühungen fest. Die Temperierleitung befindet sich ca. 6 – 8 cm entfernt von diesen Schadstellen.

Wandbereich II	Wandbereich I

Bild A2-47: Ansicht Tor im Ausstellungsraum mit Wandbereichen
(Quelle: Löther, 2005)

Die Luftfeuchtemessungen erfolgten 50 cm über OFB und in 5 cm Wandtiefe [Bild A2-48]. Gemessen wurde mit einem kapazitiven Feuchtefühler (Firma Ahlborn Typ FHA 646 R). Bei

---

[21] Diese Untersuchung erfolgte am 12.07.2005 in Trebsen.

der Messung in der Wand wurde der Messfühler abgedichtet und man wartete, bis sich ein Gleichgewicht einstellte. Folgende Werte wurden gemessen:

Messwert Wand:	relative Luftfeuchte:	59,0 %
	absolute Luftfeuchte:	9,7 g/kg
	Temperatur:	22,0 °C
Messwert Raum:	relative Luftfeuchte:	58,9 %
	absolute Luftfeuchte:	9,8 g/kg
	Temperatur:	22,2 °C

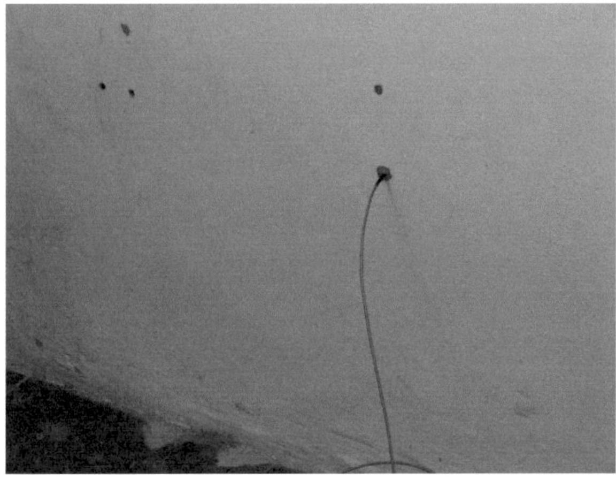

Bild A2-48: Messung der relativen Luftfeuchte im Bohrloch 1 am Wandbereich I
(Quelle: Löther, 2005)

Nach diesen Messungen erfolgte die Öffnung kleiner Putzbereiche. Dabei konstatierte man, dass das Rohr der Temperierung im Probenbereich I circa 4 cm unter der Putzoberfläche liegen, wohingegen das Rohr im Probenbereich II 5 cm tief eingeputzt worden ist [Bild A2-49]. Beim Ablösen der hohl liegenden Putzteile konnten in der Trennschicht keine sichtbaren Salzausblühungen festgestellt werden.

In Tabelle A2-8 sind die Ergebnisse der Feuchte- und Salzuntersuchung der Putzproben dokumentiert. Bei der Salzanalyse konnten Sulfat- und Chloridionen nur in Spuren nachgewiesen werden. Daher sind die Belastungsstufen nach Arendt [Vgl. Arendt/Seele, 2001, S. 35] allein nach der Nitratbelastung festgelegt worden.

Bild A2-49: Temperierleitung im Wandbereich II neben der Salzausblühung
(ca. 5 cm tief eingeputzt) (Quelle: Löther, 2005)

Tabelle A2-8: Feuchte- und Salzgehalt im Putz im Ausstellungsraum (Quelle: Löther, 2005)

Proben[22]	Feuchtegehalt [M %]	Nitrat [M %]	Belastungsstufe [Arendt][23]
I / 1	0,5	0,008	Stufe 0
I / 2	0,2	0,005	Stufe 0
II / 1	1,5	0,01	Stufe 0

4.2   Auswertung

Mittels der durchgeführten Untersuchungen konnte festgestellt werden, dass die Hohlstellen im Putz der Ausstellungsräume nicht auf Salzausblühungen zurückzuführen sind. Vielmehr kommen Fehler beim Verputzen der Ausstellungsräume mit dem Kalkputz in Frage. Es ist wahrscheinlich, dass die Temperierung beim Putzen mit einer zu hohen Vorlauftemperatur betrieben wurde. Dadurch konnte der Kalkputz im Bereich der Temperierung nicht ordentlich abbinden und so entstand das sichtbare Schadensbild. Für diese Annahme spricht auch, dass sich die Hohlstellen alle im unteren Wandbereich bis maximal 1,00 m Höhe über Fußboden

---

[22] Die Proben I/1,I/2 befinden sich 50cm über dem Fußboden, die Probe II/1befindet sich 11cm über dem Fußboden.
[23] Nach Arendt/Seele: Feuchte und Salze in Gebäuden, S. 35.

befinden. Bei einem Gespräch mit Bielefeldt[24] haben sich diese Annahmen bestätigt. Er sprach von Vorlauftemperaturen um die 80°C um eine schnelle Austrocknung der Wände zu erreichen. Somit ist das zu hohe Aufheizen verantwortlich für das Schadbild des Putzes und zeigt deutlich, wie wichtig eine vorhergehende Besprechung aller am Bau Beteiligten ist.

Die Salzausblühungen in der linken Torleibung durch Nitrat konnte die Temperierung, die sich nur wenige Zentimeter entfernt befindet, auch nicht verhindern, da sie nur temporär betrieben wird und ihr Wirkungsbereich nicht groß genug ist. Wie auf dem Bild A2-50 zu erkennen ist, befinden sich die Ausblühungen gleich neben dem Sockelanschlag des Tores. Dieser weist sichtbare Undichtigkeiten auf, womit in diesem Bereich der Ausstellungsräume eine Wärmebrücke entstehen kann und somit die Gefahr von Tauwasserausfall bei entsprechendem Klima sehr wahrscheinlich ist. Dazu kommt der Umstand, dass Nitrat schon ab einer relativen Luftfeuchte von 50 % hygroskopisch reagieren, erschwerend hinzu.

Bild A2-50: Salzausblühung neben dem Toranschlag (Quelle: Löther, 2005)

---

[24] Gespräch mit Bielefeldt am 12.08.2005 in Trebsen.

Anlage 2

Blatt 61

Literaturverzeichnis

Arendt, **C./Seele**, **J.**: Feuchte und Salze in Gebäuden. Verlagsanstalt Alexander Koch. Leifelden-Echterdingen. 2000.

Freytag, **O.** Dr.: Erhalt und Nutzung temporär genutzter Gebäude. Vermeidung von Feuchteschäden durch Nutzung regenerativer Energiequellen. Abschlussbericht der Deutschen Bundesstiftung Umwelt, AZ 17430. Leipzig. 2005. Unveröffentlicht.

Löther, **T.**: Bauphysikalische, bauchemische und baukonstruktive Untersuchungen in der Schlossanlage Trebsen. Praktikumsbericht HTWK Leipzig. 2003.

Schönfeld, **T.**: Messprogramm für das Erkennen von hygrischen Prozessen und Versalzungsvorgängen in der Umgebung von Bauteiltemperierungen. Diplomarbeit an der HTWK Leipzig. 2002.

Schwarz, **A.** (Hrsg.): Schlösser um Leipzig. E. A. Seemann Verlag. Leipzig. 1993.

WTA: (Wissenschaftlich-Technische Arbeitsgemeinschaft für Bauwerkserhaltung und Denkmalpflege e.V.): Beurteilung von Mauerwerk – Mauerwerksdiagnostik. Merkblatt 4-5-99/D. Zürich. 1999.

Anlage 3

Vorstellung detaillierter wissenschaftlicher Veröffentlichungen

Inhaltsverzeichnis

1 Forschungsarbeiten

Im Folgenden werden 15 Untersuchungsberichte diverser Temperier- und Bauteiltemperieranlagen kurz dargestellt. Es handelt sich hierbei um unterschiedliche Anlagen, unterschiedlichster Bauweise und Art des Versuchsaufbaus. Auch die Anforderungen der Temperieranlagen seitens der Nutzer fallen äußerst unterschiedlich aus. Sie reichen vom Anspruch an eine Behaglichkeitstemperatur von circa +20°C bis hin zu einer Grundtemperierung zur Frostfreihaltung.

1.1 Rathaus Tittmoning

Das Institut für Gebäudeanalyse und Sanierungsplanung GmbH (IGS) führte 1991/92 am Rathaus Tittmoning [Bild A3-1] Messungen durch, um die Funktionstüchtigkeit einer Fundamentbeheizung zu dokumentieren [Vgl. Simianer, 1992][1].

Bild A3-1: Rathaus Tittmoning, Zustand 1956 (Quelle: Marburger Fotoarchiv[2])

Es wurden Kernbohrungen, verteilt auf vier Bohrprofile entnommen, um daraus die Material- und Sättigunsfeuchte zu ermitteln und damit den Durchfeuchtungsgrad zu

---

[1] Dieser Bericht sollte im Rahmen des Forschungsvorhabens BAU 5030 A „Diagnose und Therapie überhöhter Feuchte-/ Salzbelastung in historischen Mauerwerkskomplexen, Laufzeit 01.08.1990 – 31.03.1994" in den Abschlussbericht aufgenommen werden, was aber nicht erfolgte.
[2] www.bildindex.de-Orte//T/Tittmoning(Bild30von39)

bestimmen. Nach 10 Monaten entnahm man nur wenige Zentimeter neben den alten Bohrlöchern die fast gleiche Anzahl neuer Proben und bestimmte auch hier den Durchfeuchtungsgrad[3]. Die Beheizung des Fundamentes erfolgte durch je eine Heizrohrschleife pro Wandsockel, wie Bild A3-2 verdeutlicht. Allerdings sind in dem Bericht, der dem Verfasser vorliegt, keine Ergebnisse in Form von Tabellen angefügt, sondern nur ungenaue Säulendiagramme, aus denen man Details nur schwer ablesen kann.

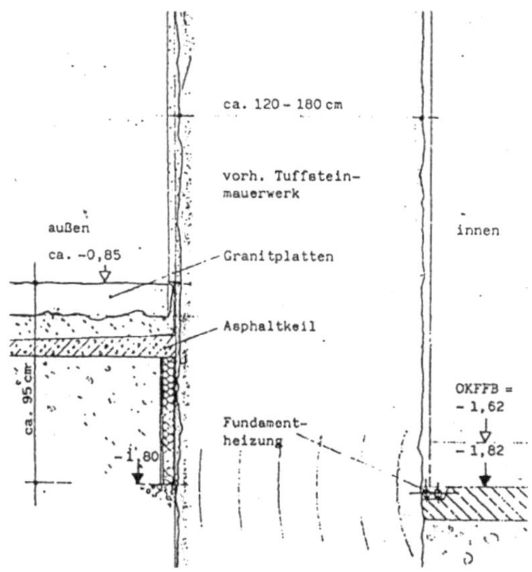

Bild A3-2: Fundamentbeheizung und vertikale Abdichtung (Quelle: Simianer, 1992)

Aus dem Bericht gehen wenig Informationen hervor, die man benötigt, um die Wirkung der Fundamentbeheizung beurteilen zu können. So fehlen Aussagen über die Vorlauftemperaturen und Lage der Heizrohre zu den Messstellen. Das Bayerische Landesamt für Denkmalpflege[4] (BLfD) führt die gemessene Reduzierung der Durchfeuchtung einer 1,80 m dicken Wand auf die Temperierung zurück. Es verweist auf überschweres, stark salzbelastetes Mauerwerk[5], wo der Durchfeuchtungsgrad um bis zu 60% zurückgegangen sein soll. [Vgl. Großeschmidt, 1996, S. 104, 114]. Die Kernbohrungen sind vom IGS jedoch nur bis zu einer Tiefe von 30 cm ausgeführt worden,

---

[3] Laut Großeschmidt lief die Fundamentheizung zu diesem Zeitpunkt schon 4,5 Monate [Vgl. Großeschmidt, 1996, S. 114].
[4] Von 1978 bis 1990 dem Bayerischen Nationalmuseum und anschließend dem Bayerischen Landesamt für Denkmalschutz unterstellt.
[5] Im Gutachten des IGS ist nur an einer Stelle eine „höhere Belastung" gefunden worden.

Anlage 3

Blatt 4

so dass über den Wandkern keine Aussage getroffen werden kann. Zusätzlich zur Sockeltemperierung gab es aber auch noch flankierende Baumaßnahmen zur Trockenlegung des Mauerwerks wie der Einbau einer Vertikaldämmung im Außenbereich bis auf 1,80 m Tiefe und den Einbau eines Asphaltkeils (mind. 0,5 m lang) zur Ableitung des Sickerwassers vom Fundament [Bild A3-2].

Im Bereich der Temperieranlage wurde zur Sicherheit noch eine Fußbodenheizung installiert, die jedoch nach Aussage von Großeschmidt bis heute noch nie im Betrieb war. Dies ist eine Bestätigung der Aussage, dass Räume aus schwerem Mauerwerk und Gewölben durch ihre thermische Trägheit nur wenig Energie benötigen um eine einmal hergestellt Raumtemperatur zu halten.

Beim Rathaus Tittmoning kann die Temperierung nicht allein für die Trocknung der Außenwände verantwortlich gemacht werden. Durch das Anbringen einer Vertikalabdichtung im Fundamentbereich entsteht keine weitere Feuchtebelastung durch Sickerwasser. Somit ist dies ein positives Beispiel dafür, wie es durch die Kombination verschiedener Baumaßnahmen bei der Bekämpfung von feuchtem Mauerwerk zum Erfolg kommt.

1.2   Schloss Trebsen

Siehe Anlage 2 (Untersuchungen in der Schwarzküche und in Ausstellungsräumen) [Vgl. Schönfeld 2002].

1.3   Inspektorenhaus Schloss Trebsen

Siehe Anlage 2 [Vgl. Freytag, 2005/ Löther, 2003].

1.4   Schifferkirche „Marie am Wasser"

Im Folgenden wird die Diplomarbeit „Untersuchung zur Beheizung von Kirchenräumen mit Bauteiltemperierung als Feuchteschutz – Messungen" von Peusch aus dem Jahr 2004 vorgestellt. Die Messungen erfolgten an der Schifferkirche „Maria am Wasser" bei Dresden [Bild A3-3].

Bild A3-3: Kirche „Maria am Wasser"(Quelle: www.maria-am-wasser.de)

Der Grund für die 2003 in der Kirche „Maria am Wasser" eingebaute Temperierung lag in der Flutkatastrophe 2002 (damaliger Wasserstand in der Kirche: 1,85 m) und den dabei entstandenen Schäden. Durch diese Schäden musste der Putz an der Außen- und Innenseite des Mauerwerkes bis auf eine Höhe von 2,50 m entfernt werden. So war es möglich, im Inneren der Kirche an ausgewählten Baubereichen eine Temperierung einzubauen, ohne auf einen Bestandsschutz achten zu müssen. Es wurden zwei unterschiedliche Systeme der Firma „Polytherm" eingebaut. Im Altarbereich hat man Kapillarrohrmatten bis auf eine Höhe von 1,60 m verlegt, und im Kirchenschiff kam ein Wandheizregister aus Kunststoffrohr zur Anwendung. Ziel der Temperierung war, die Mauerwerksfeuchte zu senken und einen Feuchteschutz aufzubauen, um weitere Schäden und der Bausubstanz zu verhindern. Die Temperierung wurde folgendermaßen ausgelegt: Die Regelgröße richtet sich nach der Rücklauftemperatur und ist auf +20°C ausgelegt. Angestrebt wird eine Grundtemperierung von +6°C bis +12°C sowie eine Nutztemperatur von +13°C bis +18°C. Für diese Nutztemperatur hat man zusätzlich eine Warmluftheizung installiert. Die Temperaturänderung soll im Bereich von einem Kelvin pro Stunde liegen. Des Weiteren ist eine relative Luftfeuchtigkeit gefordert von 45% bis 75%. Die Lüftung der Kirche erfolgt ausschließlich über die Kirchenfenster. Das Kirchenmauerwerk besteht aus Natur- und Ziegelstein. [Vgl. Peusch, 2004]

Die Messungen für die Diplomarbeit erfolgten vom 29.4. bis 15.7. 2004. Dabei wurde mit Hilfe von Feuchtesonden bis in Tiefen von 20 – 30 cm der Wand der Feuchtegehalt des Baumaterials gemessen. Die Ergebnisse dieser Messungen hat man graphisch ausgewertet. [Vgl. Peusch, 2004]

Als Ergebnis konstatiert Peusch, dass der Feuchtegehalt aller untersuchten Mauerabschnitte zunimmt, unabhängig davon, ob eine Temperierung eingebaut war oder nicht. Demzufolge kann die Temperierung die Zunahme des Feuchtegehaltes bei allen Messtiefen (bis 30 cm Wandtiefe) in der Wand nicht verhindern. Ebenso konnte keinerlei Beeinflussung der Temperierung auf den Feuchtegehalt der Wand verzeichnet werden. Die durchgeführten Messungen konnten keine Klarheit darüber verschaffen, woher die Feuchtigkeitszunahme vor allem an der Wandoberfläche stammt. Peusch vermutet eine Abhängigkeit von Außen- und Innenklima und eine sich dadurch veränderte relative und absolute Feuchtigkeit. Die hygroskopische Eigenschaft des verwendeten Putzes könnte eine Erklärung für die Zunahme der Feuchte an der Wandoberfläche darstellen. Dies erklärt aber nicht die Zunahme der Feuchtigkeit im Wandkern. [Vgl. Peusch, 2004]

Positiv merkt Peusch an, dass die Wandbereiche mit Temperierung eine deutlich höhere Wandoberflächentemperatur besitzen als Bereiche ohne Temperierung. Er kommt zum Schluss, dass die Temperierung ein wirksamer Schutz gegen Tauwassergefahr darstellt. [Vgl. Peusch, 2004]

Auf Nachfrage am Institut Allgemeiner Maschinenbau der Fachhochschule für Technik und Wirtschaft Dresden wurde mitgeteilt, dass weitere Forschungen in der Kirche „Maria am Wasser" und Diplomarbeiten zum Thema Temperierung durchgeführt werden.

Fraglich bleibt bei diesem Objekt, ob nicht durch den Einsatz des Systems „Polytherm" nicht von einer Temperierung sondern schon von einer Wandheizung gesprochen werden muss.

1.5   Renatuskapelle in Lustheim

Die in einer Diplomarbeit von 2004[6] vorgestellte Kapelle wurde 1687 als südlicher Pavillon [Bild A3-4] des Schlosses Lustheim vollendet. Dieser Ziegelbau befindet sich in der Schlossanlage Schleißheim. Erste Sanierungen fanden in einem Zeitraum von 1968 – 1971 statt, bei denen u.a. eine Horizontalsperrung (Mauersägeverfahren) des

---

[6] Kilian, R.: Die Wandtemperierung in der Renatuskapelle in Lustheim. Auswirkungen auf das Raumklima. München 2004.

Außenmauerwerkes erfolgte. Weitere Sanierungsschritte führte man in den Jahren 1996 bis 2003 durch. [Vgl. Kilian, 2004, S. 7 ff]

Bild A3-4: Renatuskapelle in Lustheim, Außenansicht (Quelle: Schleissheimer Zeitung[7])

2002 wurde eine Sockeltemperierung mit dem Ziel, eine Frostfreihaltung zu erreichen, eingebaut, um das Kondensatproblem im Sockelbereich zu unterbinden. [Vgl. Kilian, 2004, S. 6] Die Verlegung der Temperierleitung erfolgte in zwei Heizkreisläufen, der Vorlauf unterhalb der Horizontalsperre und der Rücklauf 90 cm darüber [Bild A3-5]. [Vgl. Kilian, 2004, S. 13]

---

[7] www.schleissheimer-zeitung.de/ansicht.php?id=506

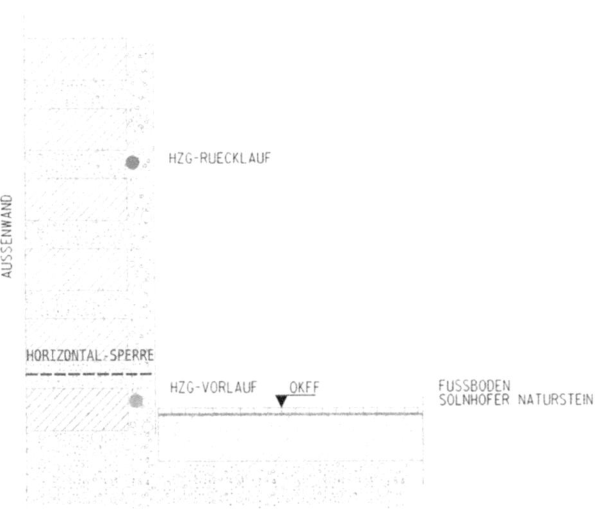

Bild A3-5: Lager der Temperierung und der Horizontalsperre in der Außenwand
(Quelle; Kilian, 2004)

In der Diplomarbeit Kilians sind Klimamessungen der Jahre 2001 – 2004[8] ausgewertet worden. Das Hauptaugenmerk dieser Arbeit lag auf der Beurteilung des Raumklimas in Bezug auf die vorhandene wertvolle Ausstattung unterschiedlicher Materialien.[9]

Die ersten Messungen 2001/2002 haben ergeben, dass eine Trocknung der Wandbereiche über der Horizontalsperrung nicht erfolgt ist. [Vgl. Kilian, 2004, S. 16] Seit Beginn der Temperierung 2002 erhöhte sich der Wert der Absolutfeuchte im Raum. Anhand von Untersuchungen des Fußbodens stellte man fest, dass ein großer Teil der Feuchtigkeit aus dem Boden in den Raum diffundiert. Des Weiteren konstatiert Kilian, dass es durch die warmen Temperierleitungen, v.a. des Vorlaufs, zu einem kontinuierlichen Feuchtestrom aus der Wand in den Raum kommt. Im letzten Zeitraum der Messungen gelangt er zu Ergebnissen, dass sich die relative Luftfeuchte von früheren 70% auf circa 50% reduziert hat. Bei einem Temperatureinbruch von -13°C wurden jedoch zu geringe Werte von 28% relativer Luftfeuchte ermittelt. Dies zieht den Einsatz eines Luftbefeuchters nach sich. [Vgl. Kilian, 2004, S. 61]

---

[8] Diese Messungen erfolgten ein Jahr vor dem Einbau, während der Einbauphase und ein Jahr nach dem Einbau der Temperieranlage. [Vgl. Kilian, 2004, S. 6]
[9] Die Diplomarbeit wurde an der Technischen Universität München an der Fakultät Architektur, am Institut für Restaurierung, Kunsttechnologie und Konservierungswissenschaften geschrieben.

Kilian kommt in seiner Auswertung zum Schluss, dass sich durch die Sanierung (Fenster abgedichtet, Dämmung auf Gewölbe) und der Temperierung in der Renatuskapelle eine erhebliche Verbesserung des Raumklimas einstellte. [Kilian, 2004, S. 62]

Angaben über den Energieverbrauch der Temperierung sind in Kilians Arbeit nicht zu finden.

1.6 Filialkirche in Moosberg/Niederbayern

Künzel führte in der Kirche Moosberg Forschungen über den Einsatz einer Bauteiltemperierung durch. Voruntersuchungen in dieser Kirche haben ergeben, dass der Bereich zwischen Fußboden und aufgehender Nordwand stark von Algenbildung und Feuchteflecken betroffen ist. Klimamessungen zeigten, dass dieser Wandbereich die niedrigsten Oberflächentemperaturen im Raum aufwies. Bei Renovierung des Kircheninnenbereichs installierte man zwei unterschiedliche Varianten für eine Bauteiltemperierung dieses Wandbereichs. Zum einen verlegte man elektrische Heizkabel unter Putz mit einer Leistung von 45 W/m und zum anderen wurden elektrische Konvektorleisten vor die Wand gesetzt mit ebenfalls 45W/m. In Bild A3-6 sind die erreichten Wandtemperaturen unter winterlichen Bedingungen dargestellt.

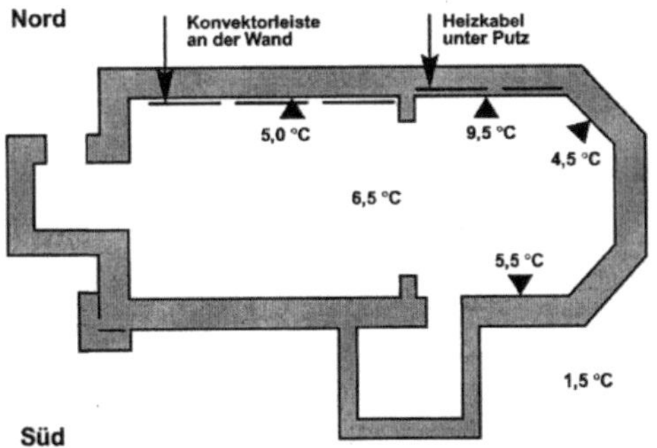

Bild A3-6: Anordnung und Ergebnisse der Bauteiltemperierung
(Quelle: Künzel, IBP Bericht 339[10])

Es wird deutlich, dass die Wandoberflächentemperaturen sich im gesamten Kircheninnenraum angleichen und somit die Feuchteerscheinung auf der Nordseite

---

[10] www.hoki.ibp.fhg.de/ibp/publikationen/ibp_mitteilungen/ibp339.pdf

dauerhaft behoben werden konnte. Die unter gewissen Klimabedingungen zeitweilige Tauwasserbildung konzentriert sich nun nicht mehr nur auf einen Wandbereich, sondern verteilt sich auf die ganze Kirche und befindet sich somit in einem weniger kritischen Zustand. [Vgl. Künzel, 1998]

Abschließend konstatiert Künzel, dass die im Beispiel beschriebene Bauteiltemperierung gezielt zum Feuchteschutz begrenzter Bauteilbereiche eingesetzt werden kann. Es gilt allerdings zu bedenken, dass es zu Wärmeverlusten bei ungedämmten Wandkonstruktionen kommt. [Vgl. Künzel, 1998]

Auf eine Anfrage zu diesem Versuch teilte Großeschmidt (BLfD) seinen Standpunkt zu diesem Versuch mit. Fehlerhaft sind nach seiner Aussage die thermische Behandlung von nur einer Wärmeverlustfläche, eine falsche Montage, unnötig hohe Herstellungskosten sowie vermeidbare Zusatzkosten[11].

1.7   Regensburger Salzstadel

Beim „Regensburger Salzstadel" handelt es sich um ein von 1616 bis 1620 erbautes massives Gebäude [Bild A3-7], das sich direkt am Donauufer befindet. Nach seiner Erbauung diente es v.a. als Salzlager. Bedingt durch diesen Lagerungszweck sowie durch zahlreiche Hochwasser entstanden im Inneren große Schäden an der Bausubstanz, welche in einer grundlegenden Sanierung von 1991 – 1992 beseitigt wurden. Seitdem wird dieses Gebäude als Café, Restaurant, Ausstellungsraum und Ladenbereich genutzt. [Vgl. Eicke – Hennig, 1996, S. 85]

Das Regensburger Salzstadel gilt für die Befürworter von Temperieranlagen als positives Beispiel dieser Technik, so u.a. hinsichtlich Energiereinsparung und Salzinaktivierung im Mauerwerk. Eicke – Hennig unternahm den Versuch, das Gesamtenergiekonzept des Salzstadels zu untersuchen und kommt zu den folgenden im Anschluss vorgestellten Ergebnissen.

---

[11] Stellungnahme per E-Mail vom 12.08.2005 (siehe Anlage 2).

Bild A3-7: Regensburger Salzstadel (links), Steinerne Brücke (mitte)
und Amberger Stadel (rechts); (Quelle: Eicke-Henning, 1996)

Auf Anraten des bayrischen BLfD integrierte man in das Heizungskonzept eine Temperieranlage. So wurden in Außenwände und im Dachbereich Temperierbänder mit einer Gesamtlänge von circa 350 Metern verlegt. Diese Temperierbänder bestehen aus Einrohr – Konvektoren. Des Weiteren zählten zu dieser Heizungsanlage eine Fußbodenheizung für das Untergeschoss sowie eine Dachheizzentrale. Im Dachbereich befindet sich eine Lüftungsanlage mit einer Leistung von 2000 m³/h. [Vgl. Eicke – Hennig, 1996, S. 86]

Eicke – Hennig stellt in seiner Untersuchung fest, dass in dem installierten Energiekonzept gewisse Einflussfaktoren nicht ausreichend berücksichtigt werden. Als Beispiel führt er die Abwärme der zwei Großküchen und die Wärmeleistung von circa 400 Halogenstrahlern (im Ausstellungsbereich) an. So kann es zu Betriebszuständen kommen, in der die Temperierung, die Fußbodenheizung, die beiden Großküchen sowie alle Halogenstrahler in Betrieb sind und 2000 m³/h warme Luft durch die Dachlüfter nach außen geblasen wird.

Diese Tatsache der zusätzlichen Abwärme ist nicht in das Gesamtenergiekonzept einberechnet worden und verdeutlicht, dass Heizungs- und Regelungstechnik nicht aufeinander abgestimmt sind. [Vgl. Eicke – Hennig, 1996, S. 89]

Im Endergebnis der Energieauswertung schlussfolgert Eicke – Hennig, dass der vom BLfD angeführte Heizenergieverbrauch von circa 40 kWh/m² in dieser Form nicht stimmt. Er gelangt bei seiner Untersuchung, in der er die Heizenergie und den Stromverbrauch für die Halogenstrahler einbezieht, zu dem Resultat von circa 190 kWh/m². In einem Vergleich mit anderen Museumsbauten in Hessen konstatiert Eicke – Hennig, dass das Salzstadel einen höheren Energieverbrauch hat und somit keine Vorteile gegenüber konventionellen Heizungsanlagen aufweist. [Vgl. Eicke – Hennig, 1996, S. 90]

Für die Auswirkung der Temperieranlage auf den Feuchtezustand der Außenwände konnte Eicke – Hennig einen Vergleich zum benachbarten Amberger Stadel herstellen [Bild A3-7]. Dieser wurde zum etwa gleichen Zeitpunkt wie der Salzstadel saniert und beherbergt ein Studentenwohnheim. Hier erfolgte der Einbau einer Radiatorenheizung und einer Innendämmung in den Studentenwohnungen. Wie auch im Salzstadel wurde als Wandsanierung ein Sanierputz aufgebracht. [Vgl. Eicke – Hennig, 1996, S. 91]
Trotz dieser anderen Vorgehensweise treten Probleme mit nassen Wänden oder Schimmelpilzen nicht auf. Dass es bei beiden Gebäuden zu keiner erneuten Salzausblühung gekommen ist, kann man allein dem Sanierputz zuschreiben, da dieser erst am Anfang seiner Lebensdauer steht.
Allerdings existieren in seiner Untersuchung bei beiden Häusern keine Nachmessungen zum Feuchte- und Salzgehalt, die diese Aussage nachhaltig beweisen könnten.

1.8   Gymnasium Hattingen

Bei dem Schulbau „Gymnasium Hattingen" handelt es sich um einen 1880 errichteten Ziegelbau. 1995/96 erfolgte eine Sanierung der Heizungsanlage, bei der 27 Räume (2255m²) mit einem Wandtemperiersystem ausgestattet wurden. In der Aula, im Treppenhaus sowie einigen anderen Räumen musste die konventionelle Heizung belassen werden, da dort eine Sanierung noch nicht erforderlich war. [Vgl. Leipoldt, 2004, S. 209 ff] Während eines messtechnisch begleitenden Versuches wurden zwei baugleiche Schulräume mit jeweils unterschiedlichen Heizsystemen miteinander verglichen. Ein Raum wurde mit einer Temperierung [Bild A3-8], der andere mit konventionellen Heizkörpern versehen.

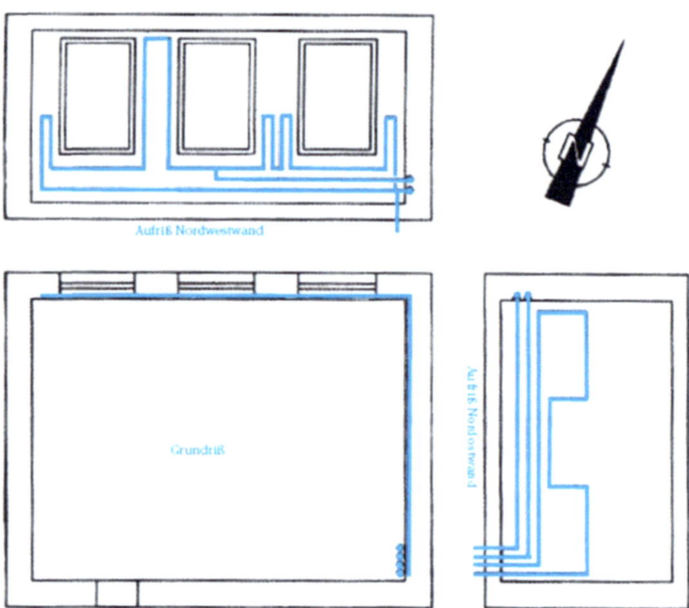

Bild A3-8: Anordnung der Temperierung an den Außenwänden (Quelle: Leipoldt, 2004)

In beiden Klassenzimmern installierte man umfangreiche Messtechnik, mit der u.a. folgende Daten aufgezeichnet worden sind: Raumtemperatur, Wandoberflächentemperatur innen und außen, relative Luftfeuchte und Wärmemengenzähler. Der Messzeitraum fand von Oktober 1995 bis Oktober 1997 statt. [Vgl. Icking, 1998, S. 6]

Das wichtigste Messergebnis war eine Energieeinsparung der Temperierung gegenüber der herkömmlichen Heizung von > 20%. Ermittelt wurde diese Energiereduktion aus vorhandenen Daten des Verbrauchs der alten Heizung von 1993 bis Oktober 1995 und Verbrauchsdaten der Temperierung von November 1995 bis Juli 1997. [Vgl. Leipoldt, 2004, S. 212]

Zu berücksichtigen bleibt allerdings die Tatsache, dass die Einsparung von 20% einer Hochrechnung von gemessenen Wärmemengen eines Raumes entspricht. [Vgl. Icking, 1998, S. 25] Durch einen Kostenvergleich stellte man fest, dass sich in diesem Beispiel bei der Temperierung die Baukosten um circa 21% gegenüber einer herkömmlichen Heizungsanlage verringerten. [Vgl. Icking, 1998, S. 28]

Auf der theoretischen Grundlage vielfacher Gespräche mit Planern und Betreibern von Temperieranlagen erscheint eine solch hohe Einsparung von 20% nicht nachvollziehbar. [siehe Kapitel 3.4.2]

Durch Befragung von Schülern und Lehrern des Gymnasiums wurde im Vergleich der Raum mit Temperierung als der angenehmere bezüglich des Raumklimas genannt. Es stellte sich eine Behaglichkeit auch unter +20°C Raumtemperatur ein. Die Untersuchung hat gezeigt, dass Raumtemperaturen von +20°C, wie in der Behaglichkeitstheorie gefordert, nicht unbedingt notwendig sind um eine für den Menschen angenehme Temperatur zu schaffen. [Vgl. Icking, 1998, S. 29]

Anhand von Vergleichsberechnungen gelangt Icking zu dem Ergebnis, dass die Wärmeverluste durch den Luftwechsel bei der Temperierung um circa 50% geringer sind als bei herkömmlichen Heizsystemen. Jedoch ist er nicht in der Lage, diese Behauptung durch eigene Versuche und Messungen zu untermauern.

Künzel beklagt, dass die Energieeinsparung im temperierten Raum von 14% im Gegensatz zum Radiator beheizten Raum angegeben wird. Er gibt aber zu bedenken, dass die Lufttemperatur im Radiator beheizten Raum 1,4 K höher war. Die Ursache dafür wird aber im Bericht nicht genannt. Unbefriedigend findet Künzel die Darstellung der experimentellen Ergebnisse. Die Baulichkeit sei nicht optimal gewählt und die Veröffentlichungen führen bei flüchtigem Lesen zu einer weiteren Verunsicherung. [Vgl. Künzel, 2002, S. 121 ff.]

Im Zusammenhang mit dem Bild A3-8 bleibt die Frage offen, ob es sich hier noch um ein Temperiersystem oder bereits um eine Wandheizung handelt, da die an den Wandflächen verlegten Rohre mengenmäßig weit über den Vorgaben des BLfD liegen und den Vorgaben nach Anordnung der Rohre nicht entsprechen. Denn laut Vorschläge des BLfD scheint dieses Objekt dem zu widersprechen, indem eigentlich nur eine minimale Verlegung von Rohren empfohlen wird [Siehe Kapitel 2.3 und 2.4 der Arbeit].

1.9   Kartause Mauerbach (Österreich)

Die Kartause Mauerbach ist eine Klosteranlage, die sich in der Nähe von Wien befindet. Aufgrund umfassender Sanierungsarbeiten war es möglich, in sechs baugleichen Mönchszellen [Bild A3-9] Untersuchungen sechs verschiedener Heizsysteme durchzuführen. Folgende Heizungsanlagen fanden hierbei Anwendung: konventionelle Heizkörper, Heizlüfter mit Warmwasser – Heizregister (Fancoilgerät), Sockelheizleisten,

Kachelofen, Temperierleitung unter Putz und Hypokaustenheizung. Die dazugehörige Dokumentation wurde im Rahmen des EUREKA – Projekts 1383 PRIVENT veröffentlicht. Forschungsgegenstand hierbei war, herauszufinden, welches Heizungssystem das geringste konservatorische Schadenspotential darstellt sowie der direkte Vergleich des Energiebedarfs aller sechs Heizungssysteme. [Vgl. Käferhaus, 2004, S. 273]

Bild A3-9: Mönchszellen der Kartause Mauerbach (Quelle: Käferhaus, 2004)

Jede der Mönchszellen besteht aus einer Grundfläche von circa 24,3 m². In allen Räumen installierte man umfangreiche Messtechnik, um Raumlufttemperatur, Wandoberflächentemperatur und relative Luftfeuchte zu messen sowie Wärmemengenzähler.

Durch umfangreiche Bauarbeiten während der durchgeführten Messungen kam es zu störenden Unterbrechungen der Arbeiten und zeitweilig auch zum Ausfall einzelner Heizsysteme. Aufgrund jener Betriebsunterbrechungen dehnte man die Messungen von ursprünglich zwei auf drei Heizperioden aus um Messergebnisse über einen längeren Zeitraum in das Ergebnis einfließen zu lassen. Von Nachteil erwies sich die in den einzelnen Zellen unterschiedlich hohe interne Feuchtequelle. Untersuchungen ergaben, dass der Grundwasserspiegel unterhalb der sechs Zellen einer unterschiedlichen Höhe entspricht. Die daraus resultierende Vermutung, dass die unterschiedlich hohe Feuchtebelastung durch Diffusionsvorgänge im Bereich der Fußböden erzielt wird, konnte durch Versuche nicht bestätigt werden. [Vgl. Käferhaus, 2004, S. 299]

Aufgrund von Planungsfehlern wurde die Temperierleitung 30cm über dem Fußboden eingebaut, da man zu diesem Zeitpunkt noch davon ausging, dass der Fußboden anschließend mit einem Estrichbelag versehen wird. Wegen des fehlerhaften zu hohen Einbaus musste in der Mönchszelle mit Temperierung im Sockelbereich ein elektrisches Heizkabel nachgerüstet werden. Erst im Anschluss daran konnte die geforderte Temperatur von +15°C erreicht werden. Eine Auswertung des Energieverbrauchs (in einem Zeitraum vom 26.3. 1998 bis zum 6.11. 1998) aller Zellen ergab die im Bild A3-10 dargestellten Daten. Diese verdeutlichen, dass der Energieverbrauch allein keine Aussagen über das kostengünstigste Heizungssystem liefert. [Vgl. Käferhaus, 2004, S. 314]

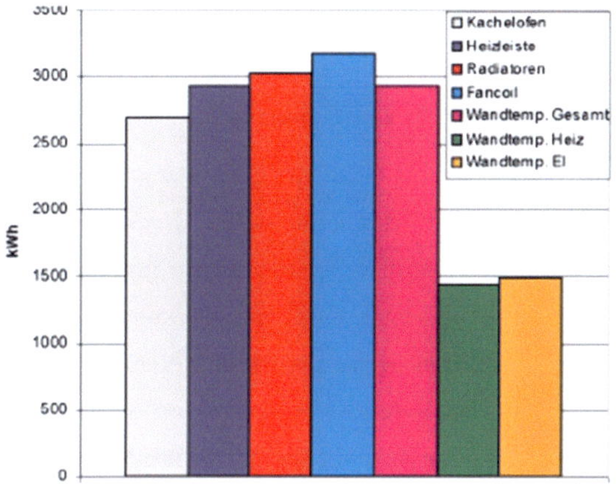

Bild A3-10: Energieverbrauch aller getesteten Heizsysteme
(Die beiden rechten Säulen bilden als Summe die dritte Säule von rechts.)
(Quelle: Käferhaus, 2004)

Ein positiver Effekt der Temperierung zeigte sich durch die aufgrund von Bauarbeiten oft verursachten Unregelmäßigkeiten in der Heizversorgung. Die Zelle mit eingebauter Temperierung reagierte sehr gedämpft auf solche Störungen. Durch die Speicherfähigkeit der Baumasse sinkt die Raumlufttemperatur nur sehr langsam im Vergleich zu konventionellen Heizungen. [Vgl. Käferhaus, 2004 S. 314]

Weitere angeführte Untersuchungsergebnisse sind:
- Kondensat und Staubablagerungen in temperierten Räumen entfallen
- akzeptabler geringer baulicher Aufwand bei der Temperierung

Anlage 3

Blatt 17

- Schonung der Innenausstattung durch Temperierung („Kalte-Wand-Problematik"
  entfällt) [Vgl. Käferhaus, 2004 S. 314 ff]

Käferhaus konstatiert im Gesamtergebnis seiner Untersuchung, dass das Temperiersystem eine optimale Anlage für die Beheizung von historischen Gebäuden und Museen ist, allerdings immer unter der Voraussetzung einer genauen Prüfung des Einsatzgebietes sowie einer detaillierten Planung. [Vgl. Käferhaus, 2004, S. 317]

1.10 Schloss Oranienbaum

Siehe Kapitel 3.4.2.

1.11 „Svety Martin" und „Svety Tilen" (Slowenien)

Im Rahmen des EUREKA – Projekts 1383 PRIVENT gelang es, zwei slowenische Kirchen mit eingebauter Temperierung in den Untersuchungsgegenstand einzubeziehen. [Vgl. Malovrh, 2004, S. 131] „Svety Martin" ist eine Kirche in Teharje, die 1906/07 erbaut worden ist. Hier ist eine Temperieranlage mit drei Heizkreisläufen vorhanden. Der erste befindet sich in der Wand – Boden – Ecke, der zweite 2,30 m und der dritte 6 m über dem Fußboden. Insgesamt sind 1254 m Rohr unter Putz verlegt worden. Der zweite und dritte Heizkreis kann bei Bedarf in der Zeit von Juni bis September abgeschaltet werden. Als Zielstellung forderte man eine Raumtemperatur von +8°C, bei einer Außentemperatur von -15°C. [Vgl. Malovrh, 2004, S. 131 ff] Der Wärmeenergiebedarf in diesem Objekt lag in der Heizperiode vom 18.10.1999 bis zum 20.8.2000 bei 11,5kWh/m³. [Vgl. Malovrh, 2004, S. 135]

„Svety Tilen" befindet sich in Mokronog und wurde 1824 erbaut. Man versah sie mit zwei Heizkreisläufen, den ersten in der Wand – Boden – Ecke und den zweiten 1,80 m über dem Fußboden. Insgesamt installierte man 770 m Rohr. [Vgl. Malovrh, 2004, S. 132] Auch hier gelten die gleichen Temperaturforderungen wie bei der Kirche „Svety Martin". In „Svety Tilen" maß man einen Wärmeenergiebedarf von 17,2 kWh/m³. [Vgl. Malovrh, 2004, S. 135]

Im vorliegenden Forschungsbericht von Malovrh werden allein Messergebnisse zur Temperierung der Kirche „Svety Martin" vorgestellt, die im Folgenden knapp skizziert werden. So konnte in dieser Kirche die Raumtemperatur von +10°C trotz starken Frosts gehalten werden. Auffällig war eine langsame Reaktion der Temperierung auf die Veränderungen der Außentemperatur. Messungen der Wandoberflächentemperaturen ergaben in einer Höhe von 2,50 m über dem Fußboden +10°C. [Vgl. Malovrh, 2004, S. 134]

Durchgeführte Innen- und Außenthermografieaufnahmen [Bild A3-11]dienten dazu, die Lage und Funktionsfähigkeit der Temperierung zu kontrollieren. Bei den Außenaufnahmen stellte man fest, dass die Oberflächentemperatur in der Nähe der Temperierleitungen um wenige Zehntel Grad Celsius höher war als bei anderen Wandbereichen. [Vgl. Malovrh, 2004, S. 135]

Bild A3-11: Thermografieaufnahmen im Innenbereich von Sv. Martin (Quelle: Malovrh, 2004)

Der Verbrauch leichten Heizöls in „Svety Martin" reduzierte sich im Jahr 2002 von 8900 Litern (2000 gemessen) auf 6600 Liter. Der Autor des Berichts gibt jedoch zu bedenken, dass 2002 der Winter weitaus milder als der im Jahre 2000 war. [Vgl. Malovrh, 2004, S. 137]

1.12 Schloss Salsta (Schweden)

Bei der Untersuchung im Schloss Salsta wurden zwei baugleiche Pavillons [Bild A3-12] aus dem 17. Jahrhundert miteinander verglichen. In einem der Pavillons baute man eine Temperieranlage, in einem anderen eine herkömmliche Heizungsanlage ein. Holmberg zufolge erreichte die Temperierung gegenüber der Heizkörperheizung eine Energieeinsparung von 18%. [Vgl. Holmberg, 2004, S. 103]

Bild A3-12: Pavillons im Schloss Salsta (Quelle: Holmberg, 2004)

Fraglich bleibt in diesem Bericht, warum die konventionelle Heizung ebenfalls den ganzen Sommer lang betrieben wurde, da doch eigentlich nur die Temperierung einen ganzjährigen Betrieb benötigt. Des Weiteren erläuterte man unzureichend, warum die Raumlufttemperatur im Pavillon mit Temperierung um 2 Kelvin geringer war und es deswegen zu einer rechnerischen Korrektur der Verbrauchswerte gekommen ist. Hier wäre es sinnvoller gewesen in diesem Pavillon die Energiezufuhr zu erhöhen um vergleichbare Raumlufttemperaturen zu erzielen. Anhand der zwei genannten Kritikpunkte kann die Aussage über eine Energieeinsparung in dieser Höhe nicht geltend gemacht werden.

1.13 Schloss Veitshöchheim

Schloss Veitshöchheim wurde 1680-82 als Gartenschloss erbaut [Bild A3-13]. 1749-53 erfolgte eine bauliche Erweiterung. Die Schlossmauern bestehen aus 70cm starken Naturstein und jede Raumhöhe der zwei Etagen beträgt jeweils 5m. Gegenwärtig wird das Schloss saisonbedingt genutzt und bleibt im Winter geschlossen. [Vgl. Fischer, 2004]

Bild A3-13: Schloss Veitshöchheim (Quelle: www.schloesser.bayern.de[12])

Bei der Voruntersuchung 2001 stellte man fest, dass zeitweise die Außentemperatur 13K höher war als die Innentemperatur. Die dadurch entstandenen Kondensateinlagerungen zogen starke Schäden an der Baukonstruktion und am Inventar nach sich. Infolgedessen kam es zu der Planung einer klimastabilisierenden Hüllflächentemperierung. Zu den Zielen dieser Temperierung zählten: eine sichere Kondensatfreiheit, langsam gleitende Temperatur – und Feuchteänderungen. Die dafür eingesetzte Regelungstechnik muss die Innentemperatur von 6K über der Außenlufttemperatur im Winter halten. Im Sommer sollte eine Untergrenze von +6°C sowie eine Obergrenze von +20°C nicht unter- bzw. überschritten werden. [Vgl. Fischer, 2004]

Die Berechnung zur Auslegung der Temperierung erfolgte nach einer alternativen Methode, indem man einen verbesserten U – Wert erhält, weil man nicht nach DIN 4108, sondern nach TGL 35424/02 rechnet. So reduziert sich der Jahreswärmebedarf um circa 26%. [Vgl. Fischer, 2004]

Im Erdgeschoss baute man die Temperierung als Minimalvariante ein. Die Verlegung der Rohre erfolgte in einem Boden- und Deckenkreislauf unter Putz. Im Obergeschoss war dies aufgrund wertvoller Bausubstanz nicht möglich, weshalb man Heizkabel auf das obere Stuckgesims verlegte. Hiermit erzielt man v.a. einen Schutz der Dachschwelle. [Vgl. Fischer, 2004] Als positiv erweist sich hier der Einsatz des richtigen Heizträgers (warmwasserführende Rohre, Heizkabel) in Räumen mit unterschiedlichen restauratorischen Befunden. So wurden Rohre in Räumen unter Putz installiert, in denen es keine denkmalpflegerische Einwände gab. In Räumlichkeiten mit kulturhistorisch

---

[12] www.schloesser.bayern.de/deutsch/schloss/objekte/veitsho.htm

wertvollen Wandverkleidungen hingegen „versteckte" man Heizkabel am vorhandenen Stuck.

Im Winter wird die Temperierung im Obergeschoss von mobilen Mamorplattenstrahlern mit einer Leistungsabgabe von 400 – 1500 W übernommen. Im Fußboden des Vestibüls konnte eine Fußbodenheizung eingebaut werden. In Räumen mit erhöhter Temperaturanforderung wie z.B. Büros, wurden zusätzlich Strahlplatten installiert.[Vgl. Fischer, 2004]

Der Energieverbrauch der Temperierung im Erdgeschoss betrug für 2003/2004 71,06kWh/m². Fischer expliziert im Folgenden, dass dieser Energiebedarf im Vergleich zu einer herkömmlichen U – Wert Berechnung um 60% unterschritten worden ist. [Vgl. Fischer, 2004] Äußerst kritisch ist diese Aussage zu bewerten, da Fischer sein Ergebnis einer alternativen Rechnungsmethode im Anschluss mit den Werten konventioneller Vorgehensweisen vergleicht und so zu diesem Schluss gelangt. Im Rahmen einer Internetveröffentlichung muss damit gerechnet werden, dass ein breites Publikum diesen Wert einer 60%igen Verbesserung kritiklos übernimmt, ohne dabei zu beachten, dass es keine 60%ige Energieeinsparung gegenüber herkömmlichen Heizungssystemen gibt.

Den Gesamtverbrauch des Schlosses kann Fischer nicht angeben, da die Restaurierungsarbeiten im Obergeschoss noch nicht abgeschlossen und die Daten dort derzeitig nicht erfassbar sind. Des Weiteren fehlen Angaben, welche Temperatur im Winter im Schloss erreicht wurden, wie schnell die Temperierung auf Klimaschwankungen reagiert, ob die vorab gestellten Anforderungen an Temperatur und relative Luftfeuchtigkeit erfüllt werden. [Vgl. Fischer, 2004] An dieser Stelle böte sich ein Vergleich zum Objekt Schloss Oranienbaum an, das ähnliche Bausubstanz aufweist (große Fensterflächen, ähnliche Wandstärken) bei dem die Temperierung das Raumklima nicht dämpfen konnte. Allerdings fehlen solche Klimadaten für das Schloss Veitshöchheim, die zu einem Vergleich mit dem Schloss Oranienbaum herangezogen werden könnten.

1.14   Versuchswand von Dominik

Ausgangspunkt für das Forschungsvorhaben Dominiks waren geplante Instandsetzungsmaßnahmen an der romanischen Basilika „St. Ursula" in Köln. Im Sockelbereich dieser Kirche kam es vermehrt zu Problemen, verursacht durch aufsteigende Feuchtigkeit und Salzausblühungen. Nach zahlreichen Instandsetzungsmaßnahmen, die nicht den gewünschten Erfolg als Resultat hatten, sollte ein Temperiersystem im

Sockelbereich installiert werden, um die salz- und feuchtebedingte Beanspruchung des Mauerwerks zu verringern. [Vgl. Dominik, 2004, S. 5] Um die Wirkung einer Temperieranlage zu testen, baute man Versuchswände aus regionaltypischem Material. Diese wurden direkt in der Kirche „St. Ursula" aufgestellt. Die mobilen Prüfkörper besitzen Abmaße von Länge 99 cm, Breite 49 cm und Höhe 100 cm [Bild A3-14]. Hier wollte man den Einfluss baustoffschädlicher Salze sowie die Mechanismen des Feuchtetransportes feststellen.

Bild A3-14: Aufbau der Versuchswände (Quelle: Dominik, 2005)

In einem anderen Versuchsstadium sollten diese Wandteile durchnässt werden, um anschließend mit einem angebauten Temperiersystem die Auswirkungen zu ermitteln. Um erste Informationen über eine Temperieranlage zu erhalten, baute man einen kleinen Prüfkörper (Länge 44 cm, Breite 20 cm, Höhe 58 cm). Dieser bestand aus Römertuffstein und Trasskalk – Trasszement – Mörtel. [Vgl. Dominik, 2005, S. 3 ff] und wurde in eine Wanne gestellt, so dass die Wandsohle Kapillarwasser aufnehmen konnte. Die Wasserzufuhr erfolgte, bis keine Steigerung der aufsteigenden Feuchte mehr erkennbar war. Das installierte Temperiersystem bestand aus zwei übereinander liegenden Kupferrohren (Durchmesser 10mm), welches zeitabhängig mit einer Temperatur von +20°C, +30°C und +50°C betrieben worden ist. Wie Bild A3-15 zeigt, erfolgte durch den Betrieb der Temperierung eine weitere Steigerung der Wasseraufnahme. Dominik kommt nach Auswertung der kleinen Prüfwand zu dem Ergebnis, dass die Installation einer Temperierung, ohne die Feuchtequelle zu entfernen, den Feuchtetransport im Mauerwerk nicht verhindern, sondern sogar verstärken kann. [Vgl. Dominik, 2005, S. 8]

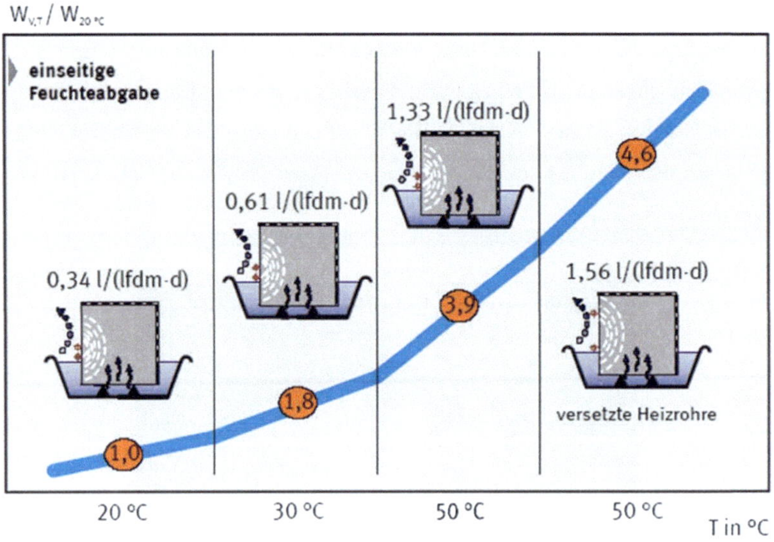

Bild A3-15: Darstellung der Versuchsergebnisse der kleinen Versuchswand (Quelle: Dominik, 2005)

Aktueller Stand der „Untersuchung Dominik"

Auf Anfrage teilte man mit, dass die großen Versuchswände der Kirche „St. Ursula" entfernt werden mussten und sich gegenwärtig in einer Lagerhalle befinden. Zur Messung der Temperierung kam es noch nicht, da die Baufeuchte in den Prüfwänden noch zu hoch war, um mit dem Versuch beginnen zu können. Vorgesehen ist, das Temperiersystem an den Prüfwänden zu testen bei einer Feuchtebelastung aus der Wandsohle heraus. Die Installation der Temperierung und der Beginn des Versuches sind noch für dieses Jahr vorgesehen. [13]

1.15 Versuchswand von Arendt/Seele

Im Rahmen des Forschungsvorhabens BAU 5030A dokumentieren Arendt und Seele in ihrer Untersuchung „Diagnose und Therapie überhöhter Feuchte-/ Salzbelastungen in historischen Mauerwerkskomplexen"[14] die Ergebnisse einer Versuchswand mit

---

[13] Laut Informationen die von Frau Koch, Mitarbeiterin im Ingenieurbüro Dominik, während eines Telefonats am 07.09.2005 mitgeteilt wurden.
[14] Arendt, C./Seele, J.: Diagnose und Therapie überhöhter Feuchte -/Salzbelastungen in historischen Mauerwerkskomplexen. München 1994.

eingebauter Temperierung. Ziel ihrer Untersuchung war, die Änderung des Feuchtegehaltes einzelner Wandteile und die Temperaturverteilung und -änderung durch den Einsatz einer Temperierung zu dokumentieren. Des Weiteren wurde eine mögliche Belastung durch Salze festgehalten. [Vgl. Arendt/Seele, 1994, S. 5]

Für die Erforschung wurde eine zweischalige Test- und Referenzmauer aus Vollziegeln und Kalkzementmörtel erbaut [Bild A3-16] Den Zwischenraum von ca. 20cm füllte man mit Sand und stellte die gesamte Mauer in einen Wasserbehälter. Beim Einbau erfolgte mithilfe von Dachpappe eine vertikale Trennung, so dass zwei voneinander unabhängige Wandteile entstanden. In die Testwand wurde in einer Höhe von 26cm und einer Tiefe von 6cm (in Absprache mit dem BLfD)[15] ein Heizkabel verlegt. Bei der Referenzmauer verzichtete man auf den Einbau einer Temperierung. [Vgl. Arendt/Seele, 1994, S. 6]

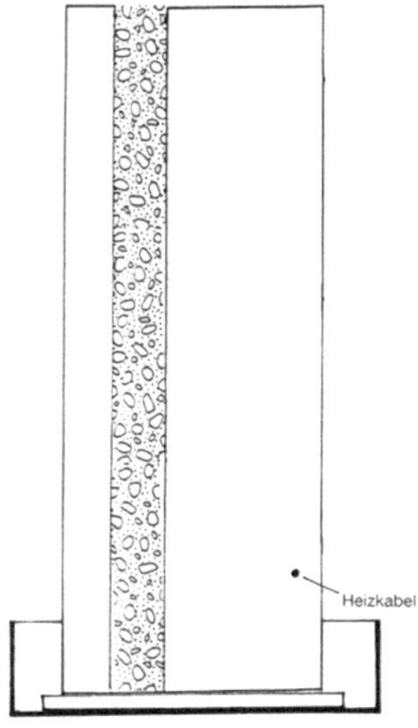

Bild A3-16: Schemaskizze der Probenwand (Quelle: Arendt/Seele, 2000)

Im Versuchsraum sowie an den Versuchswänden installierte man aufwendige Messtechnik. Damit konnten die Raumlufttemperatur, die Raumluftfeuchte, Oberflächentemperatur sowie die Baustofftemperatur gemessen werden. Die Feuchte- und Salzverteilung beider

---

[15] Das BLfD hingegen bestritt die Vorgabe von 6cm und führte stattdessen eine maximale Tiefe von 2cm an. [Vgl. Großeschmidt, 1994, S. 6]

Wandabschnitte ermittelte man mithilfe von Probenentnahmen und Laboruntersuchungen. Über den Versuchszeitraum hinweg wurde an der Test- und Referenzwand kontinuierlich eine definierte Menge an Wasser zugeführt. [Vgl. Arendt/Seele, 1994, S. 8]

Mehrere durchgeführte Feuchtebestimmungen ergaben bei beiden Wandteilen eine annähernd identische Verteilung. Lediglich im oberflächennahen Bereich (14cm über dem Heizkabel gemessen) konnte eine äußerst geringe Reduktion des Feuchtegehaltes nachgewiesen werden. [Vgl. Arendt/Seele, 1994, S. 9]

Im Gegensatz zur Referenzwand traten nach circa drei Wochen an der Testmauer erste Salzausblühungen auf. Jedoch blieben diese durch die hohe relative Luftfeuchtigkeit im Versuchsraum sehr gering. Abschließend stellen Arendt und Seele fest, dass eine Mauerwerkstrockenlegung bei gleichzeitiger Einwirkung von kapillar aufsteigender und seitlich angreifender Bodenfeuchtigkeit nicht möglich ist. Eine akzeptable Anwendung der Temperierung liegt ihrer Meinung nach in der Vermeidung eines Feuchteintrages durch Kondensation bei gefährdeten Bauteilen (Wandecken, Wärmebrücken, Leibungen). Allerdings nur dann, wenn andere Möglichkeiten einer Wärmedämmung im Sinn der Kondensatvermeidung nicht bestehen. Des Weiteren führen sie an, dass eine Temperierung bei salzbelastetem Mauerwerk zwangsläufig zu einer verstärkten Salzausblühung an der Oberfläche führt. [Vgl. Arendt/Seele, 1994, S. 10]

Literaturverzeichnis

Arendt, **C**.: Abschlussbericht – Diagnose und Therapie überhöhter Feuchte-/Salzbelastung in historischen Mauerwerkskomplexen. BAU 5030 A. München. 1994. Unveröffentlicht.

Dominik, A.: Zwischenstandsbericht. Bericht F 1006/F-0A. Dominik Ingenieurbüro. Bornheim – Merten. 2004. Unveröffentlicht.

Dominik, A.: Kurzbericht F 1006/F-0B. Zwischenstand 03.2005. Dominik Ingenieurbüro. Bornheim – Merten. 2005. Unveröffentlicht.

Eicke-Hennig, **W**.: Das Beispiel Regensburger Salzstadel. Wandheizung als Energiespar- und Endfeuchtungsmaßnahme? In: Arbeitskreis Energieberatung des Freistaates Thüringen bei dem Thüringer Ministerium für Wirtschaft und Infrastruktur: Energieförderung in Thüringen. Energiesparpotentiale im Gebäudebestand. Thermische Bausanierung, Wandheizung. Weimar. Heft 1/1996. S. 85-97.

Fischer, **K**.: Konservatorische Temperierung: Grundlagen, Planung, Ausführung und Betrieb am Beispiel des Gartenschlosses Veitshöchheim. 2004.
www.konrad-fischer-info.de/7temper.htm (letzter Zugriff am 19.07.2005)

Großeschmidt, **H**.: Das temperierte Haus: sanierte Architektur und „Großvitrine". 14 Jahre besucherfreundliche Schadensprävention mit Temperieranlagen. Museums Bausteine. Band 5. Landesstelle für nichtstaatliche Museen in Bayern. München. 1996.

Holmberg, **J**. **G**.: Comparison of Tempering and Conventional Convection Heating. In: Boody, F./Großeschmidt, H./Kippes, W./Kotterer, M.(Hrsg.): Klima in Museen und historischen Gebäuden. Die Temperierung. Wissenschaftliche Reihe Schönbrunn. Bd. 9. 2004. S. 99-106.

Icking, **G**.: Hüllflächen – Temperierung. Ingenieurbüro Leipoldt. Wuppertal. 1998. Unveröffentlicht.

Käferhaus, J.: Kartause Mauerbach: Auf der Suche nach der schadenspräventiven Heizung für historische Gebäude. Vergleich von sechs unterschiedlichen Wärmeverteilsystemen und deren Auswirkung auf die Räume. In: Boody, F./Großeschmidt, H./Kippes, W./Kotterer, M.(Hrsg.): Klima in Museen und historischen Gebäuden. Die Temperierung. Wissenschaftliche Reihe Schönbrunn. Bd. 9. 2004. S. 269-323.

Kilian, R.: Die Wandtemperierung in der Renatuskapelle in Lustheim. Auswirkungen auf das Raumklima. Materialien aus dem Institut für Baugeschichte, Kunstgeschichte, Restaurierung mit Architekturmuseum, TU München, Fakultät für Architektur. Siegl. München. 2004.

Künzel, H. Dr.: Feuchteschutz durch Wandtemperierung. IBP-Mitteilungen 339, Fraunhofer-Institut für Bauphysik. 1998.
    www.hoki.ibp.fhg.de/ibp/publikationen/ibp_mitteilungen/ibp339.pdf (Zugriff am 19.07.2005)

Künzel, H.: Zuschrift zu Flertmann, C./Reyer, E.: Zur Leistungsfähigkeit vertikaler Temperiersysteme. In: Bauphysik 24 Heft 2. 2002. S. 121/122.

Leipoldt, D.: Kurzbericht über Heizkostenreduzierung. Energieeinsparung und Investitionskosteneinsparung im Anlagenbau durch Einsatz der Temperierung: Vergleichende Untersuchungen im Gymnasium Waldstraße Hattingen. In: Boody, F./Großeschmidt, H./Kippes, W./Kotterer, M.(Hrsg.): Klima in Museen und historischen Gebäuden. Die Temperierung. Wissenschaftliche Reihe Schönbrunn. Bd. 9. 2004. S. 209-213.

Löther, T.: Bauphysikalische, bauchemische und baukonstruktive Untersuchungen in der Schlossanlage Trebsen. Praktikumsbericht HTWK Leipzig. 2003.

Malovrh, M./Zupan, M./Praznik, M.: Neue Wege zum Beheizen historischer Gebäude. In: Boody, F./Großeschmidt, H./Kippes, W./Kotterer, M.(Hrsg.): Klima in Museen und historischen Gebäuden. Die Temperierung. Wissenschaftliche Reihe Schönbrunn. Bd. 9. 2004. S. 128- 137.

Peusch, A.: Diplomarbeit: Untersuchungen zur Beheizung von Kirchenräumen mit Bauteiltemperierung als Feuchteschutz – Messungen. HTW Dresden. 2004. Unveröffentlicht.

Schönfeld, T.: Messprogramm für das Erkennen von hygrischen Prozessen und Versalzungsvorgängen in der Umgebung von Bauteiltemperierungen. Diplomarbeit an der HTWK Leipzig. 2002.

Simianer, H.: Vorabbericht über Ergebnisse der Durchfeuchtungsmessungen im Außenmauerwerk des Rathauses Tittmoning. Institut für Gebäudeanalyse und Sanierungsplanung GmbH. München. 1992. Unveröffentlicht.